重庆市社会科学规划后期资助项目
中国博士后科学基金重大资助项目

THE APPLIED ETHICS
OF HUMAN RIGHTS

人权应用伦理学

任 丑/著

中国发展出版社
CHINA DEVELOPMENT PRESS

图书在版编目（CIP）数据

人权应用伦理学/任丑著 . —北京：中国发展出版社，2014. 5
ISBN 978-7-5177-0151-4

I. ①人… Ⅱ. ①任… Ⅲ. ①人权—研究 ②伦理学—研究
Ⅳ. ①D082 ②B82 – 05

中国版本图书馆 CIP 数据核字（2014）第 074085 号

书　　　名：人权应用伦理学
著作责任者：任　丑
出 版 发 行：中国发展出版社
　　　　　　（北京市西城区百万庄大街 16 号 8 层　　100037）
标 准 书 号：ISBN 978-7-5177-0151-4
经 销 者：各地新华书店
印 刷 者：北京科信印刷有限公司
开　　　本：700mm × 1000mm　1/16
印　　　张：21
字　　　数：330 千字
版　　　次：2014 年 5 月第 1 版
印　　　次：2014 年 5 月第 1 次印刷
定　　　价：46.00 元

联 系 电 话：(010) 68990630　68990692
购 书 热 线：(010) 68990682　68990686
网 络 订 购：http：//zgfzcbs. tmall. com//
网 购 电 话：(010) 88333349　68990639
本 社 网 址：http：//www. develpress. com. cn
电 子 邮 件：bianjibu16@ vip. sohu. com

目　录
Contents

基础篇：人权应用伦理学基础

应用篇（I）：人权物理应用伦理学

应用篇（II）：人权人理应用伦理学

引　言

自古希腊以来，伦理学的核心理念之一是公正问题。随着伦理学对公正观念研究的不断深入，作为人的自然权利的人权理念逐渐从公正观念中脱颖而出：继格劳修斯在公正的基础上明确提出人权概念之后，霍布斯把人权理念从公正理念中解放出来，使之独立成为理论伦理学的一个道德范畴。随着理论伦理学的应用伦理学转向，人权理念也就由理论伦理学视阈进入了应用伦理学视阈。由于理论伦理学视阈的人权问题尚未得到很好的回应，应用伦理学视阈的更为复杂难解的人权新问题又接踵而至，结果疑难重重的人权问题就成了应用伦理学必须破解的斯芬克斯之谜。这就为人权应用伦理学的产生提供了现实根据和理论要求。

在国内，我国学者余涌、夏勇、韩跃红、汪堂家等曾对道德权利、人权问题作了深入的很有价值的研究。不过，从应用伦理学的视阈对人权问题的研究才起步不久，其最新成果主要有甘绍平、卢风、高兆明、陈泽环、翟振明等最近发表的若干篇学术论文，2008 年 12 月在香港浸会大学召开的关于人权应用伦理学问题的学术会议所提交并发表在台湾《哲学与文化》2009 年第 7 期的 5 篇学术论文，中国发展出版社 2009 年出版的《人权伦理学》（甘绍平著），2010 年 4 月在中国社科院哲学所举行的首届人权与伦理学论坛所提交并发表在《哲学动态》2010 年第 6 期的 7 篇论文，以及 2011 年 10 月在重庆西南大学举行的第二届人权与伦理学论坛、2013 年 10 月在福建三明学院举行的第三届人权与伦理学论坛的参会论文。这些研究从政治、法律、哲学或传统伦理学等不同的角度研究人权，对应用伦理学领域的人权问题的研究起到了重要的推进作用，但是缺乏从人权基准的角度对应用伦理学的系统研究。

在西方，20 世纪中期以来，由于（1）实证主义法学无力回应现实问题特别是两次世界大战带来的人权的灾难性问题，而陷入困境和危机；（2）当代新自然法学乘势而兴，成为推动人权研究的重要力量；（3）人权被写进《联合国宪章》和《世界人权宣言》等原因，人权问题被提到研究议程。随着应用伦理学问题的日益突出，目前，人权问题在欧洲和英美伦理学界已成为研究热点。一大批活跃在应用伦理学领域的优秀学者如理查德·维卡特（Richard Weikart）、特瑞L. 普莱斯（Terry L. Price）、汤姆·L. 比彻姆（Tom L. Beauchamp）、詹姆斯·内克尔（James W. Nickel）、杰克·玛哈内（Jack Mahoney）、鲁斯·玛克林（Ruth Maclin）、玛格丽特·麦格唐纳（Margaret Macdonald）、恩格尔哈特（H. Tristram Engelhardt）、艾伦·R. 怀特（Alan R. White）、达尼尔·卡拉汉（Daniel Callahan）、亚柯比·D. 鲁德道弗（Jacob Dahl Rendtorff）、皮特·凯姆博（Peter Kemp）、迈克尔·H. 克奥拓（Michael H. Kottow）、恩斯特·图根哈特（Ernst Tugendhat）、奥特弗里特·费赫（Otfried Hoeffe）等已开始从政治伦理学、生命伦理学、生态伦理学等各个角度对人权问题进行初步探讨。不可否认，西方也缺乏从人权基准的角度对应用伦理学的系统研究，更没有建构人权应用伦理学体系。

通常说来，应用伦理学起源于 20 世纪60～70 年代的欧美世界，它是当代哲学领域发展最为迅速、最具生命力的一门新兴学科。应用伦理学所直面的各种价值冲突从根本上说均体现为人权之间的冲突，对人权理论的深入探究，已经成为应用伦理学本身逾越其发展瓶颈的一个重要突破口。这一点在当今的国际学术界业已形成共识。

但就具体的各个应用伦理学领域而言，各自应当以何种人权作为其价值基准尚远未达成共识，甚至引发了激烈的冲突——恩格尔哈特所谓生命伦理学"共识的崩溃"正是这种现象的典型体现之一，乃至应用伦理学各领域的价值冲突愈演愈烈，难以达成共识。结果，应用伦理学各个分支领域似乎各不相干，犹如散沙一盘，一些学者甚至据此断然否定应用伦理学作为一种新的伦理学形态的历史地位和理论地位。

问题的根本在于，应用伦理学和理论伦理学之间的内在逻辑关系模糊不清，直接影响到人权的内涵和地位模糊不清，致使人权问题极为复杂难解。这些纠缠不清的难题，直接导致应用伦理学视阈（如生命伦理学、生态伦理学、政治伦理学等）的人权问题日益突出，这些问题反过来又对人权理念造成了不断的冲击和挑战。结果，人权理念与应用伦理视阈的相应问题相互冲突，愈来愈复杂难解。这些国际应用伦理学领域富有挑战性的理论前沿课题，在我国伦理学界还远没有赢得应有的重视与深入的讨论，在国际学术界虽已经历了一段时间和一定程度的探索，但就应用伦理学视阈的人权等重大问题而言，还远未能形成法律形态意义的共识。可以说，人权应用伦理学的研究既是理论本身的内在逻辑要求，更是现实伦理学问题的实践呼唤。

有鉴于此，我们拟以探讨理论伦理学和应用伦理学的内在逻辑关系为起点，以探讨应用伦理学视阈的人权基准为主线，力图深入系统地研究如下几个紧密相关的主要问题：人权应用伦理学何以可能？什么是应用伦理学？什么是应用伦理学视阈的人权基准？如何以人权基准解决应用伦理学视阈（主要是生命伦理学、生态伦理学、工程伦理学以及政治伦理学、法律伦理学、宗教伦理学等领域）中的人权和权利冲突问题？最后，在此基础上进一步深入探究人权基准与应用伦理的德性这个根本性问题。这就是人权应用伦理学的基本思路。具体说来，人权应用伦理学的基本内容如下。

第一部分：基础篇。

1. 应用伦理学的逻辑和历史

从伦理学作为实践哲学自身的实践或应用的本质来看，它是一个实践或应用过程，这就是广义的应用即是指伦理学从对自身的目的至善的追求所开始的否定自我、展现自我、实现自我的过程。它是由经验伦理、理论伦理学到应用伦理学（可称之为狭义的应用）的过程。应用伦理学是理论伦理学的自我反思、自我否定的产物，不是理论伦理学自身之外的其他东西。应用伦理学关心的主要是各种现实问题之间的冲突所带来的整体—类和类—类（如人类和物类）之间的关系和矛盾，主要是类的目的（至善）的否定自我、展现自我、实现自我的过程。它把伦理学对至善目的的追求由个体—独白模式提升为类—商谈的新模式。普遍性的人权在这个视阈内才有可能获得其真正的价值，即成为应用伦理学的价值基准。

2. 应用伦理学视阈的人权基准

在理论伦理学视阈中，由于人们对权利的含义争论不休，没有一个公认的权威的权利理念，致使权利怀疑论有理由怀疑权利的存在。权利怀疑论虽然形式多样，但它主要是从逻辑分析的角度（休谟）、语言学的角度（麦金太尔）、权利和公正的关系（鲁斯·玛克林 Ruth Maclin）等几个层面怀疑并否定权利（包括人权）的。

权利怀疑论并没有提出有力的否定权利的论证，它不但与人们的直觉相悖，而且也与当前世界上普遍注重权利、人权信念的事实相左。实际上，权利怀疑论非但没有否定权利和人权，反而暗示了权利解答的方法，推动了对权利和人权的确证。人权理念正是在质疑、反驳权利怀疑论的过程中，在权利理性派和权利经验派的相互质疑和相互反驳的过程中，逐步显现出其本真要义的。

首先，权利理性论认为权利是具有普遍性、绝对性的自然权利（natural right）或人权（human rights）。生命权、自由权、财产权、政治参与权、幸福权等人权来源于人的自然本性即"理性"，是人固有的不可剥夺的自然（理性）权利。主张此观点的学者主要有斯宾诺莎、洛克、卢梭、康德、杰弗逊等。

其次，权利经验论反对权利理性论，认为根本不存在超越一切社会、历史和文化差异的普遍"人权"，权利不是来自理性的自然权利而是源自经验的具有相对性、多样性的实证的特殊性权利，主张此观点的学者主要有边沁、奥斯丁、密尔、伯克、凯尔森等。

权利怀疑论和权利论的对抗、权利理性论和权利经验论的颉颃表明，各方都不是通过对话商谈的途径，而是独白式地企图以己方特殊的权利理念强加于他者并试图使之普遍化。这就不可能真正解决权利和人权问题。

至此，理论伦理学视阈内的人权走向终结，这同时也是以对话商谈、程序共识为标志的应用伦理学视阈的人权的开端。应用伦理学视阈的人权是在理论伦理学视阈的人权的发展和矛盾冲突中孕育出来的人权理念。

我们不同意怀疑论和经验权利论的观点，也不认为权利理性论的人权具有普遍性，诚如马克思批判的，这些人权和权利的实质都是特权。理论伦理学视阈内的权利和人权本质上都是某些人或某个人的特有权利，并非具有普遍性的人权。我们认为，应用伦理学视阈的人权是每一个人都应当拥有的普遍性的共有权利：人权是权利主体通过民主商谈对话、寻求共识的合道德程序，相互尊重其自由自主地设想、选择、安排、践行其各自人生理念、生活方式、伦理秩序等的人人共享的普遍性的道德权利。简言之，应用伦理学视阈的人权就是普遍性的道德权利。

应用伦理学视阈的人权是在理论伦理学视阈的人权的发展和矛盾冲突中孕育出来的人权理念，它不仅是在理论伦理学视阈的人权基础上对人权外延的全面扩展，而且是对人权内涵的深化和提升：其一，从静态角度看，它是尊重人性的普遍性道德权利；其二，从动态角度看，它是在冲突、商谈、共识的程序中通过特殊性权利不断地丰富自身、完善自身、实现自身的普遍性权利；最后，从理论地位看，作为原初的、绝对的、没有任何附加条件的道德权利，它以人性自身为目的，优先于任何其他权利和义务。这样一来，它不但超越了理论伦理学视阈的抽象人权理念，而且也为应用伦理学各领域的研究奠定了坚实的理论基础和价值基准。

3. 人权与尊严问题

人的尊严和人权两个概念自20世纪中叶被同时写进《联合国宪章》和《世界人权宣言》以来，就开始成为两项普世性的法律原则和伦理准则。尊严理念也随之成为人权视阈中聚讼纷纭的国际性话题。

围绕尊严展开的激烈论争，主要集中在尊严平等和尊严差异的对立上。与此相应，形成了尊严平等论和尊严差异论两类尖锐对立的观点。这两类观点的颉颃彰显了尊严的内在矛盾，同时也暴露出尊严的内涵、尊严和人权的地位等问题的模糊不明。这样一来，从尊严的内在矛盾冲突中把握其内涵，基此厘清尊严和人权的关系和地位，就成为一项紧迫的理论要求和现实使命。

尊严平等论主要有两种理论模式：内在尊严说（或尊严基础论），认为尊严是人人自身所固有的绝对的不可丧失的内在价值，人权"源于人自身的固有尊严"；权利尊严说（或人权基础论），主张人权是尊严的基础，尊严是源自人权的人人享有的不受侮辱的权利，它是后天获得的，因而也是可以丧失的。

在人权的视阈中，尊严平等和尊严差异作为尊严理念的内在矛盾，它们的自我否定凸现了尊严理念的内涵：首先，尊严作为人人不受污辱的权利，它应该明确、固化为法律尊严以切实保障每个人的平等尊严。其次，道德尊严是完善自我的权利和义务，它呈现出主观性、差异性和自主性。其三，法律尊严应以道德尊严为基础和目的，接受道德尊严的批判和审视。同时，道德尊严应以法律尊严为坚强的底线保障。最后，从人权和尊严的关系看，人权的外延大于尊严，尊严的内涵大于人权。尊严是有条件的、可以丧失的权利，而不是每个人任何时间和任何地点都享有的权利（人权）。因此，尊严是出自人权的，以免受污辱权利为底线的完善自我的权利或义务。这同时也确证了尊严没有资格成为应用伦理学的一元法则。

第二部分　应用篇（Ⅰ）：人权物理应用伦理学

根据应用伦理学所涉及的研究对象，我们可大致把人权应用伦理学区分为领域（Ⅰ）"人权物理应用伦理学"和领域（Ⅱ）"人权人理应用伦理学"——具体论证请见本书详述。

领域（Ⅰ）主要是和自然科学技术领域的问题密切相关的人权物理应用伦理学诸分支，它主要包括人权生命伦理学、人权工程伦理学、人权生态伦理学、人权神经伦理学、人权核伦理学、人权网络伦理学、人权技术伦理学、人权食品伦理学等。我们以人权生命伦理学、人权工程伦理学、人权生态伦理学作为领域（Ⅰ）的主要研究对象。如果说人权生命伦理学主要关注人自身，人权生态伦理学主要关注人的环境，人权工程伦理学则是联结人自身及其生存环境的桥梁。领域（Ⅰ）所有的分支都可大致归结到这三大类型之中，这也是选择它们作为研究对象的根据所在。这里需要特别说明的是，这三种类型的区分只是相对的，因为其各分支之间并非绝对对立、互不相容，而是有着内在的联系，它们的根本目的（人权）是一致的。实际上，领域（Ⅰ）的价值取向最终指向领域（Ⅱ），并在后者之中得以深化和完善。

领域（Ⅱ）主要是与人文社会科学领域的问题密切相关的人权人理应用伦理学诸分支，它主要包括人权政治伦理学、人权法律伦理学、人权宗教伦理学、人权管理伦理学、人权经济伦理学、人权企业伦理学、人权媒体伦理学、人权国际关系伦理学等。

我们以人权宗教伦理学、人权法律伦理学、人权政治伦理学作为领域

（II）的主要研究对象。如果说人权宗教伦理学应当通过内在信仰去追求对人权之自律的话，人权法律伦理学则通过他律的强制性的力量保障人权基准，人权政治伦理学则通过伦理共同体把人权基准渗透到社会结构和政治制度之中，建构起人权之自律和他律的桥梁。领域（II）的所有分支都可大致归结到这三大类型之中，这也是选择它们作为研究对象的根据所在。这里需要特别说明的是，这三大种类型的区分只是相对的，因为其各分支之间并非绝对对立、互不相容，而是有着内在的联系，它们的根本目的（人权）是一致的。

4. 人权生命伦理学

当代生命伦理学的重要奠基者恩格尔哈特，在其 2006 年出版的《全球生命伦理学：共识的崩溃》一书中断然否定后现代伦理学境遇中的生命伦理学达成共识的可能性。

我们认为，生命伦理学探讨的话题是以研究人的脆弱性为基点，确定"集脆弱性与坚韧性于一体"的人的地位和权利，最终辨明处于这一地位的人如何被置于治病救人、造福众生这一崇高的医疗事业的目标之下。这就决定了生命伦理学所直面的各种价值冲突如堕胎、安乐死、治疗性克隆、人兽嵌合体等引发的人权冲突问题，应当具体体现为以人权范畴的祛弱权（人人享有其脆弱性不受生命科学和医务工作者侵害的权利）为基准的伦理问题。

确立祛弱权在生命伦理学中的基础地位，建构以祛弱权为人权基准的生命伦理学，从祛弱权的全新视角反思、审视、探究生命伦理学视阈中的人权冲突问题，将为生命伦理学的研究提供一种新的尝试、新的方法，为生命伦理学的相关难题如人兽嵌合体、克隆人、医患冲突、医疗改革等方面的立法提供新的哲学论证和法理依据。

以祛弱权为人权基准的生命伦理学问题，不仅和人自身密切相关，也和人的生存环境密不可分。因此，祛弱权的实践内在地包含着研究生态伦理学与人权基准问题的诉求。

5. 人权生态伦理学

生态伦理学涉及到伦理学的深层问题：自然和自由的内在逻辑以及理论伦理学和应用伦理学的内在关系。人们通常从外延的角度，把自然看作由人和非人自然组成的整体，把人看作自然界的一部分，当前生态伦理学各方的争论正是这种观念的体现。但从内涵上看，全部自然都应当成为人（的实践）的一部分，因为自然是外在自然（非人自然）向内在自然（人）生成的过程，人是自然的一切潜在属性的全面实现和最高本质。可见，道德主体应当立足于感性实践的人而不是（人类中心论的）抽象的人或（非人类中心论的）抽象自然。这就把我们引向理性地选择以人权为基准的生态伦理学的澄明之境。

建构以环境人权（人人享有健康有益的生存环境的权利）为基础的为人的生态伦理学，诸如动物、自然等是否有权进入道德共同体等问题都必须以此为基本法则加以衡量。

从根本上讲，以祛弱权为基础的生命伦理学和以环境人权为基础的生态伦理学的科学技术基础都同属工程学的范畴，因此有医学生命科学工程、遗传科学工程、环境工程等观念。甚至可以说，从广义的工程学观念来看，生命伦理学和生态伦理学应当属于工程伦理学的范畴，这也说明生命伦理学、生态伦理学等和狭义（即伦理学界通常所认同的）的工程伦理学有着内在的联系。我们这里主要研究狭义的工程伦理学与人权基准问题。

6. 人权工程伦理学

现代社会中，工程活动是一种基本的实践活动方式，工程活动中不但体现着人与自然的关系，而且体现着人与人、人与社会的关系，这就决定了工程伦理学产生的必然性。20世纪七八十年代起，工程伦理学（Engineering Ethics）在欧美蓬勃发展起来。在中国，工程伦理学的研究可以说还处在起步阶段。

学者们一般把工程伦理学分为微观和宏观两个方向：微观工程伦理学，从工程学会的伦理准则出发，主要面向工程伦理教学，围绕工程师个人的责任和义务，采用案例研究的方法，重点研究工程师在工程实践中可能碰到的伦理难题和责任冲突，解决工程伦理准则如何适用于具体的现实环境，以使工程师的决定和行为符合伦理准则的要求。据胡斯皮斯（R. C. Hudspith）的观点，宏观工程伦理学着眼于工程整体与社会的关系，思考关于工程（技术）的性质和结构、工程设计的性质和做一名工程师的含义等更广泛的应用伦理问题。我们研究的主要对象是宏观工程伦理学。

当前，工程伦理学研究最集中的问题是责任问题。约纳斯（H. Jonas）、伦克（H. Lenk）、莱德（J. Ladd）等人围绕与工程有关的责任问题探讨了责任的概念、责任的种类和层次、道德责任的特点、技术的新发展对责任概念的影响、工程师以及整个社会对技术问题的责任等问题，将"责任"推到了工程伦理学理论的中心地位。

我们认为，责任的根据在于人权基准。工程决策和实施、工程师的责任是对社会的责任，是对人权的尊重，但工程师的责任的根据还在于他们具有作为工程师的特殊权利——这种特殊权利必须是以不损害人权为底线的合道德的权利。这种权利的行使带来了相应的基本责任。为此，必须以人权为基准，用法律的形式固定工程师的特殊权利以及与此相应的责任。

人权工程伦理学不但应该努力深化对人、自然和社会的认识，而且应该努力使这些学科的理论成果转化成为保障和促进人权的现实力量。

需要特别说明的是，领域（I）的这三种类型有着内在的联系，它们的根本目的（人权）是一致的。而且，人权的价值基准的保障和实践不仅体现在和科学技术领域的问题密切相关的领域（I），它还具体体现在和人文社会问题密切相关的领域（II），并主要通过法律、政治、宗教、制度、经济、传媒等各种途径得以深化和完善。

第三部分　应用篇（II）：人权人理应用伦理学

7. 人权宗教伦理学

目前，中国应用伦理学界对宗教伦理学的研究相对较弱，实际上宗教伦理学和每个人密切相关，应当成为应用伦理学的一个重要领域。

自改革开放以来，中国政府制定了正确的宗教政策，公民的信仰自由和合法的宗教活动得到保护，学术界对于宗教问题也做了深入的研究。在此基础上，从应用伦理学的视角深入探讨宗教伦理与世俗社会的融合是应用伦理学研究的应有之义。

有史以来，宗教是历史最悠久的一种信仰，道德与宗教信仰的结合也是最牢固的一种结合。成熟形态的系统宗教如佛教、道教、基督教等均以某种特定的信仰通常是信奉某种神明为核心，同时又有一整套与之相匹配的伦理规范。

宗教伦理学研究的视阈不是纯宗教学的，也不应是纯伦理学的，而应当在应用伦理学视阈下，着重考察和研究如何涵纳和推介能够为全人类普遍接受的伦理法则，而非某些宗教或某些意识形态特有的信条的伦理准则。我们主要考察基督教的伦理思想。中国的基督教经历了本土化的洗礼之后，已经成为受政府与法律保护的合法宗教。仅就此而言，中国的宗教伦理研究也应包括基督教伦理。在此基础上，认真研究奥古斯丁、阿奎那、康德、勒维纳斯等人的宗教伦理思想，反对无视人权的他律的权威宗教，把康德式的道德宗教改造为人权宗教，倡导以尊重人权为价值基准的自律的宗教伦理学。

实践人权基准的他律（主要通过法律）和自律（主要通过宗教）的根本途径是政治伦理学与人权基准问题的探究。

8. 人权法律伦理学

法律伦理学与人权基准的问题就是人权的法律化途径以及法律的合人权化问题。法律伦理的任务在于探讨法律本身的道德性尤其是探寻法律与道德的冲突问题。

法律与道德之间存在着内在的一致性，法律是最基本的道德，它以道德为根据，道德则以人权为基准。从根本上讲，法律源自以人权为价值基准的对公正秩序的道德诉求，其存在的价值反过来以强制的权威方式为人权提供公正秩序的服务和保障。法律伦理学主要研究和解决法治国家与法外国家的矛盾、法律条文和道德要求的冲突、法外国家中的公民的反抗权利、公民的守法义务的人权根据等一系列以人权为基准的伦理问题。

虽然此领域研究的主要是通过强制性的力量来保障人权基准的他律的路径，但也并不排斥通过自律的途径（如自律的宗教伦理学）来保障人权基准的践行与落实。

9. 人权政治伦理学

自罗尔斯的《正义论》（1971）发表以来，政治伦理学的研究已经成为一门显学。当代政治伦理学比较公认的价值范畴是自由、正义、平等、民主和权利。

我们认为政治伦理学的基本问题是权力的正当性问题，或者说，是权力与人权、权利的矛盾冲突问题。因为人权是具体的个体权利，人权要求的核心目标是对单个个体的保护，个体权利一旦受到侵犯，当事人就可以向国家或国家联盟提起控告。而国家或国家联盟所拥有的权力的合法性或正当性则来自于对个体权利所提供的保障。

权利包括平等共享的普遍性道德权利（人权）和不平等非共享（某些人或某个人独享的）的特殊权利如医生的行医权、科学家的科学研究权等。平等人权和特殊权利的冲突以及特殊权利之间的冲突一直是伦理学的一大难题。实际上，特殊权利和普遍人权从外延来看似乎是冲突的，但其内涵却应当是一致的：只有特殊权利合乎人权时才是道德的，侵害人权的特殊权利（如特权）决不应成为权利。我们所追寻的特殊权利应当是合乎人权基准前提下的权利，应当是通过具有宽容精神的伦理商谈程序，反思、确证、达成共识协议，并依靠坚强的法定力量加以保障和实现的权利。这个坚强的法定力量就是权力，或者说，权力的正当性源自于保障和促进人权以及合乎人权的特殊权利的内在诉求。

可见，权力只是保障和促进人权和合道德的特殊权利得以实现的手段，人权、合道德的特殊权利则是权力的目的。权力的正当性归根结底来自于人权基准。

虽然法律对自律也具有重要作用，但相对而言，权力对自律的影响和渗透力度比法律更加广泛深入。

可见，领域（II）这三种类型的应用伦理学共同推进着人权的实践和进步。

领域（I）和领域（II）密切相关，都以人权为共同的价值基准。在此伦理共识的基本前提下，领域（I）和领域（II）各人权应用伦理学分支的具体人权问题的论证、商谈与解决路径虽然重点不同，却殊途同归地为人权伟业的进步和人权应用伦理学的发展共同诠释着各自的道德实践价值和伦理历史使命。

余论：人权应用德性论

人权应用伦理学并不排斥或否定德性论，而是要求把握应用德性论和人权的内在关系。应用伦理学崛起以来，传统德性论多年来被边缘化而几近沉寂。随着应用伦理学的强势推进，传统德性论虽然在欧洲尤其在德国依然如故——几乎不被严肃的哲学家问津，但德性论的哲学争论在英美已逐渐活跃起来，目前已波及到中国伦理学界，似有德性复兴之望。在此道德境遇中，传统德性论能否冲破其固有樊篱，自觉纳入应用伦理学的轨道，闯出一条具有强劲生命力的应用伦理学视阈的德性论即应用德性论（the theory of an applied virtue）之路，就成为伦理学研究的一个全新课题。

一般而言，研究德性论的两个基本路径是德性现象论（the symptomology of a virtue）和德性本原论（the aetiology of a virtue）。德性现象论侧重从经验的角度思考德性现象，主要回答德性是什么或德性的具体表现是什么。它认为德性（virtue）是由人类的特性引起的一系列行为，每一种德性都有其特定的行为领域。各种德性现象（技能、习性、能力、倾向等）应当也必须有一个共同的价值基准。寻求这个价值基准的至关重要的一环是由德性现象论深入到德性本原论。

德性本原论认为，任何德性现象都是有原因、有条件、有根据的。德性的判断、培育、养成和实践必须以德性主体的动机、社会条件和具体德性境遇等为综合运行机制。

应用伦理学领域的不断拓展和层出不穷的新伦理问题远远超出了传统德性论的理论视野和思维限度：诸如如何看待克隆人，如何看待社会制度的正当性，如何理解善治和法治，如何把握环境生态和人的关系等问题，都是传统德性论所推崇的诸如勇敢、智慧、仁慈、节制等德性无能为力的，这既是传统德性论被边缘化的重要原因之一，同时也为德性论的复兴提供了新的契机。在此境遇中，德性论的出路在于，直面现实伦理问题，从应用伦理学的角度探究德性，自觉地把传统德性论提升为应用德性论。完成这种转化的逻辑前提是：在对比传统德性论和应用伦理德性有何区别的基础上，准确把握应用德性论的特质。这主要体现在德性的问题视阈、理论性质、实践特质等几个层面。

如果我们把康德关于德性的一和多的关系的思路，推进到应用德性论的视阈，就可以对古典德性的一和多的争论（包括当今的德性一致论和德性境遇论的论证）做出明确回答：人权是德性（包括传统德性和应用德性）的一或德性的普遍性标准，其他德性是以德性的一即人权为价值基准的多。当然，其主要根据在于自然（nature）和德性（arete）的表面联系和内在联系。

具体说来，人权不是至善，而是具有普遍性的德性底线，它是德性的一或价值基准。在尊重和保障人权的前提下，德性具有多样性——如果把人权看作德性的第一个层面，这就是德性的第二个层面：以人权为价值基准的倾向、能力、技能、习性等才可能成为德性，诸如勇敢、诚实、仁慈、慷慨、智慧、明智等各种各样多的德性只有以人权为价值基准，才配享有德性之美誉。相反，任何德性只要违背了人权这个价值基准，就转化为恶性。比如，冒险救人因其尊重生命权这个基本人权而是勇敢的德性，冒险杀人则因其践踏生命权而是恶性。有了人权这个价值基准，不仅为各种个体德性提供了判断标准，使传统德性论的模糊争论得以解决，更重要的是为主要关注和每个人密切相关的伦理问题的应用德性论提供了基本的价值基准。诸如克隆人问题、环境生态问题、法治和善治问题、科学技术的价值取向问题等，都可以在人权这个价值基准的框架内得到论证，并根据一定的民主程序纳入立法、制度和实践之中。

这样一来，德性的多和一或境遇德性的相对主义和统一德性的绝对主义之间的矛盾在应用德性视阈内的人权价值基准之上得以化解，应用德性论也因此得到确证。可见，一旦传统德性论以人权为价值基准，把个体和社会性问题结合起来，也就超越自身上升到了应用德性论。换言之，应用德性论并不是完全抛弃传统德性论，而是扬弃它，即把它提升到应用伦理学视阈的应用德性的新境地。

人权作为应用德性论的道德底线，构成了应用伦理学全部论证和全部规范的价值基准，因为所有的应用伦理学问题都与人权的价值基准相关，所有应用伦理学领域的争论都涉及人权问题。至此，人权应用伦理学也就完成了其基本使命。

导论
人权应用伦理学何以可能

人权应用伦理学是从伦理学（尤其是应用伦理学）中脱颖而出的道德实践哲学，是以人权为价值基准的应用伦理学。显而易见，首当其冲的问题是：人权应用伦理学何以可能？

人权应用伦理学的合法性或存在根据奠定在伦理学尤其是应用伦理学的基础上。伦理学作为实践哲学，其使命和整个哲学是一样的，它的批判精神和反思精神至少使我们最为熟悉的东西（如伦理学、伦理、道德等）变得陌生遥远而深刻。道德或伦理是一个源远流长、历史悠久的语词，它在人类历史的长河中享有崇高的地位。伦理学以及伦理、道德似乎是一个人人皆知的日常知识。然而，诚如黑格尔所论，人们往往没有真正理解最为熟知的东西。正因如此，人们对自己知道得最少的东西往往说得最多。值得重视的是，中国号称五千年文明古国，伦理道德是国人自豪的重要文化根基。这种未加反思的自豪往往渗透到流行的思想观念之中，更严重的是通过教材和著作加以有目的、有组织的宣传说教，致使伦理学空洞怪异而走向鬼魅化。结果，关于研究道德或伦理的伦理学，在人们的口头谈论和内心深处往往是可有可无的东西，甚至是令人厌恶的僵化教条。伦理学也因此往往成了保守学、伪道学的代名词而普遍遭到嘲笑唾骂甚至拒斥。尽管有种种误解，但必须承认这是有一定原因的：既有伦理学自身的原因，也有伦理学之外的其他原因。

有鉴于此，我们的首要任务就是，认真反思通行的主流伦理观念，透过经验的表象把握伦理学的自由本质，阐释并论证伦理学是奠定在自由基础上的以人权为价值基准的实践哲学，由此探求人权应用伦理学的合法性。

第一节 主流伦理学的反思

一般认为，伦理学是研究道德或伦理的学问。从这个意义上讲，对道德或伦理的理解就是对伦理学的理解。要真正理解这些问题，我们并不立足机械论去简单地追究伦理学之外的客观原因如环境原因、历史原因、民族原因等等，而是立足于哲学目的论，力图从反思伦理学自身入手。首先要反思的是国内主流伦理学对伦理道德的附魅问题。

一、伦理学的附魅

人们一般把伦理道德看作一种要求、说教、做人原则、经验和习俗等。建国以来，我国伦理学界主流意识深受苏联伦理学的影响，这从对道德或伦理的理解之中便可窥其全貌。

20 世纪 60 年代，苏联哲学教授施什金在《马克思主义伦理学原理》中认为："所谓道德，通常是指人们行为的原则或规范的总和，这些原则或规范调整人们彼此之间的关系，以及他们对社会，对一定阶级、国家、祖国、家庭等的关系，并且受到个人信念、传统、教育、整个社会或一定阶级的舆论力量的支持。"[1] 20 世纪 80 年代，苏联哲学教授季塔连科在《马克思主义伦理学》一书中发挥上述观点认为："道德可以说是人的行为的一个受社会历史生活制约的属性，是那些活生生的具体的个人相互联系在一起的价值意义。"[2] 苏联伦理学的这种主流道德观点直接影响并渗透到我国伦理学的主流思想之中。

国内学者的主流观点可以从如下三本权威性的伦理学教材中得到显示和相互印证。20 世纪 80 年代的一本权威性教材《马克思主义伦理学》认为："道德就是人类社会生活中所特有的，由经济关系决定的，依靠人们的内心信念和特殊社会手段维系的，并以善恶进行评价的原则规范、心理意识和行为活动的

---

[1] 施什金主编：《马克思主义伦理学原理》，上海人民出版社 1966 年版，第 1 页。
[2] 季塔连科主编：《马克思主义伦理学》，中国人民大学出版社 1984 年版，第 2 页。

总和。"① 20 世纪 90 年代的一本权威性教材《新伦理学教程》不同意此观点，认为应该拓展道德的定义："道德，是人们在社会生活中形成的关于善与恶、公正与偏私、诚实与虚伪等观念、情感和行为习惯，并依靠社会舆论和良心指导的人格完善与调节人与人、人与自然关系的规范体系。"② 显然，所谓"新"伦理学，本质上依然如"故"，因为把道德"总和"变成了道德"体系"，并没有本质不同。如果说伦理学体系，尚可商榷，但把道德看作"体系"，这与"总和"之意并无二致。21 世纪初的一本权威性教材《伦理学》说："道德作为人类社会生活中特有的社会现象，是由社会经济关系所决定的，以善恶为标准的，依靠社会舆论、传统习惯和内心信念所维系的，调整人与人之间以及人与自然之间关系的原则规范、心理意识和行为活动的总和。"③ 此论不过是把前两本教材的观点简单地拼凑在一起而已，实属重复前人而毫无创见之言。2012 年出版的另一本《伦理学》权威教材也说："道德是由经济基础所决定，以善恶、正当与不正当为评价标准，依靠社会舆论、传统习俗和内心信念来维系、调整人与人、人与自然关系的原则规范，以及与此相关的观念品质、行为活动的总和。"④ 问题在于，总和是一个量的概念。一旦总和规定了，就是不可更改的，因此它体现的是必然规律。然而，道德是质的规定——其本质是自由，其规律是自由规律。可见，道德和总和是相反对的。那种从量的角度简单地把道德规定为（行为的原则或规范的）总和的意见，违背了最基本的"属 + 种差"的定义规则，更严重的是把自由的道德变成了必然性的量的总和。

实际上，我们只要稍加留意，就不难发现：从主流上看，20 世纪 80 年代至 21 世纪以来的林林总总、铺天盖地的伦理学教材关于伦理或道德的认识，依然停留在苏联 20 世纪 60 年代施什金的认识水平上。自 20 世纪 80 年代以来，主流的道德观点和苏联道德观点一脉相承，亦步亦趋，几乎没有任何本质的改进，甚至说这是一场伦理学的"邯郸学步"，亦不为过。此可谓中国伦理

① 罗国杰主编：《马克思主义伦理学》，人民出版社 1982 年版，第 4 页。
② 魏英敏主编：《新伦理学教程》，北京大学出版社 1993 年版，第 114 页。
③ 周中之主编：《伦理学》，人民出版社 2004 年版，第 6 页。
④ 万俊人等编：《伦理学》，高等教育出版社、人民出版社 2012 年版，第 3 页。

学的悲哀，亦是中国伦理学地位卑微、遭人嘲笑甚至唾弃的主要原因之一。

值得一提的是，继 20 世纪 90 年代的《新伦理学教程》之后，2001 年商务印书馆出版的另一本"新"伦理学著作——《新伦理学》。《新伦理学》认为："伦理学是关于优良道德的科学，是关于如何制定和实现优良道德的科学，是关于优良道德的制定方法和制定过程及其实现途径的科学。因此，说伦理学是关于道德的科学，是不确切的，因为道德是可以随意制定、约定的：确立道德并不需要科学。只有确立优良道德才需要科学，因为优良道德是不能随意制定、约定的……"① 它把道德区分为优良道德和不良道德（可以随意制订的道德），是一个荒谬的悖论。可以随意制订的道德即不良道德的实质是不道德的恶。如希特勒的道德、盗亦有道的道德难道是道德么？把不道德或恶也看作道德，这在逻辑上无论如何是说不通的自相矛盾。与此相关，它认为优良道德是科学的，不可随意制订。因此，它主张伦理学与物理学一样，都是一种严密科学：关于实际存在的事物的必然性、普遍性的理性知识体系。伦理学因其可以公理化而是一门如同几何学和物理学一样客观必然、严密精确、能够操作的科学。非常遗憾的是，这种观点是拉梅特里《人是机器》的机械观点的重复，是斯宾诺莎《伦理学》中运用几何方法研究伦理学的翻版。这就一下倒退到苏联之前的机械唯物论那里去了。从这个意义讲，《新伦理学》真可谓一种"新"的伦理大倒退。

我们认为，伦理学不可操作，因为它不是关于实际存在的事物的必然性、普遍性的理性知识体系——这是遵循必然规律的自然科学体系，伦理学的规律则是自由。《新伦理学》的这一"新"论把伦理学变成了机械物理学的同时，就把人变成了可以操作的机器——这是上帝都不能、不忍、也不愿做的事情，伦理学竟然欲行此事，非妖魔而何？伦理学至此，已被完全妖魔化了。

主流伦理学的附魅使它貌似强大而终成笑柄，其妖魔化、非人化完全可以成为扼杀自由和人性的阴森鬼蜮。祛魅这种伦理学，从自由和人性中探究伦理之本质是伦理学唯一的生路，更是挽救伦理学的当务之急。

---

① 王海明：《新伦理学》，商务印书馆 2001 年版，第 20 页。

二、伦理学的祛魅

伦理学被妖魔化而导致的自我毁灭性严重问题的主要原因在于：

1. 它是对自由——伦理学的根本的戕害

道德如果是各种规范如诚信、勇敢等的总和，那就是可以认识进而可以把握操作的对象，也就是具有必然规律的对象（非人的自然），而非自由的对象（人）。这就完全谋杀了伦理学的根本——自由。

首先，流行教材误解伦理本身的其直接根源在于对马克思自由观的严重误解。马克思秉承了康德、黑格尔传统的道德实践思想，他的实践主要是自由的道德实践，而不是认识的实践。因此，马克思把共产主义社会理解为"一个以各个人自由发展为一切人自由发展的条件的联合体"，"代替那存在着阶级和阶级对立的资产阶级旧社会的，将是这样一个联合体，在那里，每个人的自由发展是一切人的自由发展的条件。"① 每个人的自由发展和一切人的自由发展是利益和经济关系的目的，利益和经济关系只能为道德自由这个目的（其实质是自由人、道德人）服务，而不是相反。马克思的伦理观奠定在自由的基础上，而不是奠定在抽象认识论的基础上。由于种种误解，马克思哲学的核心问题竟被解释成认识论、辩证法和逻辑的一致性，而实践理性所关注的问题，如道德哲学、政治哲学、法哲学、宗教哲学、人道主义、异化和终极关怀等，似乎都成了与马克思哲学毫无关系的东西。

这种对自由的认识论的理解和恩格斯有一定关系。恩格斯说："黑格尔第一个正确地叙述了自由与必然之间的关系。在他看来，自由是对必然的认识。'必然只是在它没有被了解的时候，才是盲目的。'"② 自由意志只是借助于对事物的认识来作出决定的那种能力。自由是在于根据对自然界的必然性的认识来支配我们自己和外部自然界；因此它必然是历史发展的产物。受恩格斯这种观点的影响，苏联哲学家罗森塔尔和尤金主编的《简明哲学辞典》曾对自由概念作了如下的论述："自由并不在于想象中的脱离自然规律，而在于认识这

---

① 《马克思恩格斯选集》第 1 卷，人民出版社 1972 年版，第 273 页。
② 恩格斯：《反杜林论》，《马克思恩格斯选集》第三卷，人民出版社 1972 年版，第 153 页。

些规律，并能够把它们用到实践活动中去……因此，只有在认识必然性的基础上才能有自由的活动。自由是被认识了的必然性。"① 实际上，自由是对必然的认识的观点是斯宾诺莎《伦理学》的观点，霍尔巴赫甚至据此否定了自由。把道德的根本——自由，曲解为自由是对必然的认识，这一看法经苏联伦理学界的理解，一旦和缺乏权利论传统的古典中国功利思想相结合，成为中国的主流伦理学思想也就顺理成章了。如果是这样，人也就成了可以认识的机器。这和马克思的自由观是截然相反的。

其次，其理论上的错误在于唯科学主义思想对自由的遮蔽所致。如果自由是认识了的必然性，自由的人就可以成为控制操作的对象，这就彻底谋杀了自由。道德规范的总和的实质也就是认识了的必然性的总和之一部分，它只不过是扼杀自由和道德的工具而已。

道德规范的总和以及机械的伦理学思想的哲学基础，其实是中国古典目的论以及西方 17、18 世纪功利主义、幸福主义等机械唯物论的老调重弹，只不过披上了当代西方实证主义的外衣罢了。更可笑但却符合其机械逻辑的是，流行的权威伦理学教材竟然由此衍生出利益决定道德的所谓"伦理学原理"，《新伦理学》甚至把利益总量作为判定道德与否的终极标准。这就用利益（物质性的必然的一种形式）否定了自由这个道德的本体根据。表面看，没有了自由，利益（金钱、权势）等似乎是当然的终极标准了。其实不然，因为自由是不可扼杀的，所谓利益总量或利益正是自由的产物，终极道德标准也正是自由的产物。从道德理论上讲，利益决定道德的命题也犯了摩尔所批判的常识性的伦理学错误——自然主义谬误。实际上，这个观点是 18 世纪法国哲学家爱尔维修的观点，并不是马克思的观点。众所周知，马克思明确地批判作为利益的一种常见方式资本时说，资本来到世间，从头到脚都滴着血和肮脏的东西。可见，和利益相伴的常常是不道德和罪恶。马克思对资本（利益的一种）的这一著名批判正是对那种利益决定道德的所谓的"马克思主义伦理学原理"观点的有力回击。当然，利益本身并不是恶，也不是善，它只是蕴含着善恶可能性的一种事实而已。

---

① 罗森塔尔、尤金主编：《简明哲学辞典》，三联书店 1973 年版，第 171 ~ 172 页。

善恶的根据存在于人这个自由的存在者的本性之中，只有人这个自由的主体才能决定利益的善或恶，只有人权才能作为道德的终极标准。相反，作为物质的一种形式的利益或利益总量绝对没有这个资格。简言之，不是利益决定道德和自由，而是道德和自由决定着利益的存在和正当与否。这些观点将在本书的人性论和人权问题等部分详述，这里从略。

2. 原则规范是经验性的罗列，其实并不存在所谓的道德规范的总和

道德规范只是经验的罗列而已，永远也不可能罗列出一个道德规范的总和。实际上，这个总和是不可能存在的，任何人也不能把全部的道德规范收集完备。一方面，历史和现实的道德规范无法收集完备；另一方面，未来和如今的新的道德规范也在不断的酝酿产生中。道德规范的总和只是一个虚幻的空想而已。

康德曾经批判亚里士多德式的经验罗列的方法，认为仅仅靠经验来思考问题是不严密的。道德规范总和的说法，给人一种错觉，似乎只要是规范都可归结到这个总和中去，哪怕是不道德的规范也可以（如，王海明的新伦理学认为，道德是可以随意制定、约定的，确立道德并不需要科学）。同时，伦理学也成了无所不包、无所不能的囊括一切的狂妄而又最为脆弱的东西。人们不无讽刺地经常嘲笑说，伦理学是个筐，什么都可往里面装。其意不单指这种旧伦理学的大而空洞、脆弱无力，也在嘲笑那些自认为任何人、任何事都可纳入伦理学范畴的狂妄无知者。诚如黑格尔在《法哲学基础》中所言，人们往往对自己所知最少的东西说得最多。在中国这个道德大国里，似乎人人都是道德家，好像事事都在道德的紧箍咒中。甚至可以说，私事、家事、国事、天下事、无中生有之事，皆关乎礼义廉耻；风声、雨声、读书声、鸟兽声、无声胜有之声，全涉及忠孝节义。这样一来，有些人就可以随意把自己的所谓道德加入到这个总和中去，而宣称它为道德规范，尤其为利用暴力或利益诱惑去上演"指鹿为马"之类的闹剧提供了很好的道德依据——秦朝的赵高就是这方面的绝顶高手。

从终极意义看，道德规范的总和是总体（totality）的一种体现。勒维纳斯的《总体与无限》对苏格拉底到海德格尔的总体观进行了批判，主张伦理形而上学，并强调对他者（the other）的尊重，反对同一（the same）的自我。

波谱尔的《开放社会及其敌人》、阿伦特的《集权主义的起源》、列维·斯特劳斯的《自然权利与历史》等著作，以及后现代的结构主义者的抨击等，都从不同角度对历史上的总体（totality）思想做了深入的剖析和解构。这些都是我们值得注意批判性汲取的思想资源。实际上，泛道德本身就是最大的不道德、伪道德，就是伪善或恶之真正根源，是道德的真正敌人。那些道德不离口、伦理处处有的满口仁义的所谓道德者，却未必是真的有道德者——君子国里的伪君子们，发动二战的希特勒、墨索里尼等就是这样的人。

既然没有道德规范总和，且戕害了自由，这个所谓的总和就可能走向独断的权力暴力的强制。

3. 作为整体性体现的道德规范总和思想一旦占据主导地位，必然带来道德灾难

现在，让我们把眼光放长远一些，从人类历史尤其是哲学史的视角，深刻地挖掘戕害自由的所谓道德规范总和的巨大危害性。如果我们把伦理学归结为前现代伦理学、现代伦理学、后现代伦理学的相互否定过程，我们就可以从这个角度来反思道德整体性的规范总和的危害。

前现代时期，不存在现代意义上的独立道德体系。传统生活方式中，人们缺乏反思事物的能力和批判精神，"神"预定和控制着人类的整个生活方式。人的自由意志，正如圣·奥古斯汀和宗教教义所言，仅仅是从正确之中选择错误的自由（即违背上帝命令，脱离上帝所设定的生活方式）。人的正确行为意味着避免选择，即去遵循由神所设定的惯例化生活方式。人的自由意志和行为方式受到教会这个总体（totality）性权威的全面钳制。各种道德规范如信仰、爱上帝、希望等不过是扼杀自由的锁链而已。文艺复兴正是砸碎这种锁链的思想运动。

文艺复兴脱离了神学"总体性标准"控制，各种规范、价值和标准处于分崩离析的境地。人们从神的总体型的虚幻中踏入世俗化的现代社会，却又面临着缺乏一种社会生活可以依赖的"整体性标准"的挑战。在此过程中，现代思想家、立法者试图探寻这样一种新的世俗标准，自觉充当了"立法者"角色，如康德提出了著名的人为自然立法、人为自我立法的理论。他们普遍认为，"道德并非人类生活的一种'自然特性'，因此需要制定并强加于人们一种全面的整体性道德规范，这种道德规范应当是一种能够强迫人们遵守的依附性行为规范。"① 现代性话语肇始于哲学家的反思和批判精神的觉醒和成熟，人类决不能祈求和依赖传统的形而上学和神话宗教等人类理性之外的力量（康德称为他律），而必须依靠理性建立行为的道德规范（康德称为自律）。在现代性方案中，理性成了一切进步的动力和源泉，用鲍曼的话说，他们主张"在业已断绝或失效的教会道德的监控所留下的空白中，应当填充上一套仔细的、巧妙的、协调的理性规则；信仰做不到的事，理性可以做到。"② 现代伦理学建构在"理性假设"之上，人类世界的混乱状态可以修理为一个有秩序的、系统的、理性的规则状态。此种"理性总体性"正是酿生"现代伦理危机"的重要成因。人们在摆脱了宗教的钳制之后而获得的自由，如今又被理性的"总体性标准"所钳制——康德所说的理性自律，反而又成了一种他律，一种类乎黑格尔国家至上的他律。从历史的事实来看，两次世界大战给人类带来的灾难后果背后的道德根据恰好就是整体划一的独裁专制的道德规范总体的要求。

我们再回过头来审视中国的道德史。自春秋时代礼崩乐坏以来，儒家在百家争鸣中逐渐脱颖而出，在汉武帝、董仲舒联手打造的"罢黜百家，独尊儒术"的思想极品战略中独占鳌头两千余年。1919 年的五四运动，堪称中国的文艺复兴运动。它试图摧毁传统礼教，虽然取得了一定的成就，但并没有从根本上取得成功——自由精神和批判精神并没有真正扎下根来。十年文化大革命，虽有礼崩乐坏之名，却无思想进步和反思精神之实，实际上是一场政治权术玩弄思想和道德的思想大倒退。20 世纪 80 年代以来，自由精神和批判精神逐渐被培育和认同，开始成为推动中国前进的精神动力。遗憾的是，在伦理学界，自由精神和批判精神虽然开始突破固有藩篱，但是并没有能够在主流伦理学思想中得到真正认同而占据主导地位。前述那种盲目崇拜、不加反思地接受苏联的主流道德理论，不能说和缺乏自由精神和批判精神无关。

没有自由的伦理学，要么是物理学，要么是"无理学"。这就向我们提出了回到伦理学本身、重构伦理学的道德哲学使命。

---

① ②　Zygmunt Bauman，*Postmodern Ethics*，Combridge：Basil Bleckwell Inc.，1993，p. 6.

第二节　伦理的发蒙

一旦人类反思自我、认识自我，力图把自我（人）和自然分开，就有了人的概念思想，也就有了人。这是以神话、传说、猜测、神秘、经验的方式进行的自我反思。当人们具备哲学思维时，首先追问的是宇宙的存在如泰勒斯的水、赫拉柯利特的火，毕达哥拉斯的数等等。当哲学反思人自身时（如苏格拉底的认识你自己、德性是什么等），伦理学就萌芽了，古希腊哲学家亚里士多德的《尼各马克伦理学》标志着伦理学的正式出现。

一、人之初

"人"的故事从"人"的诞生开始。我们所说的"人"的诞生不是指人的生理上存在的开端，而是指有了人的自我意识的存在。

在希腊文明产生很久之前，人类业已存在。不管是数百万年前出现的古人类，还是数万年前出现的现代智人，对于自身都没有一个观念。或者说，他们还不能自称为"人"。在个人成长史上，我们把能够使用第一人称代词"我"作为个人意识的标志。同样，在有文字记载的人类历史上，我们把"人"的观念的出现作为人类有意识的历史的开始，即"人"的诞生。希腊神话里有一则标志着"人"的诞生的传说：斯芬克司是人面狮身的怪物，她守在海边一条通道的岩石上，问每一个过路行人一个问题：有一样东西最先用四条腿走路，然后用两条腿走路，最后用三条腿走路，这个东西是什么？回答不出这个问题的人都被她吃掉了。英雄俄狄浦斯为民除害，来到斯芬克司面前说："那就是人。"斯芬克司于是坠海身亡。"斯芬克司之谜"的谜底是"人"，它提出的是"人"的问题。它留给人们的启示是：如果不知道"人是什么"，人就没有真正诞生；只有回答这个问题，作为兽的人才会消失，作为具有自我意识的人才能存在。但是，"斯芬克司之谜"包含着一个循环：提出"人是什么"的问题，需要"人"的观念，这一问题的答案恰恰又是"人"的观念。观念的循环对于古代希腊人是一个困惑，因此，他们才把"人"的问题及其答案看作是一个"谜"。

那么，人的自我观念又是怎样形成的呢？希腊人的另一则神话与此问题有关。传说美少年那耳客索斯（narcissus）是只爱自己，不爱别人的人，致使钟情于他的回声女神憔悴而死，其他女神为了报复他，让他爱上了自己在水里的影子，最后也使他得不到所爱的对象憔悴而死。"那耳客索斯之死"的神话说明，人不是孤芳自赏的"水仙花"，人的观念不是自我镜像，而是在自己追求的外在对象的身上看到自我的形象。这就蕴含着伦理的种子。

二、伦理之初

对于"我是谁？"的第一个解答就是神话，伦理雏形寓于此中。因为一个民族的神话，蕴含着民族性格、伦理精神的最深刻的萌芽，它一直影响和支配着民族精神后来的一切发展。

我们不可能也没有必要考察所有的神话，只须考察几个典型的神话——中国神话、希腊神话、犹太神话的创世说，即可从中窥见朴素形态的伦理意蕴。

其一，中国古代创世神话中最著名的"盘古开天地"。

天地混沌如鸡子，盘古生其中。万八千岁，天地开辟，阳清为天，阴浊为地。盘古在其中，一日九变，神于天、圣于地（《三五历记·艺文类聚》卷一）盘古死后，化身为万物。（《述异记》）。

中国著名神话学家常任侠、袁珂均认为，盘古即人类的始祖伏羲氏①。关于伏羲氏与女娲氏，有以下传说：

昔宇宙初开之时，有女娲兄妹二人，在昆仑山，而天下未有人民。议以为夫妻……其妹即来就兄（《独异志》卷下）。

女娲也是一位创造的女神：娲，古之神女也，化万物者也（《说文》卷十二）。

据袁珂解释，"化"即"化生"，孕育②。

有神十人，名曰女娲氏之肠，化为神，处栗广之野，横道而处（《山海经·大荒西经》）。又传说女娲氏"抟黄土做人"（《太平御览》卷十八）。

在这几段神话里，应该注意以下几点：

① 袁珂：《古神话选释》，人民出版社 1979 年版，第 47 页。
② 袁珂：《古神话选释》，人民出版社 1979 年版，第 19 页。

（1）世界最初一片混沌，状如鸡子，无所谓高、低，最初的神生于其中心，由他来分出世界的高低，他本身并不居于高处，而是居于天地之间。天与地本身并不是神，而是神活动的环境、地方，是大自然。神也没有创造出大自然，而是居于大自然之中，改造了大自然。

（2）盘古并不因其居高位而获得其神圣性，而是因为他是天尊地卑的设立者、创始者才"神于天、圣于地"，他的权力不在于命令别人改造天地，而是身体力行，是一位劳动创造之神，他的崇高性则在于他（或女娲）是化生万物者，是一切自然、神、人的祖先。神之权力和崇高性主要体现在为人类谋福利之上，盘古开天地，女娲补天，伏羲画八卦、结绳记事及制作各种工具，都是为人类造福，就是说：神具有人类的道德观。

（3）强调最初的神们及他们与自然万物（包括人类）之间的血缘关系、化生关系，各种等级关系（伦理关系的一种）则是建立在自然血缘关系之上的。

其二，希腊神话的世界诞生说。

世界在产生之前存在着混沌的空间，即卡俄斯（Chaos），它生出了地神该亚（Gaea）、黑暗神厄瑞玻斯（Erebus）、爱神厄洛斯（Eros）、地狱神塔耳塔洛斯（Tartarus）、黑夜神倪克斯（Nyx）。该亚生乌剌诺斯（Uranus）即天、蓬托斯（Pontus）即海以及时序女神。该亚与乌剌诺斯结合（这是首次男女神结合生育）生提坦神族（Titanes），其中包括克洛诺斯（Chronus）即时间之神。传说乌剌诺斯把自己的孩子们囚禁在地下，孩子们呻吟不已。该亚很伤心，她怂恿小儿子克洛诺斯起来反抗父亲，克洛诺斯用神力的镰刀阉割了乌剌诺斯，扔进海里，取代父亲成了天神。乌剌诺斯的血形成复仇女神，其肉激起的浪花中产生了美神阿芙洛狄忒。以克洛诺斯为首的提坦神族统治后来被以公正之神宙斯（Zeus，克洛诺斯的儿子）等新神们推翻。提坦神之一普罗米修斯（Promethus）为了报复而支持人类反对众神，传说他用泥土造人，教给人各种技艺，并盗火给人，因而受到宙斯惩罚①。

在这里值得注意的是：

---

① 参看《神话词典》，商务印书馆 1985 年版。

（1）和中国的神居住在自然界不同，希腊神话的自然界不是神所居住的地方，它本身就是一个神的家族。每种自然现象就是一个神，每个神代表着一种自然现象，甚至本身就是一种自然现象，其中不仅包括实体性的自然现象，也包括某些抽象性质（时间、空间、黑暗、爱等等）。每个神都具有这种自然现象的性质和个性。

（2）中国的神通过劳动化生万物，希腊神都是人格化了的，他们通过生育而构成严格的家谱（神谱）体系，具有普通人的情感、思想、行为和相互关系。神、人同形同性。

（3）位置最高的神（天神）权力也最大，地母和地狱之神则是受难受压迫的象征。但天神的权力不仅来自他的地位，而主要来自他的威力或力量，因此他有可能被更强大的力量所推翻，其地位因而就被取代。

（4）中国的神具有道德性，希腊神虽与人同形同性，但不具人的道德性。他们并不有意造福人类。普罗米修斯抟土造人、造福人类只是为了跟宙斯作对，这和女娲不同。在这里，能力、力量决定一切，反叛与权力决定于力量的大小。诸神为了自己而反叛或复仇或争权夺利，正是在这种竞争机制中，诸神才有生气有个性。同时，神人界限可以打破，希腊英雄都是神人的产物，神的统治的维持才需要公正即宙斯，公正在西方成为核心问题之一。中国神话所推崇的道德权威是神圣不可侵犯的。由于中国之神造福人类而获得绝对权威，神的秩序不可推翻，神人的界限不允许打破。一旦试图打破这个界限，必将受到最为严厉的惩罚。如牛郎织女、天仙配、劈山救母等神话说的就是这个问题。

（5）希腊神的谱系是动态的变化的，不是终身制的静止状态，它从总体上经历了"天（外在自然）——时间（人的内感官）——公正（伦理精神）"的自我扬弃、自我否定的过程。伦理精神即公正是从人对自然的否定中发展而来的人类的目的，所以人们不再推翻也没能作为公正之神的宙斯，只是在反抗他而已。就是说，公正这样的伦理目的的内容也许需要不断地自我修正和改变。

其三，犹太圣经中的创世纪。

起初上帝创造天地。地是空虚混沌，渊面黑暗；上帝的灵运行在水面上。上帝说："要有光！"就有了光。上帝看光是好的，就把光暗分开了。……上帝说："诸水之间要有空气，将水分为上下。"上帝就这样造出空气……事就这样成了。上帝称空气为"天"。……上帝说："天下的水要聚在一处，使旱地露出来。"事就这样成了。上帝称旱地为地，称水的聚处为海。上帝看着是好的。……上帝说："天上要有光体，可以分昼夜，作记号、定节令、日子、年岁；并要发光在天空，普照在地上。"事情就这样成了。……第五天上帝创造了动物。到了第六天，"上帝说：'我们要照着我们的形象、按着我们的样式造人，使他们管理海里的鱼、空中的鸟、地上的牲畜和全地，并地上所爬的一切昆虫。'上帝就照着自己的形象造人，乃是照着他的形象造男造女。""上帝看着一切所造的都甚好。"第七天上帝就休息了（《旧约·创世纪》）。

由这些可以看出希腊神话与犹太神话的相同之处：

（1）世界、天地、自然并不是神活动的舞台，它们要么人格化为神本身，要么整个是由神创造出来的。

（2）神并不有意识有目的地"改造"大自然，自然一旦产生和创造出来，就是如此，除非自己产生了矛盾，或触怒了神，才被改变或毁灭（如洪水的神话）。神不为人类服务，只按自己的意志行事。

（3）神不具有人间的道德，或只具有超人的道德。人的道德要服从超人的道德。神的行为不须在人面前为自己辩护，它建立在超越道德的力量和意志之上。由于道德是人的存在方式，神一旦具有道德性，就变成了人，所以这里埋藏着基督教的上帝之城和世俗之城、康德纯粹理性批判的目的王国和世俗王国两个世界的划分的思想萌芽。

现在我们可以将这三种神话作一番更仔细的对比。

第一，中国神话、希腊神话与犹太神话的区别和伦理观的根据在于：

（1）前者是多神的（中国也是多神），后者是一神的；前者是自然的神（中国的神是道德神），后者是纯精神的神：上帝是唯一的神，是一个精神的本质，他的权力和威力不体现在雷、电等自然力量上，而主要体现在精神力量如语言和意志之上。这显示着精神高于自然的萌芽。

（2）前者是力量型的神（中国的神是劳动型或父母型神），后者是意志型的神：整个世界、天地万物，全是万能的上帝七天之内从"无"中创造出来的。上帝创世不用劳动，也不靠生育，只须一句话、一个念头、一个意志即可。

（3）前者的神与人同形同性，强调个人的力量（中国的神与人同形同性，强调权威和典范力量），后者的神与人同性而不同形：上帝与人同性，但不同形，上帝没有物质的肉体，他"照着自己的形象"造人指的是精神的形象。上帝具有超越人的道德性，他不是为了人而创造世界的，相反，他造人是为了派他们去管理他所造成的世界。上帝创世没有目的，只是他"看着是好的"，他的意志是绝对自由的。

（4）前者是世界本身的自然的象征（中国的神与人同形同性，强调权威和典范力量，是改造自然者），后者是外在于世界的创造者。

第二，按照神、自然、人三者的伦理关系而有如下区别：

（1）在神、神关系（强者之间的关系）上，除犹太一神教无从谈神的血缘关系外，其他神话都谈及神的血缘（神统）。中国人讲神统是为了排定其尊卑次序，血缘关系是等级关系的基础，中国的神靠资历当老大，不可推翻，这是人治的雏形。希腊人讲神统是为了把握历史线索，等级关系来自血缘却不受血缘关系的限制（儿子可以比父亲更尊贵，希腊神靠力量和能力当老大，Zous 是总的公正之神，其女 Dike 既是具体的公正之神又是复仇之神，公正成为希腊神话追求的价值目的，这是法治的雏形）。犹太一神教超越血缘、地缘，具有通向绝对精神的可能。

（2）在人、神（弱者和强者之间的关系）关系上，中国神虽然是至高无上的，但却是以人为目的、为人服务的，神总是首先引起人道德上的崇敬和爱戴，道德神、道德权威，实际并不是神，因为道德产生于不道德。神是道德的，就意味着神是不道德的如《西游记》中的玉皇大帝等。中国的神重视私德、家庭婚姻道德。远西的神则不以人为目的，也不为人服务，但却具有无上的威力，因此神首先引起人力量的恐惧感，人将一切都托付于命运和神的好意。宙斯、赫拉等重公德，轻视私德。而犹太的上帝无所谓道德不道德，是超道德的，是道德的根源。但问题在于，纯粹的精神和道德无关，只有精神扬弃物性才会有道德问题。

（3）在神和自然（强者和自然之间的关系）的关系上，中国神话是通过神的劳动，将世界改造成适于人生存的基本结构。中国神话中的自然界总是神的恩惠的象征，因为它是经过神的改造而适于人生存的，神并不用自然界作为单纯的惩罚工具。中国的自然产生出神，神盘古来自于自然。这实际是农业文明下的人对自然的感恩。

在远西神话中，自然界是神如天神、时间之神 Cronos、地神 Gaea 等的威力和万能的象征，它是神所交代的义务或惩罚的工具（雷电、洪水）。自然就是神，故西方的自然包括自然界和神圣性、本质之意。

希腊神话是通过神的生育繁殖，产生了人类所见到的世界结构，彰显人和自然的对立，如海上贸易文明，恶劣的自然环境和希腊人之间的对抗。

犹太神话是通过神的意志和万能，变出了包括人类在内的世界结构。这是精神产生世界或者说世界展示神的精神，向着精神生成，预示着精神和自然的统一。精神确证自然的存在，自然通过精神和人确证自己的存在和历史。后来的黑格尔哲学体系的本质就是这样的。

（4）因此在人和自然（弱者和自然之间的关系）的关系上，中国神话中的自然界是亲切的、日常的，它本身并不神秘，是可以按人的意志来改造的。"远西神话"中的自然界则充满了令人恐惧的奇迹和灾异，具有分裂的面貌：它要么代表神的权力和力量，带有非日常的神圣性；要么则是对神的叛逆，带有罪恶的色彩，因此人在自然面前是小心翼翼的、陌生的。它警惕人们敬畏自然、思考自然，把自然和绝对精神结合起来，要求人不断地谦卑反思。它一方面，遮蔽了人和自然的同根关系，一方面，激发了人和自然的激烈对抗，于是促发了去蔽蒙昧状态的解放人的启蒙运动。为简明起见，列表对比如下。

中国神话、古希腊神话和犹太神话的伦理内蕴对比表

	中国神话	古希腊神话	犹太神话	体现的伦理关系
神—自然	自然先于神	自然就是神	神创造自然	强者和自然
人—自然	天然合一	天人分裂对抗	天人和谐	弱者和自然
神—神	资历统治（多神）	力量统治（多神）	精神统治（一神）	强者和强者
神—人	父母道德型（私德，家庭之爱）	管理型（公德，公正）	超道德（博爱萌芽）	强者和弱者

从上述三种神话的比较中，我们可以引出这三个具有典型意义的民族在后来的发展过程中所形成起来的民族伦理精神的基因结构。

以上四点构成了远古神话中的伦理关系，至今依然是这几种伦理关系的研

究：宗教伦理（宗教与宗教、人与神）、世俗伦理（人与人、人与自然），不过人与人的伦理只是潜藏在人与自然和神的关系中，并没有揭示出来——这毕竟只是伦理的萌芽。这里有一个趋势：自然——精神——人，人逐渐显露出来其自由本质。这种本质的显现，是以对伦理的认识为标志的。

伦理关系的根据从血缘、自然到力量到精神，逐步超越自然之上进逼伦理本质——自由，但自由包含着自然、血缘、幸福，因为自然的本质就是自由，此论容后详述。

三、伦理学之初

伦理学（ethics）作为一门独立学科，最初是公元前 4 世纪由亚里士多德（公元前 384 ~ 前 322）创立的，以《尼各马可伦理学》为经典著作。其实在其前的苏格拉底（公元前 470 ~ 前 399 ）就已经重视人生与伦理问题的研究了。在中国古代，伦理学总是同哲学、政治等紧密结合、融为一体，因此，未能形成独立的伦理学科，但中国学术文化是以伦理为核心的，因此，一般都把孔子（公元前 551 ~ 前 479）的《论语》看作是中国伦理学形成的标志。这样看来，伦理学产生已有 2500 年左右了。可是对伦理学的研究对象似乎还未能形成统一的意见，直到今日仍存在着不断的争论，这正是伦理学的自由本质的体现。

在中国古代思想史上，道德与伦理是两个既相互联系又有所区别的范畴。

道德就字义而言，道的本义为当行之路，这种本义使道演绎引申出了法则、规律之类的含义。德是"德道"。德可与得相通，"德道"即是得道，"德道"或得道也即是道德。道德与"德道"的意蕴均以《荀子》论释最为清晰。关于"德道"，《荀子·解蔽》中说："倚其所私，以观异术，唯恐闻其美也。是以与治离走而是己不辍也。岂不蔽于一曲而失正求也哉！心不使焉，则白黑在前而目不见，雷鼓在侧而耳不闻，况于蔽者乎！德道之人，乱国之君非之上，乱家之人非之下，岂不哀哉！"荀况这里所谓"德道"即是得道，荀况所感叹的是在诸侯异政、百家异说的时代，"德道之人"，反而要受到"蔽于一曲"的"乱国之君"与"乱家之人"的非难。

《荀子·劝学》中说："学恶乎始？恶乎终？曰：其数则始乎诵经，终乎读礼；其义则始乎为士，终乎为圣人。真积力久则入，学至乎没而后止矣。故学数有终，若其义则不可须臾舍也。为之，人也，舍之，禽兽也。故《书》者，政事之纪也；《诗》者，中声之所止也；《礼》者，法之大分，类之纲纪也，故学至乎礼而止矣。夫是之谓道德之极"。荀况认定人性本恶，提倡"化性起伪"，看重后天的学习对于培植人性的作用，主张"学不可以已"。他把学习的原则理解为"始乎为士""终乎为圣人"，将学习的功能与价值，归结为提高人的德性品质，并把"学至乎礼而止"视为"道德之极"。这种"道德之极"当是"德道"的一种最高境界。应当说，荀子对道德范畴的使用，较为典型地代表了早期儒家学派对于道德的理解。这种理解吸纳了先秦各家学说中关于道的观念与德的观念：一是强调道乃"万物之所由"，道为"治国之经"，二是认定德同于得，道德即是"德道"，从而使道德成了一个表述人们外得于物、内凝于己的内在的德性与品质的范畴。在先秦学术中，荀学是"儒分为八"的产物。在儒学系统中，荀子的儒学与子思、孟轲一系的儒学理趣有别。但是，荀子的道德观念，仍然沿袭与坚持了儒学的传统，其意蕴大体上与《论语》《孟子》中出现的"德"范畴的意蕴是一致的。

就伦理而言，历史上伦与理本来也是两个独立的范畴。伦，象形字，人和房子组合便是人类关系，具有类别、关系等含义。理则有条理、秩序、理则等方面的含义。在人们的社会生活范围之内，伦是人伦，表示人与人之间的关系。理则是指维系人与人之间各种关系的外在的规范与秩序。这样的伦理，即所谓人伦之理。但是，依据伦、理范畴的内涵，这两个范畴所指称的对象并不限于人们的社会生活。除了人们的社会生活，其他自然事务的类别、关系、理则等问题同样可以用伦、理范畴来加以论释，古代典籍《礼记·乐记》中即从广义上使用伦、理范畴："凡音者，生于人心者也，乐者，通伦理者也。是故知声而不知音者禽兽是也，知音而不知乐者众庶是也。唯君子为能知乐。是故审声以知音，审音以知乐，审乐以知政而治道备矣。是故不知声者，不可与言音，不知音者，不可与言乐，知乐则几于礼矣。礼乐皆得谓之德，德者得也。"这里所说"乐者，通伦理者也"，是中国古代文献中较早出现的伦、理范畴联用的实例。然而，这一论述中虽将乐与礼并提，认定"礼乐皆得"，谓之"有德"，但其所说伦理似是广义的，并非专就人伦之理立论。在《论语》

《孟子》一类早期儒学著作中，作为人伦之理的伦理，常常被表述为"伦""大伦"或"人伦"。后来，随着儒学倡导的道德观念不断强化与发展，人们才以伦理、伦常等范畴专门论释在人们社会生活中应当遵循的行为规范。这种行为规范是约束人们行为的外在的准则，与作为人们内在德性的道德并不能完全等同。因此，道德与伦理虽为中国伦理思想史上两个相互关联的重要范畴，其意蕴却是有所区别的。

在中国，"道"的伦理学涵义是指人们在社会关系中应遵守并履行的行为规则、规范（"朝闻道，夕死可矣。"《论语·里仁》）。"德"则表示对"道"的认识、践履而后有所得（"德者，得也。得其道于心，而不失之谓也。"朱熹：《四书章句集注》）。也就是指人的"品质"、情操、人格等。"道德"连用始于《荀子》，"故学至乎礼而止矣。夫是之谓道德之极。"道德连用的一般意义是指：人们在社会生活中所形成的调整人和人之间关系的道德原则和规范，道德品质和境界。简而言之，道德是通过主体内心感悟而自觉奉行的行为规范。"伦理"的"伦"，本意是指不同辈分和类别的人际关系。"理"是条理、道理的意思。"伦理"连用指处理不同辈分和类别的人际关系的应然之理和规则规范。可见，在汉语中，"道德"与"伦理"这两个词，其意义也是一致的，其实质主要指实证性的道德规范，（难怪流行伦理学把道德看做道德规范的总和），它们和作为实践哲学的真正伦理学意义上的道德或伦理根本不同。

在现代中国学界，较早重视伦理与道德区别的是思想家梁漱溟。梁漱溟以"道德之真"与"礼俗"来论述伦理与道德的区别。梁漱溟在《人心与人生》第十七章中说："道德一词在较开化的人类社会任何时代任何地方可以断言都是少不了的。但它在各时不免各有涵义，所指不会相同，却大致又相类近耳。这就为人们在社会中总要有能以彼此相安共处的一种道路，而后乃得成社会共同生活。此通行路道取得公认和共信便成为当时当地的礼俗。凡行事合于礼俗，就为其社会所崇奖而称之为道德；反之，则认为不道德而受排斥。礼俗总是随其社会所切需者渐以形成出现，而各时代各地方的社会固多不同，那么，其礼俗便多不同，其所指目为道德者亦就会不同了。然而不同之中总有些相同之点，因为人总是人，总都得过着社会生活。""然人类特征固在其自觉能动性，道德之真要存乎人的自觉自律。其行事真切感动人心者，所受到的崇敬远非循从社会一般习俗之可比。有时举动违俗且邀同情激赏，乃至附和追从焉。""是故有存乎一时一地的所谓道德，那是有其不得不然之势的；但那只是一方面，而另一方面则道德原自有真，亦人类生命之势所必然。""个人的习惯和社会礼俗相关联，多半随和礼俗，此庸俗的道德，缺乏独立自主，古人说：'乡愿，德之贼也。'非讲求真道德者之所取。'学至气质变化方是有功'（语出宋儒程明道），是讲求真道德者之言。""道德之真"与"礼俗"的区别，实际上就是道德与伦理的区别。"道德之真"就相当于主体的与个体的道德，但必须是独立自主的道德："礼俗"是一味遵从社会的习俗，缺乏自主，亦即个体道德完全同化于社会伦理或被社会伦理所湮没。但梁漱溟的这种区分，其实把礼俗混同于伦理，是不彻底的。其实，黑格尔在其《法哲学原理》（也可译为《权利哲学基础》）中，早就区分了习俗、道德和伦理的含义，也论证了它们之间的内在关系。这里不加详述。

伦理学之所以称为伦理学就在于其是以伦理与道德为其研究对象的。这从其词源意义与伦理学的产生过程也可以清楚地看出来。在西方，"伦理"或"伦理学"一词（ethics）源于古希腊语伊索思（ethōs），早出现于荷马史诗的《伊里亚特》，反映当时的英雄道德观：尚武贪婪等（如阿加门农和阿基硫斯争夺女奴的事件），有"风尚""习俗"和"性格""品质""性格""德性"等意思。公元前 5 世纪的苏格拉底、柏拉图重视探讨善和教育青年。公元前 4 世纪的亚里士多德，把 ethōs 意义加以扩大和改造，构建了一个形容词 ēthicos（伦理的），以后又构建了一门新学科 ēthika，即伦理学。以后的英文 ethics 即源于 ēthika。

"道德"（Morality）一词源于拉丁语的 Mores，Mores 是拉丁文 mos（习俗、性格）的复数，也指"风尚""习俗"。古罗马思想家西塞罗根据希腊道德生活的经验，从 Mores 创造了形容词 Moralis，后来，英文 Morality 沿用此义。

一般而言，不论在中国还是外国，"伦理"和"道德"这两个概念，可以视为同义异词。但它们在使用习惯上又有所不同，道德较多的是指人们之间的实际道德关系，伦理则较多的是指有关这种关系的道理，所以，一般就用"伦理"或"伦理学"这个概念，表示道德理论，"道德"则一般用以表示实际生活中的道德现象或道德规范。

需要特别说明的是，尽管有人主张严格区分伦理和道德，但这种区分只能是相对的。由于伦理和道德的密切联系，人们常常在同一意义上加以运用。只有需要特别强调二者的区分时，才严格限定二者运用的范围。在这一问题上，我们拟采取这种方式处理这两个术语。

第三节　伦理学——自由之学

伦理学就是道德哲学。从当前伦理学的大趋势来看，正是基于对现代理性伦理学的深恶痛绝，后现代伦理学执著于对它的摧毁、否定和批判。他们通过"去正当化"操作（罗蒂）、"去中心化"操作（德里达）等路径，对传统道德的正当性一概予以否定，反对一切规范和理性普遍性，推崇否定性、流动性和破坏性，强调不确定性、多样性和相对化，尤其是对启蒙运动以来道德的正当性的建构（construction）所进行的重新批判、解构（deconstruction），试图摧毁传统道德的正当性和道德基础。人们似乎又回到了价值和标准分崩离析的文艺复兴时代。

值得注意的是，后现代主义方法上的形而上学，有可能陷入虚无主义、悲观主义和无政府主义，从而产生怀疑一切、否定一切的严重后果，这种后果是后现代主义者也不愿看到的。德里达试图解构一切基础，但他有一个底线——不解构正义，因为他把解构看作完全伦理的，并主张"在解构中有义务。"[1] 用 R. 斯坦梅茨（R. Steinmetz）的话说："从其真正的根源和基础的目的来看，解构主要是一种伦理。"[2] 瑞士洛桑大学的缪勒（Denis Müller）提出了解构基础上的重构（reconstruction），他说："重构不象浪漫的解释学依然相信的那样，仅仅是对原本产品的解释性的复制。重构是一种有意识的深思熟虑的建构行为，它既汲取传统和遗传的恩惠，也挑战后现代境遇中的文化和社会。""我们不在建构（construction）的绝对体制下发现自我，而在重构（re‑construction）的有限的相对的体制下发现自我。建构的形而上学造成我们正在为一个全体性的新大厦奠定基础的幻觉，这的确是一种误导。这就是我们宁可运

---

① ②　See Denis Müller, "Why and how can religions and traditions be plausible and credible in public ethics today?" Ethical Theory and Moral Practice 2001 (4): 329 – 348.

用'重构'的原因。重构意味着给予传统或学说以创造性的、负责任的诠释，以便赋予其新的，生活的和政治的重要意义"①。从某种意义上讲，伦理学的历史应当是一个不断地建构（construction）——解构（deconstruction）——重构（reconstruction）的逻辑进展过程，这实际上就是一个自由的道德实践过程。

重构（reconstruction）不等于抛弃，而是必须从哲学入手，从回到伦理学本身开始。众所周知，斯多亚学派曾把逻辑学、物理学和伦理学比作一个哲学园地，三者分别相当于篱笆、大树、树上之果。"哲学"（philosophia）一词来源于希腊文，是"爱智慧"的意思，但后来又往往相当于"形而上学"。智慧（sophia）这个希腊词包含有理论和实践两个方面的意思，但又与两方面都不相同。智慧不是知识，也不是技术，而是比两者都更高的东西：在知识中它是有预见性、能看出长远效果的东西；在技术中它又是体现出一种境界和层次的东西（《希英中级字典》（牛津大学1978年第七版）把该词条分三项：1. a. 手艺和艺术中的熟巧；b. 对某物的知识和认识；2. 健全的判断力，理智的和实践的智慧；3. 智慧，哲学）。因此，它包含有道德的和审美的世界观、人生观。它是全面的、最高的知识，而不是具体层面的知识，它不是解决眼前的问题，而是解决整个宇宙人生的根本问题。由是观之，这同时又是一种最高级的实践态度和人生境界，而绝不是雕虫小技之类。如果说道德是一种实践的精神科学，是爱实践智慧的自由，伦理学就是爱实践智慧的自由之学即道德哲学，这可以从以下三个层面理解。

一、道德哲学就是规范性和超越性相互否定的历史进程

从形式上来说，伦理学或道德哲学的纯粹（道德）哲学标志就是（道德）范畴的逻辑演进。伦理学本身就是由两个互相矛盾但又不可分离的要素构成的，一个是规范性，一个是超越性。

伦理学首先是规范性。亚里士多德之所以建立了第一个完整意义上的伦理学，正是由于他在具有最典型的规范性的语言概念系统中确定了一切规范的根

---

① See Denis Müller, "Why and how can religions and traditions be plausible and credible in public ethics today?" Ethical Theory and Moral Practice 2001 (4): 329 – 348.

本基础，即关于德性（arete）的一整套精密规定。但这种规范性是一般的规范性，不是一切规范性的根本基础或高于一切规范性的规范性，也就是"超越的"规范性，它需要一种提升，一种不断向高处追求的力量。道德哲学自从苏格拉底以来就一直处于这种不断提升的过程中，各种不够高的规范性，被找到之后又被更高的规范性抛弃和超越。亚里士多德就认为勇敢是像勇敢的人那样行动，勇敢的人就是行动勇敢的人。这就要问勇敢本身是什么，道德范畴本身是什么，道德本身是什么？这就进入道德形而上学的领域。直到康德，才发现所有这一切都依赖于一个"作为道德的道德"，或"道德本身"，这是最高的规范性——自由规律或自律。于是他着手来建立一门关于"道德本身"的学问，分析各种不同的"道德"以及"道德之为道德"，这就是"自然形而上学之后"，即道德形而上学（亚里士多德建立了形而上学，但并没有建立道德形而上学）。因此道德形而上学本身一开始就包含着这两个相辅相成的因素，即一种超越了的规范性和一种得到规范的超越性。

　　规范性若不超越，它就是一般的甚至低层次的规范性，而达不到最高的规范性。超越性若不得到规范，它就是一种盲目的超越，最终会超越到不可规范甚至不可言说的神秘主义那里去，也无法建立道德形而上学。低层次的规范性不是完整的规范性，最终会是零散的、杂乱无章的，因而是没有系统规范的。盲目的超越性也不是真正的超越性，最终会受制于某种尚不知道的低层次的束缚（如本能欲望之类，直觉主义伦理学从某种意义上讲就是如此）。规范性有赖于超越性才得以建立起来，否则就会陷入差异和杂多的泥潭中而无法成形。超越性只有借助于一定的规范才获得自己的支点，才得以发挥作用，否则就会像在真空中扇动翅膀，一步都不能超升。所以这两者是不可分离的，甚至就是同一个过程的两个不同的方面。这正是伦理学的自由本性的显现，它实即人性矛盾的展现。

二、道德哲学是人性矛盾的展现

　　从内容上说，纯粹的（道德）哲学就是思想对（实践）智慧的自由的追求。精通一家或几家道德哲学，还不能算是把握到了道德哲学的精髓。必须理解各派道德哲学之间的逻辑关系（反对或继承关系），找出一个道德哲学向另一个道德哲学（包括一个哲学家前期向后期）转化、过渡的必然性，也就是把握到它们的"发展"。对此，即使在西方人那里，也只是到黑格尔的时代才被反思到。在黑格尔看来，只有一个唯一的道德哲学（实践智慧），它具有自己的生命和生长过程，各个不同的哲学（实践智慧）只是它生长生育的不同阶段和环节。

规范与反规范的矛盾归根到底是人性（理性和自由）的矛盾纠缠，它深深植根于人性的本源之中，随着人性的发展而发展，但它的发展方式是自我否定和否定之否定。按照西方传统的说法，"人是理性的动物"。在这里，"理性"就是"逻各斯"（Logos），这个希腊字本身含有规范、语言、表达的意思，所以这句话又被译作"人是会说话的动物"。但说话这种活动本身又是一种能动的"聚集"活动，即把各种杂多东西集合在一起加以展示的活动（这一点对于西方的时间性的拼音语言来说更容易了解），因而它必然是对杂多东西的超越。所以希腊人表达理性除了逻各斯这个词之外，还有"努斯"（Nous）这个词，它第一次由阿那克萨哥拉作为哲学概念提出来，认为它是在整个世界之外能动地推动世界的精神力量。在柏拉图那里意味着精神的自动性和自发性。

实际上，努斯和逻各斯在希腊人心目中是人的双重本质，它们分别代表人的存在和语言，而按照海德格尔的说法，"存在是语言之家"，这双方是一刻也不可分离的。人最根本的存在冲动当然是追求自己的自动自发的自由，但这种冲动与动物的本能不同，就在于它具有自由意志的一贯性，因而赋予了自由的自发冲动以规范性，体现在语言上就是誓言、诺言、规则要求等各种道德规范，最后是具有普遍的可理解性和逻辑确定性的道德语言或各种伦理学体系。

当人对自由的追求上升到要把握整个世界的规律（道德哲学的规律——康德）这种形而上学（道德形而上学）层次时，人对语言规范性（道德规范）的探讨也就提升到了形而上学的确定性层次。但与此同时，人的自由追求永远也不会甘心于长期受到某种规范性、哪怕是最高规范性的束缚，当它在最高规范的帮助下实现了自己所可能有的一切目标之后，就开始想要对这种最高规范本身加以超越，以便进一步追求更高的目标。

规范与反规范、理性和自由的矛盾推动的伦理学本身体现的正是人性的尊严，同时也是人权发展和进步的根据。

三、伦理学的现实性形态是："权利—责任或义务"互动的规则体系

规范性和反规范性、努斯和逻各斯（自由意志和理性）的矛盾最终要在伦理学的现实性形态中展示出来。伦理道德是为人而存在的，并非人为了伦理道德而存在，恪守道德原则与维护人们自身的权益是完全一致的。因此，伦理学的现实性形态应当具体体现为为了维护权利，而履行责任或义务的规则命令。

对于传统的中国人来讲，义务与责任几乎是伦理、道德的同义词，伦理与道德无非是指个体的修身养性、砥砺品质、反求诸己。不讲义务者，就会被斥为毫无道德价值而受到家族与社会的处罚。中国文化与其他东方文化类型一样，其特点在于重视集体或共同体。这与在前现代化时期的农耕生活中，共同体力量十分重要密切相关。由于强大的共同体是每一位个体的福祉得以实现的前提条件，因而共同体的利益优先于个体的利益。在东方文化中，任何一位个体都只有在一种严密的社会关系的网络中（无论是家族、氏族、邻里、朋友圈，还是民族和国家），才能得到审视与理解——这也是前述主流伦理学形态的遗传基因的密码所在。

从对共同体的重视很自然就可以过渡到对义务的重视。这种观念对中国人的道德思维的影响根深蒂固，甚至今天还有人断言，伦理讲义务，法律才讲权利。这样一种认知，是以将权利与义务及责任的关系完全弄颠倒的解释框架为前提的。谈及伦理道德，固然离不开义务与责任等范畴，但从逻辑上讲，伦理道德论证的基点并非是义务的履行与责任的担当，而是对人的基本权益尤其是人权的保护。这样一种逻辑是表面看农业社会向工业社会转变的产物，实际是人性矛盾的产物。由于现代化时期整个社会的经济转型，个体从家庭被抛向了社会，成为摆脱了家族、地域甚至身份等束缚与限制的独立的原子式的行为主体。被抛到社会的独立自主的原子式的个体的首要任务是维护自己脆弱的利益，也就是要向国家主张自己的权利。当然，一般而言，权利与义务是相辅相成、合为一体的。个体权利的主张与落实不得以无视他人的感受、损害他人的权利为代价。但是，在这权利—义务的统一体中，权利无疑是主导的因素。义务来自于权利、以权利为本，正是当事人维护自身权利的需要才决定了他拥有

维护他人权利的义务与责任。也就是在这个意义上，我们可以说"人权"是人类历史上迄今为止可以找到的最有道德的词汇。

一个权利意识缺失，人们羞于甚至耻于提及乃至主张自己利益的社会，是一个最不道德的社会。因为权利在这个社会里并不是没有了，而是变成了一种为特权者或特权阶层所掌控与享有的稀缺资源。当权利成为压迫者对被压迫者的武器之时，被压迫者的唯一出路便只能是拼命挣脱强制性义务所形成的束缚。整个社会就这样在恐怖、猜疑、隐瞒的气氛中走向紧张、对立和冲突。相反地，在一个权利成为一种公共享有物的社会里，享受权利与履行相应的义务构成了环环相扣的完整链条，强烈的权利意识造就了同样强烈的义务观念，且这种义务不是外在力量强加的，而是自己在利益驱动下主动自觉承担的，因而就有了比传统的外在性的义务更为强大的约束力。当权利与义务在每一个行为主体身上达到完美的平衡统一的时候，整个社会自然就会进到一种相当高的文明水准。

实际上，建立在熟人社会的整体基础上的义务本位伦理学属于他律的经验的独断的伦理学（不追问为什么，只断定要如何做或是什么）。建立在市民社会原子式的陌生人的基础上的权利本位伦理学属于自律的理论伦理学（不盲目承认现有的伦理要求，而是追问为什么，如元伦理学、解释学伦理学）。建立在民主国家基础上的融权利和义务于具体伦理生活领域的应用伦理学（不仅追问问什么，而且要研究如何具体落实到伦理生活领域之中如通过法律制度对权利义务的保证确认等）追求的是，融合他律和自律于具体的法律制度舆论宣传生活之中的实践路径。

一言以蔽之，伦理学是自由应当扬弃自然的实践哲学，而绝不是各种道德规范的总和。伦理学的"应当"是自然与自由的关系即自由扬弃自然的过程（这是应用伦理学的本体根据），在人性中体现为物性扬弃神性的过程（这是理论伦理学的本体根据），在现实中则体现为以人权为价值基础的权利—义务规则体系。可见，实际上，应用伦理学是包含理论伦理学于自身的在先的伦理学形态，此论容后详述。这个体现自然的德性自由或自由扬弃自然的过程就是伦理学的实质——爱实践智慧之学或实践哲学。简言之，伦理学是追求自由和人权的实践哲学，伦理学的这种内在特质预制了其基本的选择路径和价值基准——人权。

第四节　伦理学的价值基准——人权

20 世纪初至六七十年代，在英美伦理学界，流行把判别是非对错的规范伦理学分为目的论和义务论。80 年代以来，打破二元格局的萌芽出现了。比彻姆（Tom L. Beauchamp）在《哲学伦理学》的初版（1982）中，提出了目的论、义务论、德性论的三分法，在第二版（1991）中扩充为四分法（目的论、义务论、德性论、群体论）。我们不赞同此分法，因为它用伦理学表面的理论现象去附会伦理学的根本，而没有从伦理学的根本出发去研究伦理学。要真正走出误区，就要探究伦理学的根本是什么？

这里直觉的观念是，德性是伦理学的根本，伦理学本质上就是德性论（具体论证请参看最后的余论"人权与应用德性论"，兹不赘述）。既然伦理学就是德性论，流行的伦理类型学把伦理学（即德性论）分为德性论、规范论（包括目的论、义务论两大形态）、元伦理学的观点就不能成立，当然也就不能把康德伦理学归为规范论之一的义务论了。至此，我们彻底颠覆了传统的伦理类型学的观点。但这并不可怕，因为它恰好可以促使我们从伦理学自身的视角而不是从伦理学外在的因素来重新反思、深入研究伦理学。

我们尊重目的论、道义论的分类，因为其分类的根据是伦理学的价值取向。一般而言，伦理学的价值取向不仅包括功利、道义，还包括责任和权利。据此，我们把伦理路径归结为功利论、道义论、责任论和权利论等四种基本范式。如果人权是这四种基本路径的价值基准，也就确证了人权是伦理学的价值基准，即回答了人权应用伦理学何以可能的大问题。

一、功利论的路径

一般说来，利益是道德的主要客体，道德客体间的冲突（利益间的冲突）也是最常见的道德冲突。调节利益冲突的主要伦理路径是功利主义。

边沁、密尔开创的功利主义的基本规则是最大多数人的最大功利标准。功利主义者一般认为，自由（freedom）和福祉（well‑being）是大多数人追求幸福的两个基本要素。自由是对追求个人的生活和爱好做出根本决定而不受他者干扰和外界影响的选择能力。福祉（well – being）是充分运用自由的一系列必须的条件，"它主要包括如下因素：健康，一定程度的物质福利，食物，住所和教育。如果一个人贫穷，有病且未受过教育，对于他要获得幸福而言，仅仅是不受他者干预（的自由）几乎没有什么价值"①。这种功利主义的基本规则"要求工程师促进（提升）公众的安全、健康和福祉"②。查理斯·E. 哈瑞斯（Charles E. Harris）等人把工程伦理学的功利主义概括为三种基本途径：成本/收益法，要求把工程项目中的消极功利和积极功利转换为单一的货币衡量标准；行为功利法，基于斯马特（J. J. C. Smart）的行为功主义理论，不要求严格的量化标准，只要求确保能够带来最好效果的工程行为；规则功利法，基于理查德·布兰特（Richard B. Brandt）的规则功利主义理论，要求工程行为应当遵守具有最好效果的规则，此规则被遵守时，又被自己的效用证明是正当的）③。不可否认，功利主义为解决工程中的利益冲突提出了具有一定可操作性的颇有价值的方法途径。但这并不能遮蔽其理论上的缺陷。

总体上看，功利主义的主要问题在于：①多数人的最大利益具有极其主观的不确定性和偶然性，在现实中很难得到认同；②多数人的最大利益忽视了最为现实的痛苦和不幸，一定程度上遮蔽了人的普遍脆弱性，易于引发不人道的工程事故；③多数人的最大利益和少数人的利益甚至生命的冲突不可避免，为了前者而牺牲少数人的利益甚至生命是不人道的，在理论上是难以得到辩护的；④更严重的是，把利益看作最高目的，就意味着把人看作利益的工具和奴隶。这是功利主义路径的致命弱点。因为利益和人发生冲突时即使最大利益和人的生命发生冲突时，也不应当把利益凌驾于生命之上：只能是利益为人而存在，人绝不应当为利益而存在——这就是道义论的基本要求。

二、道义论的路径

利益冲突的实质是人的利益的冲突。这种冲突的极端化导致利益和人的冲

Charles E. Harris, Michael S. Pritchard, and Michael J. Rabins. *Engineering Ethics*：*Concepts and cases*. California：Wadsworth/Thomson Learning. 2000. p. 77.

③ Charles E. Harris, Michael S. Pritchard, and Michael J. Rabins. *Engineering Ethics*：*Concepts and cases*. California：Wadsworth/Thomson Learning. 2000. p. 77 – 84.

突，即道德客体（利益）和道德主体（人）的冲突，如工程安全与商业集团利益的冲突；工程职业自律与雇主利益的冲突；工程技术基准与商业利益基准的冲突等[①]。当功利主义路径不能解决利益冲突时，或者不能解决利益和人的冲突时，以人为目的的道义论路径就会取代以利益（尤其是多数人的最大利益）为目的的功利途径。

人的存在，及其意识生活和其最深刻的世界问题，最终就是有关生动的内在存在和外在表现的一切问题包括工程伦理中的利益冲突问题都得到解决的场所。工程问题似乎是外在的客观的物质实体，究其实质，则是工程内在的主观的精神体现，其根据在于人这个最终目的。这就蕴含着以人为目的的道义论路径。道义论的观点可用康德的话归结为："所有的理性存在者都必须服从这个规律：在任何情况下，他们都应当把自己和所有的其他人看作其自身的目的，而不应当仅仅看作工具。"[②] 在工程伦理学中，道义论要求："不得为了更大的总体功利而杀人、骗人、否定人的自由或者侵害人"[③]。把人为目的作为首要道德法则的道义论（道义即道德之根本要义和首要法则），并没有否定追求最大多数人的福祉的功利主义路径，只是把它从第一法则降格为道义论之下的伦理路径。

三、义务论和目的论的内在逻辑关系

人们非常关注伦理学中的目的论和义务论（或道义论）之间的分歧和对立，却很少深入研究二者之间的内在逻辑关系，这就难免陷入在二者之间作出非此即彼的选择的困境。为此，我们专门讨论这个问题。

实际上，目的论和义务论之间不仅存在着分歧和对立，更重要的是它们具有内在的逻辑联系。为了简明集中起见，我们主要以典型的康德义务论和功利主义目的论的内在逻辑进程为考察对象，力图在二者对话商谈的基础上，辨明

---

① Raymond E. Spier (ed.) *Science and Technology Ethics*, London and New York: Routledge. 2002. pp. 64 – 66.

② Immanuel Kant. *Foundations of the Metaphysics of Morals*. translated by Lewis White Beck. Beijing: China Social Sciences Publishing House. 1999. p. 52.

③ Charles E. Harris, Michael S. Pritchard, and Michael J. Rabins. *Engineering Ethics: Concepts and cases*. California: Wadsworth/Thomson Learning. 2000. p. 68.

其分歧中的联系和联系中的对立，以期窥其堂奥，进而把握伦理学之根本要义。

一般来说，目的论认为善独立于、优先于正当，正当依赖于善，善是其判断事物正当与否的根本标准。根据对善的不同解释，就派生出快乐主义、幸福主义、功利主义等目的论类型，其中功利主义是典型的目的论。现代功利主义主要有行动功利主义（斯马特）和规则功利主义（布兰特、图尔闵、黑尔）与目的论相对，义务论认为正当独立于、优先于善，善依赖于正当，依据对义务的不同理解，义务论可区分为规则义务论、行为义务论、权利义务论等类型，其中康德的规则义务论是典型的义务论。

1. 康德义务论的义务和功利目的论的目的

尽管目的论和义务论有此表面的外在分野，但它们更有着内在的逻辑联系。

（1）康德义务论的义务

追根溯源，康德是在义务论和目的论之间划定鸿沟的"始作俑者"。尽管他没有明确提出义务论和目的论的概念，但他的这一思想在《纯粹理性批判》中就已经明确表达出来，并在《道德形而上学基础》、《实践理性批判》、《判断力批判》、《道德形而上学》等著作中不断加以深化，表现出由二者截然对立到试图融合的心路倾向。

康德在《道德形而上学原理》中以自由规律为根据，从义务的性质提出了完全的义务、不完全的义务，从义务的对象提出了为他人的义务和为自己的义务。按照"道德形而上学"的层次，他将义务整理为：对自己的完全的义务，对他人的完全的义务，对自己的不完全的义务，对他人的不完全的义务。"完全的义务"就是绝对没有例外的义务，如：不要自杀；不要骗人等。"不完全的义务"则允许有例外，如：要发展自己的才能；要帮助别人等[1]。完成了三大批判之后，康德在《道德形而上学》中，进一步深化了其义务理论，使之构成一个较为完整的义务体系。他把完全义务具体规定为公正义务，把不完全的义务具体规定为德性义务。公正义务和德性义务之间的不同在于：公正义

---

[1] 参见康德：《道德形而上学原理》，苗力田译，上海人民出版社2002年版。

务是一种和权利紧密相连的外在强迫，一个人尽义务的同时就享有权利；德性义务是一种和权利并非紧密相联的内在强迫，一个人尽义务的同时并不能因此要求享有某些权利。

康德把德性义务又具体区分为直接义务和间接义务[①]。直接义务是为了道德性，是绝对命令。间接义务是为了抵制并避免使人趋向邪恶的极大诱惑而追求幸福或财富这个外在目的，它之所以是义务，是为了道德这个内在目的，因此是间接义务。没有直接义务，间接义务就不具有道德价值；没有间接义务，就会产生趋向邪恶的极大诱惑而对道德产生危害。这里，实际上已经把功利目的论包含在义务论之中了。但康德看重的是直接义务，他主张的德性义务严格说来就是直接义务——这和目的论看重间接义务相对立。因此，他详尽地探讨了直接义务。

康德依据意志自律的各原则，把德性之义务（实即直接义务）列表如下：

①我自己的目的，兼为我的义务（我自己的完善）

②他人的目的，促成它也是我的义务（他人的幸福）

③法则，兼为动力，由此而有合道德性

④目的，兼为动力，由此而有合法性

其中，从德性对象看，①和③是德性之内在义务；②和④是德性之外在义务；从德性的形式和资料的关系看，①和②是德性义务的实质要素；③和④是德性义务的形式要素[②]。康德认为，内在义务高于外在义务，形式要素高于资料要素。因此，合道德性高于合法性，自己的完善高于他人的幸福——因为他人的幸福是不确定的，我不是上帝，不能而不是不愿使别人达到幸福。每个人的幸福必须靠自己，而自己的完善则高于自己的幸福，即个人的自由完满高于一切，是真正的道德目的——后来，波普尔从经验功利目的的角度也表达了类似的思想，容后详述。

同时，康德并不反对为他人作奉献——因为这是外在的义务，但坚决反对利他主义的无条件的牺牲，因为"如果把每个人都应为他人而牺牲自己的幸

---

① 《康德文集》，郑保华主编，改革出版社 1997 年版，第 337 页。
② 《康德文集》，郑保华主编，改革出版社 1997 年版，第 365 页。

福和真实愿望当作一项普遍法则，那么它就会变成一个自相矛盾的准则。"①康德的这一思想和密尔的有条件的自我牺牲的目的论思想是相近的，容后详述。可见，真正的绝对命令是有内容的形式——这就是作为不完全义务的德性义务的内在义务。不难看出，康德是个地道的为己主义者，也是一个真正的自由主义者，但正因为他要求每一个人都要尽力履行可普遍化的义务的为己主义，他反而又是最大的超越功利之上的为他主义者，以祈求达到那自由的目的王国。这或许就是罗尔斯把康德和黑格尔、密尔与罗尔斯本人共同划在自由的自由主义者阵营的原因所在②。

综上所述，康德从自由本体出发提出的义务有三个基本层次：①义务包括完全义务（公正义务）和不完全义务（德性义务）。②德性义务包括间接义务和直接义务。③直接义务从德性对象看，包括内在义务、外在义务；从德性的形式和资料的关系看，包括义务的实质要素和义务的形式要素。其中，形式的内在义务是最高的，它来自意志自律或者善良意志，即纯粹实践理性。需要强调的是，康德的义务包含了间接义务即目的论的要求在内，但把目的论的要求即间接义务降格为通向直接义务的桥梁。因此，康德伦理学并没有摧毁功利主义目的论，只是降低了它的位置。实际上，康德时代及康德之后，功利主义日益完善，成为和康德义务论并驾齐驱的伦理学理论。这是以和康德同时代的边沁以及稍后的密尔、波普尔的功利主义目的论为标志的。

（2）功利目的论的目的

如果说义务论的理论价值在于系统论述了义务体系的话，功利主义目的论的价值则在于较为系统地论述了功利目的的体系：快乐目的、积极功利目的、消极功利目的。

其一，快乐目的，即感性的求乐避苦目的。在边沁看来，人类的一切行为动机都源于快乐与痛苦，求乐避苦是人类行为的最深层动机和最终目的。人类的其他一切义务包括正义、责任、德性等的价值意义，都受到这种感性苦乐的

---

① 《康德文集》，郑保华主编，改革出版社1997年版，第337页。
② 罗尔斯用"自由的自由主义"，指的是其第一原理是政治自由和公民自由原理优先于也有可能被诉诸的其他原理的自由主义。参见罗尔斯：《道德哲学史讲义》，张国清译，上海三联书店2003年版，第445页。

最终裁决①。在此基础上，边沁提出了根据苦乐的量的大小之比来判定快乐目的的程度的苦乐计算法。密尔不满于边沁只承认快乐的量的观点，他特别重视快乐的质，提出高级的快乐（精神快乐）与低级的快乐（感性快乐）的质的区分，并且肯定高级的快乐在质上优于低级的快乐。需要指出的是，密尔并没有完全否定量的区分，只不过把量的至高位置降格为质的环节罢了。在密尔这里，虽然异质的快乐相比，质是决定性的因素，但同质的苦乐相比，量的作用依然是决定性的。这就使快乐目的从量和质的统一方面变得更加精致了。从总体上看，密尔看重的是快乐的质的效果——这种重视精神快乐的目的已经有了和义务论重视意志自律相接近的倾向。

边沁、密尔对于经验领域的苦乐的量与质的区分和探讨是有价值的，这是康德没有涉及到的。不过，苦乐成为目的论的最高道德法庭，这和康德的义务或意志自律的道德法庭有着本质区别，即前者是经验感性的，后者是超验理性的，但它们都是对人生价值的探讨，只有层次上的不同，没有非此即彼的绝对对立。功利主义这种感性的求乐避苦的目的为最大多数人的最大利益、最大幸福的功利目的（边沁、密尔）乃至最小痛苦目的（波普尔）奠定了理论基础。

其二，积极的或理想的功利目的，它主要有两种形态：边沁的最大多数人的最大利益目的和密尔的最大幸福目的。边沁在苦乐目的的基础上，提出了最大多数人的最大幸福的功利目的。这里，功利是指任何一种行为对于幸福的增进，幸福则是通过个人的苦乐的量的计算衡量的个人的快乐。它包括个人利益（个人的快乐或幸福）和社会利益（最大多数人的最大幸福）。他认为，社会是由被认作其成员的个人所组成的一种虚构的团体，社会利益"就是组成社会之所有单个成员的利益之总和"②。因此，理解个人利益是理解社会利益的关键。边沁的机械经验论在这里暴露出致命的弱点，和只承认苦乐的量而无视苦乐的质一样，他完全无视社会利益与个人利益的质的区别，仅仅把社会利益看成是个人利益的简单相加。他没有能力像黑格尔那样把社会看作一个伦理有机体③，把个人利益和社会利益有机结合起来。鉴于这一思想割裂个人利益和

① 《西方伦理学名著选辑》，周辅成选编，商务印书馆1987年版，第230页。
② 《西方伦理学名著选辑》，周辅成选编，商务印书馆1987年版，第212页
③ 参见任丑："简析黑格尔的伦理有机体思想"，《武汉大学学报》，2005年第6期。

社会利益的弊病，密尔提出了最大幸福的功利目的。如果说边沁强调个人利益为基础的话，密尔则倾向于公益论，他主张有条件的自我牺牲论即这种牺牲一定要带来其他人或人类整体的利益，这和前述康德的观点基本上是一致的。密尔说，功利主义并不否定为了他人的利益牺牲自己的利益的正当性，"它只是拒绝承认牺牲本身是一种善。一种牺牲如果不增加或不能有利于增加幸福的总量，功利主义则把它看成是浪费。"① 显然，密尔通过肯定超验道德（康德义务论就是超验道德观）同样肯定的自我牺牲的价值，力图调和边沁那里相互对立的个人利益和社会利益的关系，使其最大幸福主义更加完善，同时也是向义务论接近的一种倾向。

边沁、密尔重视个人利益，其自我牺牲论强调这种牺牲的价值在于它换来的其他人的或社会的利益，这是其合理要素。但最大利益和最大幸福的目的仍然存在着如何解决最大幸福和最小痛苦之间的矛盾问题，波普尔的最小痛苦目的就是对这一问题而提出的一个貌似保守但却更具现实价值的目的。

其三，消极的或务实的功利目的。如果边沁、密尔等人追求最大多数人最大幸福的功利目的可称为积极的或理想的功利目的，那么波普尔的最小痛苦目的可称为消极的或务实的功利目的。波普尔认为，谋求幸福的种种方式都只是理想的、非现实的，苦难却一直伴随着我们。我们应该此时此地就同一个个最急迫的、现实的社会罪恶作斗争，而不要去为一个遥远的、也许永远不能实现的至善去作一代一代的牺牲②。而且，从道德的角度看，苦与乐并不能互相折算，痛苦不可能被快乐抵消平衡；一个人的痛苦更不可能被其他人的快乐所抵消平衡。处于痛苦或灾难之中的任何人都应该得到救助，决不应该以任何人的痛苦为代价去换取另一些人的幸福。因此，最大多数人的最大幸福应该代之以一种较谦逊、较现实的原则：尽最大努力消除可避免的苦难，这就是波普尔的"最小痛苦"的功利目的。它要求：把可避免的苦难降到最低程度，并尽可能

---

① J. S. Mill. *Utilitarianism*. In the Philosophy of John Stuart Mill, edited by Marshall Cohen. New York: Modern Library. 1961. p. 382.

② Karl R. Popper: Conjectures and Refutations: The Growth of Scientic Knowledge, London: Routledge, 1963, pp. 345 – 346.

平等地分担不可避免的苦难①。这的确是有一定见地的。

我们看到，功利目的和康德间接义务中为了追求幸福而必须同时排除苦难的间接义务在实质内容上是一致的，不过理论地位不同罢了——在目的论中，它是终极目的，就是说，康德的间接义务在这里成了直接目的。康德的直接义务在目的论这里，好像毫无立足之处，但实际上却作为否定因素潜伏于目的论的目的之中。因为，不可否认的是，目的论的目的都是经验领域的感性目的，它缺少一个普遍的法则作为最高法庭，它自身的不确定性和感性的偶然性迫使它不断自我否定，向义务论靠近。相应地，在义务论中，直接义务才是终极目的，功利目的只是直接义务的一个环节，没有独立的价值，它必须以直接义务为最高根据。但是，义务论也必须不断地从目的论所特别关注的经验领域吸取资料，才能具有真正的力量，康德的"德性就是力量"的命题也才能得到确证。

2. 义务论和目的论的内在逻辑关系

综上所述，我们发现，奇怪的是，以求善为鹄的的目的论和以求正当为鹄的的义务论表面看来针锋相对，但二者却在相互诘难中，不断相互接近、相互融合。这里面的秘密何在呢？从前面的考察中，我们可以明显地看到这个秘密就是义务论和目的论的内在逻辑关系。

（1）目的论无义务论则盲，义务论无目的论则空。目的论无义务论则盲的原因在于以下几个方面。首先，功利主义囿于经验的思维方式，割裂善与恶、动机与效果之间的辩证关系，难以达到道德本体的高度。一般而言，功利主义根据求乐避苦的目的认为，快乐是善，痛苦是恶。特别是边沁，他把动机归于快乐或痛苦，并认为每个人的动机都在于求快乐，由此直接断言："没有一个动机本身是恶的。"② 边沁藉此批判动机论（主要针对康德义务论）说，从动机出发，说明不了行为的善恶，惟有是否增进快乐的效果才能决定一个行为的善恶。边沁机械的经验思维难以把握善和恶的辩证关系，也必然割裂动机和效果的辩证关系。既然动机必然是为了避苦求乐的善，它也就只能遵循因果

---

① Karl R. Popper：The Open Society and Its Enemies，Vol. 1，New Jersey：Princeton university Press，1977，pp. 284－285.

② 《西方伦理学名著选辑》，周辅成选编，商务印书馆1987年版，第230页。

必然律，善和恶在动机中也就不存在，那么一切行为及其效果也就遵照一种机械因果律而成为必然的与道德毫无关系的动物行为了。因此，边沁唯善论的动机是和善恶无关的心理体验，没有道德价值可言。因为道德就在于能够在善恶中进行选择，可以为恶而选择了善，才是道德的。必然为善或必然为恶而别无选择的"道德"行为，实际上是不存在的或者说是和道德毫无关系的遵循机械因果律的自然结果。这就难怪边沁的功利主义被人讥笑为从污泥里取乐的猪的信条了。边沁后的功利主义尽管修正了目的论，但从根本上讲，它们都是经验的目的，如果没有义务论作为价值导向，就只能停留在经验领域而难以达到深入人的本质和道德本体的高度。其次，人类的功利中渗透着审美、道德、宗教等精神要求。完全脱离精神需求的纯粹的功利行为是不存在的，除非是动物行为，而动物行为则不能成为功利行为了。功利主义忘了，人类除了现实的功利利益之外，还有着超越于经验之上的更高尚的精神追求——这种精神追求正是人类脱离动物界的根本所在，也是现实的功利利益的价值所在，而精神的本质就是义务论所追求的自由。第三，人们不仅需要衣食住行的世俗家园——其实衣食住行也渗透着人们的精神追求，还要有超越现实功利的精神家园——音乐、戏曲、舞蹈、小说、哲学等非功利性的追求深深植根于人类的天性之中。而且，人们不仅需要经验的精神家园，还要希求先验或超验的精神家园——如语言的家园（迦达默尔），天地神人共居的家园（海德格尔）、西天极乐世界（佛教）、上帝之城（基督教）、目的王国（康德）等。仅仅物质贫穷并不能使人降为物，精神贫穷则会把人变为物，拜物教就是明证。但物质贫穷会诱惑人类向恶并阻碍乃至抑制求善的进程，因此，现实功利也是应该肯定的——这正是功利目的论的价值所在，也是康德肯定世俗幸福并调节目的论和义务论的用心所在，只不过不能把它当作终极目的而只能作为间接目的。第四，且不说最大多数人的最大幸福是不确定的极难达到的感性经验要求，即使能够达到，少数人的幸福难道就不要了么？就可以成为最大多数人的最大幸福的工具了么？事实上，这是功利主义逻辑的必然结论，斯马特的行动功利主义就主张为了最大多数人的最大幸福而可以牺牲少数人的幸福。这就为工具主义打开了方便之门。尽管这不是功利主义本身的过错，但它却可以成为种种暴行的理论借口，功利主义的裂隙于此可谓昭然矣。这是参加过第二次世界大战的罗尔斯猛烈抨击功利主义的根源所在，也是功利主义内部自我否定的因素所在。第五，密尔提倡的自我牺牲和边沁的个人幸福的矛盾冲突，正是功利主义的内在逻辑矛盾的否定因素。密尔明确肯定的致力于他人幸福的自我牺牲，实质上同时是一种道德义务，而他和边沁都关注的个人行为的自然目的的私人幸福也同时是一种道德义务——这在康德那里就是为人的间接义务和为己的间接义务。西季威克甚至认为，在世俗经验的基础上，这种利益与义务之间的冲突不可能有一种完满的解决办法。遗憾的是，他洞察到了这个矛盾，却没有解决。实际上，这在功利主义内部是不可能解决的。波普尔的最小痛苦原则对最大幸福原则的否定，布兰特的规则功利主义对斯马特行动功利主义的批判和向义务论的逼近，都没有能够很好地解决这个问题，但这些都是目的论内部矛盾的理论体现。这种矛盾在康德那里是属于外在目的的间接义务之间的冲突，它们是经验领域的一对恒久的矛盾，正是这对矛盾对自身的否定，才能把目的论从经验领域擢升到超验领域，从而把间接义务提升为直接义务，把外在目的提升为内在目的。因此，这种矛盾只有到超验的领域去解决，康德的义务论本质上正是超验的义务论。

另一方面，义务论无目的论则空。康德认为，目的是作为道德命令所要求的德性之义务自身所具有的。他说："目的概念这一要素不是我们本来就有的，而是我们应该有的，因此是纯粹实践理性本身所具有的。其最高的、无条件的目的（然而仍是一项义务）在于：德性就是它自身的目的，弘扬人性就是它自身的回报。……和有其障碍待克服的人类诸目的相比，作为德性自身目的的它自身的尊贵，的确远远超出了所有的实际功利、所有的经验目的及其所能带来的好处。"[①] 康德在这里已经非常明确地表达了三个重要思想：①义务必须有目的，但超验的德性目的即内在目的高于功利等经验目的；②最高义务和绝对目的是一致的；③二者一致的基础就在于自由。这里，目的论和义务论在最高层次上相一致的思想是非常明确的。康德的为义务而义务常被人们讥笑为空洞的形式主义。其实，康德不但重视内在目的，同时也并不完全否定外在目的，而是力图通过悬设自由、不朽和上帝来调和它们之间的关系，追求幸福

---

① 《康德文集》，郑保华主编，改革出版社 1997 年版，第 363～364 页。

（外在目的）和德性（内在目的）的和谐的至善。

（2）义务论也讲目的，目的论也讲义务。康德认为，义务论与目的论之间的区别不在于人的道德行为有无目的，而在于有什么样的目的。为了说明二者的目的不同，康德把目的分为两种：一是由感性冲动所决定的技术的（主观的）目的——它是外在目的；一是依据自身法则所确立的客观的目的——它"同时也是义务的目的"即内在目的，这个目的就是人本身。义务论的道德学说看重的是内在目的，目的论的学说追求的是外在目的。也就是说，义务论的学说是以道德自身的目的为目的，目的论的学说是以道德之外的经验世界的物质利益为目的。康德认为一个人在从事道德活动时，无论行为的结果如何，都应该履行自己的义务，一以贯之地按照道德法则行事。认识到道德自身就是人们道德活动的目的，道德活动是尽自己的义务，这就是许多人在做了好事却善无善报，甚至善得恶报时，并不后悔抱怨，还要一如既往地去做的原因，这就是不受外在因素牵制的意志自律的绝对命令的一以贯之的德性的力量。康德并不否认人的幸福和利益，但是他反对以这种幸福和利益特别是反对以谋取自身的利益作为具体的道德行为的目的。显然，康德是想把义务论与目的论调和起来。

目的论虽然表面上不提义务，但它追求的目的本质上就是康德的间接义务。边沁重视个人幸福实际上是康德为己的间接义务，在康德这里，它必须服从于为己的直接义务才有价值；密尔重视公益论的目的和波普尔关注苦难的目的实际上是康德的为他的间接目的——在康德这里，它必须服从于为他的直接义务才有价值。如果说，边沁、密尔主张的是积极或理想的（间接）义务，波普则主张的是消极或现实的（间接）义务。波普尔批判说，在所有的政治理想中，使人们幸福或许是最危险的理想，建立人间天堂的努力总是不可避免地造成人间地狱。我们的责任和义务是去帮助那些需要我们帮助的人，是努力消除和预防痛苦、灾难、非正义，而不是去使别人幸福。因为幸福等较高的价值是个人随自己的心愿去争取创造的事情，他人是否幸福并不依赖于我们，而依赖于他人自己的努力和机遇。虽然我们可以设法使我们的朋友幸福，希望他们接受我们的价值（建议），但以他们是否愿意为限。这才是苏格拉底式的理性态度，即在深知自己很容易犯错误的前提下，充分尊重他人，而不热衷于强迫他人接受幸福①。在波普尔这里，靠近义务论的倾向更是十分明显的。实际上，目的论把康德的间接义务完善化系统化了，而间接义务的完善就必然自我否定而逼近直接义务。

如果说义务论是以义务为目的的内在目的伦理学的话，目的论（主要是功利主义）则是以幸福、情感主要是功利效果为目的的外在目的伦理学。如果说义务论的核心在于义务——内在目的应当的话，目的论的核心则在于目的的善——功利的外在目的。这也是功利论和义务论的根本区别，但并非水火不容。原因在于，外在的目的功利、幸福、情感、权威等只有以内在的目的为目的，才有价值，外在的目的贯彻到底就必然进入内在目的；而内在的目的只有以外在目的为中介才能达到。外在目的可称为间接目的，内在目的可称为直接目的，这也是康德把德性义务划分为内在义务和外在义务的根据所在。绝对义务就是最高目的，因此真正的目的论必然是彻底的义务论，真正的义务论也就是彻底的目的论。目的论的间接义务或外在目的力图为人们构建一个和谐的无痛苦的美好的世俗家园，康德则高悬一个目的王国作为人们的理想和超验的精神家园，它们都是人们必不可少的家园——经验家园和超验家园的统一才是人类真正的家园，或许这正是人类的本性所在。如果用一个涵盖通常二分对立意义上的目的论和义务论的伦理术语的话，那就完全可以称之为（伦理学的）自由论。

（3）自由是目的论和义务论的终极鹄的。完满的义务论和完满的目的论是一致的，都是自由的完满。如果说康德认为内在自由高于外在自由，并把内在自由看作最高目的或内在目的的话，密尔则蔑视内在自由（自由意志），而重视外在自由（社会自由）。在《论自由》的开头，密尔明确声明说"这篇论文的主体不是所谓意志自由……。这里所要讨论的乃是公民自由或称社会自由，也就是要探讨社会所能合法使用于个人的权利的性质和限度。"② 康德在法学中也划定了个人自由的界限，这和密尔没有经验上的区别。他们的不同在

---

① Karl R. Popper: The Open Society and Its Enemies, Vol. 1, New Jersey: Princeton university Press, 1977, pp. 237 - 239.

② 密尔:《论自由》，许宝骙译，商务印书馆版1959年版，第1页。

于，康德的自由的界限有一个超验的根据，那就是自由必须符合普遍法则①。密尔、波普尔的自由的根据则是经验的功利效果。我认为，人的自由应当有一个超验的根据悬在那里作为我们对经验自由审判的法庭，否则经验的自由就是偶然的、不确定的，甚至会成为不自由的工具和借口。这就是经验中的自由如法国大革命的抽象自由为何变成了不自由的原因，也是波普尔从目的论内部、罗尔斯从义务论的角度同时批判最大幸福主义的原因。功利的现实的自由虽然不能和先验的自由完全符合，也是现象界绝对必要的，即现实的自由应该符合先验的自由，而应该则意味着能够。否则，先验自由就完全是空的教条。因此，我们看到，康德义务论主要强调先验的普遍自由，目的论主要强调经验的增加幸福或减少痛苦的自由。尽管他们关注的自由的重心、层次、内容等不同，但他们关注的都是自由必不可少的要素。就是说，目的论和义务论都是自由的必要环节，都是伦理学的必要类型。这就昭示了自由是伦理学的根本。可见，目的论（善）——义务论（应当）——自由，这就是义务论和目的论的内在逻辑，也是伦理学的内在逻辑所在。

在伦理的自由这个制高点上，我们就真正跳出了目的论义务论二元对立的困境。我们由此可以推出三个基本结论：①从内涵来讲，伦理学的内在逻辑决定着伦理学的本质是求自由之学——严格说来，是追求伦理自由之学②，也决定着道德或伦理的本质是自由，是人自身的内在本质，而不是外在于人的幸福利益之类的工具和手段，因为幸福和利益如果不和道德结合，其本身的价值也就成了问题。当然，这并不是否定幸福和利益。相反，我们要大力肯定其经验的价值和意义，只是说不能把它们看作道德的终极标准和最高本质——自由。②从研究方式来讲，伦理之自由本质决定着它不可能像自然科学的对象那样遵循自然因果律，不能机械套用研究自然规律的方法来规定自由之伦理。伦理学作为研究自由规律之学就在于不能用机械因果律加以规定、不能用实验加以验证，不具有严格的自然科学意义上的可操作性，不能用利害的算计或逻辑规则

---

① 《康德文集》，郑保华主编，改革出版社1997年版，第363页。

② 伦理自由和政治自由、经济自由、宗教自由、审美的自由感等在根本上是一致的，但在层次上是有区别的，伦理自由是其他自由的根本，其他自由是伦理自由在政治、经济、信仰、审美创作等领域的外在体现。

来规定,否则就成了不自由的僵死的教条。相反,超越于自然规律之上,不屈从于利害算计等外在力量,力求自己成为自己的自由,正是伦理学、伦理实即人的价值和尊严所在。鉴此,③关于目的论和义务论问题以及伦理学问题,套用陈修斋先生的"哲学无定论"的提法,我们主张"伦理无定论,道德本自由"。自由是伦理学的基础所在。

道义论确立了人为目的这个法则,虽然在一定程度上可以解决利益冲突的价值选择标准问题,但在如何实践道义目的这个要害问题上,道义论的空洞无力即刻暴露出其致命的缺陷。这既成为道义论招致诟病的根源,也成为超越道义论,探求其实践路径的突破口。人为目的的道义论有两条基本的实践路径:消极路径是对危害人为目的法则之后的承担和追究,即责任论的路径;积极路径是在责任论的基础上,积极主动地把人为目的法则具体化为权利保障,并切实把权利保障落实到伦理实践之中,即权利论的路径。

四、责任论的路径

由于利益是属人的利益,人(道德主体)与利益(道德客体)冲突的实质是人与人的冲突——道德主体间的冲突。当同样作为目的的人发生了冲突时,如工程师和其雇主的冲突、工程师之间的冲突、雇主和公民的冲突等,如何解决这些问题,尤其是谁来对这些问题负责,就成了人为目的的具体实践路径之一。这就是责任论的实践路径。

需要特别说明的是,这里涉及伦理范式的一个基本问题。一般而言,理论界对道义论和义务论不加区分,这是因为二者具有内在的紧密联系,从道义论甚至可以非常自然地过渡到义务论:康德伦理学就是典型的融合道义论和义务论于一体的伦理范式。

与这种传统的伦理范式不同,我们把道义论和义务论区分开来,把责任论确立为一种独立的伦理范式,并以责任论取代义务论。理由是:①从学理来看,既然义务论以严格遵守某种道德规则为根本义务和伦理命令,不把以最大功利为规则的功利主义归为义务论是说不通的。即使仅仅从义务的角度来看,不把功利主义归结为义务论也是说不通的:密尔和康德一样也在自己伦理规则的基础上区分了完全义务和不完全义务,虽然二者义务的根基不同:功利或者人本身。但是，若把功利论归为义务论，本来和功利论相对立的义务论就丧失了其存在的意义。可见，功利论和义务论的提法存在着难以解决的矛盾，应当把二者准确地分为功利论和道义论——功利论以最大功利为最高道德目的，道义论以某种超越于经验功利之上的最高道德价值（人本身）为道德本义和最终根据。②从道德哲学的发展史来看，费希特在其《伦理学体系》中把康德式的义务或职责作为重要研究对象，详尽探讨了其分类和内涵，尽管他并没有从根本上摆脱康德道义论的模式，但责任伦理学在他那里已初具雏形却是不争的事实。20 世纪以来，萨特的《存在与虚无》、列维纳斯的《大全与无限》等著作已经把责任作为伦理学的核心理念。如今，随着约纳斯（H. Jonas）、伦克（H. Lenk）、莱德（J. Ladd）等学者对责任的深入广泛的研究，责任论已经从道义论中脱颖而出，成为一种独立的伦理范式——以责任为根本的责任伦理学。③义务和责任或职责虽然有区别，就它们同为道德主体的道义承担而言，二者本质上是一致的。为避免不必要的术语歧义和累赘，我们不严格区分义务和责任或职责，把以义务和责任或职责为本的伦理学统称为责任论，确立责任论为一种独立于功利论和道义论的伦理范式。这样一来，义务论的说法已没有实际意义。

胡塞尔曾说："人最终将自己理解为对他自己的人的存在负责的人"①。就当前工程伦理学的研究而言，责任业已成为其最集中的道德问题。约纳斯（H. Jonas）、伦克（H. Lenk）、莱德（J. Ladd）等人围绕与工程有关的责任问题探讨了责任的概念、责任的种类和层次、道德责任的特点、技术的新发展对责任概念的影响、工程师以及整个社会对技术问题的责任等问题。在此基础上，维维安·韦尔（Vivian Weil）教授对工程师的责任从四个层面作了详尽的探讨和研究：①对公众的责任，是保障促进"公众的安全、健康、福祉。"这里的公众是指面对工程师的创造出的工程的危险一无所知，因此一旦危险出现便可能完全无助者。②对雇主或代理人的责任是忠诚：提倡批判性的忠诚（critical loyalty），反对盲目忠诚。一旦工程师对雇主的忠诚和对公众的责任产生冲突时，对工程师而言，如何优先承担对公众的责任而又避免对雇主或代理

---

① ［德］胡塞尔：《欧洲科学的危机与超越论的现象学》，王炳文译. 商务印书馆 2005 年版，第 324 页。

人造成丧害，以免因此危及其工作和事业，一直是一个主要的不断循环出现的伦理问题。③对其他工程师和职业的责任，要求做到"正直、荣誉和尊严"。④对环境的责任①。问题在于，"在这些责任领域中的每一个领地，若工程师毫不妥协地行使其专业判断，都将处于危若累卵的境地"②。这实际上暗示了责任论的困境：当责任发生

　　冲突时，谁来承担？如何承担？解决责任冲突的根据是什么？而且，责任是消极的，如何积极引导，尽量规避工程风险，提高工程质量？等都是责任论难以解决的问题。因此，维维安·韦尔（Vivian Weil）教授追问道："这些工程师的责任的基础是什么呢？答案是我们普通的道德、法律和职业舆论。"③这种追问的价值在于，欲化解责任论的困境，必须寻求责任的价值基准。不过，普通的道德、法律和职业舆论是一个非常模糊的说法，根本不能成为责任的根据。

　　相对而言，责任论比功利论和道义论更具有实践能力，达到了更加自由的境地。功利论只注重最大利益的后果，却无视为了最大利益而带来的牺牲少数人的利益的严重后果。对此种后果如何处理？功利论无言以对。和功利论不同，道义论只讲为义务而义务，却不计后果如何。如果有人不承担义务，怎么办？如果出现了不良后果，怎么办？这些问题都是道义论避而不谈的。责任论克服了道义论（义务论）不讲后果的空洞无力，而用一定强制性的责任加以追究不承担义务者，同时又对功利论的不良后果加以追究，弥补其不足和非人性的致命问题。但责任论也并未天衣无缝，问题的关键是责任的价值基准是什么？直觉的回答是：责任的价值基准是权利，因为人应当为权利负责。这就是权利论的路径——道义论的积极实践路径。

五、权利论的路径

　　权利思想在古典伦理理论中早有探讨，如阿奎那、霍布斯、康德等人的研

---

①② Raymond E. Spier（ed.）*Science and Technology Ethics*，London and New York：Routledge. 2002. pp. 73 – 80.

③ Raymond E. Spier（ed.）*Science and Technology Ethics*，London and New York：Routledge. 2002. p. 73.

究。但就权利论的伦理路径而言，应当说肇始于德沃金。德沃金（Ronald Dworkin）在讨论罗尔斯的契约论思想时明确指出，在一个完整的政治伦理学体系中，其道德规范可以是多元的（包括目的、义务、权利），但其终极基础必然是一元的①。他力主"权利是王牌"的思想，把权利作为其政治伦理学的价值基准。麦凯（J. L. Mackie）承接德沃金的这一思想，明确主张道德理论也应以权利为本。工程伦理学的权利路径正是这种理论的实践和拓展。

我们现在的主要任务是，从如下几个方面论证权利论的路径。

1. 权利是责任之本

权利是否是责任之本是权利论首当其冲的问题。由于责任与义务处于同一层面，故我们可以从厘清权利与义务的两个层面的基本关系（不相关性、相关性）入手逐步解决此问题。

首先，权利和义务的不相关性，主要包括：无义务的权利、无权利的义务。

（1）无义务的权利：即优先于义务的权利。为责任（义务）而责任（义务）在直觉上是令人讨厌的，在理论上是缺少根据的，在伦理实践中必然陷入令人疑惑和软弱无力的困境。因为无任何权利尤其是无人权的存在者实际上被剥夺了做人的权利，他既不可能也不应当承担任何责任和义务。换言之，权利正是人之为人的根本标尺，为权利而权利或为权利而责任才是符合逻辑和人性的。麦凯就认为权利是自由和索取（claim – right）的结合。当说张三有作 X 的权利时，意味着①张三有作 X 的自由（张三没有责任不去作 X），②张三做 X 要受到保障（他人有责任不去干预张三做 X)②。可见，责任是为了保障权利而产生的，并非为了责任自身而产生的。责任是由权利派生出来的，权利是责任的根基所在。这就从根本上决定了权利的优先地位，义务是权利的手段而权利则是义务的目的，权利可以独立于义务而存在，义务不可以独立于权利而存在。

---

① Ronald Dworkin. *Taking Rights Seriosly*, Cambridge, Massachusetts: Harvard University Press. 1978, pp. 169 – 171.

② J. L. Mackie, "Can there be a Right – based Moral Theory?" In Studies in Ethical Theory (Midwest Studies in Philosophy, volume III), edited by Peter A French, Theodore E. Uehling, Jr., and Howardk. Wettstein. Minneapolis: University of Minnesota Press. 1978. p. 180.

（2）无权利的义务，涉及的是代际公正如父母子女之间的问题，或种际公正如人类和动物之间的问题。一种情况是（义务客体有权利），义务主体有相应的义务而无相应的权利，如：幼年子女有得到父母抚养的权利，父母有抚养幼年子女的义务，却无权利要求幼年子女抚养父母。另一种情况是，义务主体有义务（和相应的权利），义务客体无相应的权利，如：人类有义务和相应的权利保护动物，动物却无权利要求人类履行保护动物的义务。否则，人类就将被吃光而灭亡，这和保护动物的义务相矛盾，因为人也是动物。不过，这并不意味着这类义务可以独立于权利而存在，相反，它们只是为了终极的权利即人权这个目的而在没有相应权利条件下的义务。父母抚育子女的义务、人类保护自然和动物的义务虽然并没有对应的权利，但却是为了人权而履行这样的义务的。

其次，权利和义务的相关性。对权利和义务的相关性，罗斯（William David Ross）所概括的四个独立的陈述应该说比较全面。它们包括：

①A 对 B 有权利意味着 B 对 A 有义务；

②B 对 A 有义务意味着 A 对 B 有权利；

③A 对 B 有权利意味着 A 对 B 有义务；

④A 对 B 有义务意味着 A 对 B 有权利。

陈述①所表明的是"A 有权利让 B 对他做某个行为，意味着对 A 做那个行为是 B 的义务"；陈述②是陈述①的反题；陈述③所表明的是"A 有权利让 B 对他做某个行为，意味着 A 对 B 有做另一个行为的义务，这个行为既可能是一个相似的行为，例如，一个人有要求人说实话的权利就意味着他有说实话的义务，也可能是一种不同的行为，例如，一个人有要求人服从的权利即意味着他有统治好的义务"；陈述④是陈述③的反题①。这实际上比较完整地表达了权利和义务的相关性：有权利意味着有义务或有义务意味着有权利。

由于没有权利，就不可能有相应的义务，义务依赖于权利，是权利的派生物。所以，在权利优先于义务的前提下，权利和义务的相关性才得以可能。这种相关性的关系，归根结底是以权利（尤其是人权）优先于义务为最终根据

---

① W. D. Ross, *The Right And The Good*. Oxford：Oxford University Press. 1930，pp. 48 – 50.

和逻辑前提的。可见，权利是义务之本。

这里需要特别说明的是，义务和责任或职责虽然有区别，但就它们同为道德主体的道义承担而言，二者本质上是一致的。鉴此，为避免不必要的术语歧义和累赘，我们把义务归为责任的一种或一部分，不严格区分义务和责任或职责。从这个意义上讲，前述"义务"一词皆可替换为"责任"，权利是义务之本也即权利是责任之本。

2. 权利是道义之本

人为目的的道义在其伦理实践中要么通过责任来实现，要么通过权利来实现，否则就成了空洞的要求。因为权利是责任之本，所以道义最终根源于权利而不是责任。因此，权利也是道义之本。

3. 权利是功利之本

功利是行使某些权利可能要完成某种目标的最现实、最常见的经验条件。功利论自身存在的问题如牺牲个人的幸福、功利算计带来的利益冲突等，必须求助于道义和责任来解决。由于后两者的根据在于权利，功利最终也以权利为根本。

不过，权利论也遭到了各方力量的不同程度的批判，其主要观点是：根据权利本位论，所有义务都来自权利，但事实上有些义务没有相应的权利。如行善仁慈的义务并非来自接受者要求我们行善仁慈的权利。康德、密尔就是此观点的典型。康德把义务分为完全的义务如不说谎，和不完全的义务如促进他人幸福。前者有相对应的他人权利，后者却没有相对应的他人权利，只有相对应的他人需要。密尔（J. S. Mill）也把责任分为完全和不完全两种。完全的责任有相应的权利，如正义；不完全的责任却没有相对应的权利如慷慨或仁慈——没有人有权利索取慷慨或仁慈[①]。当代许多学者如费因伯格（Joel Feinberg）、瓦瑟措姆（Richard Wasserstrom）、莱恩斯（David Lyons）等人也持此观点[②]。

---

① J. S. Mill. *Utilitarianism*. In the Philosophy of John Stuart Mill, edited by Marshall Cohen. New York: Modern Library. 1961. p. 380.

② Wasserstrom, Richard. "Rights, Human Rights and Racial Discrimination", The Journalof Philosophy, 1964（61），p. 98；Fcinberg, Joel. Social Philosophy. Engelwood Cliffs, New Jersey: Prentice - Hall. 1973, p. 63；Lyons, David（edited），Rights. Belmont, California: Wadsworth. 1979. p. 11.

应当特别指出的是：牛津大学的拉茨（Joseph Raz）专门撰文《权利为本的道德》批评权利论。他举了两个反例：首先，友谊的义务的成立不在于朋友的权利，而在于我对朋友以一个不同于一般人的特别关心。其次，我们有义务不破坏一件贵重的艺术品，即使是我的私有财产，也不会焚烧。即使烧掉，也不侵犯任何人的权利。可见，义务并非建立在权利之上①。拉茨认为权利本位的道德理论无法解释超义务（实即不完全义务）的行动的道德重要性，它只能把权利以外的价值视为工具性价值，也无法解释德性与成德的重要性②。

我们认为，对权利本位的道德伦理的这些批评是不能成立的。

①没有权利的义务本质上依然根源于对他人权利的尊重。诸如养育婴儿、救助困苦等义务虽然没有相应的被养育和被救助的权利，但这个义务却是根源于对人权的尊重。

②仁慈慷慨之类的德性虽然值得尊重和推崇，却是可以期望不可指望的德性。人类绝不可以指望仁慈之类的德性发展道德水平。

仁慈慷慨之类的德性具有偶然性、不确定性（亚里士多德就认为，慷慨德性只有个别人才有），不可以成为普遍化的伦理命令。从某种意义上讲，仁慈所在之处，乃正当权利得不到保障之处；仁慈所在之时，乃正当权利得不到保障之时；仁慈所向之个体，乃正当权利得不到保障之个体。换言之，仁慈意味着被仁慈的对象处于其正当权利得不到保障的极度困苦脆弱的状态。仁慈的存在恰好意味着罪恶、不幸、贫困等道德灾难的存在。一个不需要仁慈的社会才是道德的社会，一个人人应当享有的正当权利能够得到有效保障的社会才是道德的社会，一个不需要仁慈，却能够享有权利的个体才是被尊重的有尊严的道德个体。

当然，我们并不否认可能有真正的君子、仁慈、友爱和慷慨，但这一切美好的德性愿望只有在尊重人权底线的原则下，才可能期望，却依然不能指望。因为没有明确权利底线的德性和崇高常常会潜藏着罪恶和血泪，伪君子、伪道

---

① Joseph Raz. "Rihgt – based Moralities", *Theories of Rights*. Edited by Jeremy Waldron. Oxford：Oxford University Press. 1984. pp. 195 – 197.

② Joseph Raz, "Rihgt – based Moralities", Theories of Rights, edited by Jeremy Waldron, Oxford：Oxford University Press. 1984. pp. 184 – 186.

德、伪善往往借着仁慈慷慨友爱等崇高的美名"借尸还魂"。只有坚守住人权的底线，人类道德才有可能进步，至少不会倒退。

③拉茨所说的友爱也必须建立在尊重对方正当权利的基础上，否则，就不可能有真正的友爱。相对而言，人可以没有友爱，却不可以没有正当权利。同理，拉茨关于烧掉一件贵重的艺术品不侵犯权利的说法是极不负责任的。一件贵重的艺术品，并非拥有者个人的独有财产，它是艺术品的创造者汲取人类智慧的创造性成果，也是人类智慧的标志。拥有者只享有保护、收藏、不被非法剥夺的权利，却不拥有该艺术品的价值权、创造权、专利权。因此，烧掉它就侵害了他人（甚至是人类）的权利。

④至于"把权利以外的价值视为工具性价值，也无法解释德性与成德的重要性"等说法，都是典型的伦理机械论（把自由的伦理降格为机械的物理）。显然，工具是有目的的，工具性价值也是有目的的价值，无目的的工具价值是不存在的。工具价值的价值就在于它最终是为了权利而不是为了暴力、屠杀等侵害权利的其他目的。更何况，权利是德性和成德的价值基准。没有权利的尊重和保障，根本就不可能有德性和成德可言。

权利论的确证，实际上已经进入伦理学应当追寻何种价值基准的视阈。这里直觉的回答是：人权是伦理学的价值基准。

六、何种价值基准

要从权利论的路径追寻伦理学的人权价值基准，首先必须追问的是：人权可否成为其他权利的价值基准？人权可否成为功利、道义与责任的价值基准？归结为一个问题，就是人权可否成为四种伦理路径的价值基准？

从外延来看，权利包括平等共享的普遍性道德权利（即人权）和不平等非共享（某些人或某个人独享的）的特殊权利（即通常所说的和人权相对应的"一般权利"）。人权和特殊权利的根据在于人性的普遍性和差异性：人性的共性决定着人权的存在，人性的差异决定着人权在不同个体那里体现为不同的特殊权利。

就当今语境中的特殊权利而言，英国赫尔大学权利哲学专家艾伦·R. 怀特（Alan R. White）教授做出的权威性诠释是："特殊权利能够赋予或取消，能够拥有、享用、赢得或失去。一项特殊权利可以是积极的，即允许某人（在某种情况下）做某事的权利，而这种事是其他人不能做的，或者被允许者在其他情况下也不能做的。一项特殊权利或者也可以是消极的，即某人（在某种情况下）免受某种限制的权利，这种限制是其他人或被允许者本人在其他情况下必须恪守的"①。实际上，我们可以把特殊权利看作比较性的概念：特殊权利是（相对于普遍人权的）享有某种特殊有益待遇的权利或免于某种不利待遇的权利。与每个人都享有的普遍人权相比，特殊权利是由于某种特长、职业或地域文化等相对于普遍人性的偶然性因素而产生的非普遍性的享有或免于某种对象的权利，如医生的治病权利、政府官员的行政权力、某些地域内的人们对此地域的土地拥有权利等。工程师作为工程主体所拥有的作为工程师的权利就是特殊权利，但他同时也拥有作为人的普遍权利——人权。

　　根据是否侵害人权，可把特殊权利分为两个基本层面：其一，侵害人权的特殊权利，如纳粹集线、古代贵族享有的世袭特权、当代某些阶层享有的既得利益的特权、利用宗教自由或文化特殊的权利从事恐怖活动或其他危害人权的行为等。这种类型的特殊权利实际上是不道德的特权，不配享有权利的荣誉。因此，它并非真正的权利。其二，真正的特殊权利是以不侵害人权为底线的特殊权利，如合法工作生活的权利，自由地发展自我的个性特长和独特爱好的权利等。这种特殊权利正是人权得以保障和实现的重要途径。可见，特殊权利和普遍人权从外延来看似乎是冲突的，其内涵本质上是一致的：人权和特殊权利只是权利的不同层面。人权是特殊权利的底线，特殊权利是普遍人权落实到具体的特殊个体的权利，它应当是普遍人权的保障、拓展和提升，而不应当是对人权的践踏和危害。换句话说，真正的特殊权利必须以人权为价值基准，侵害人权的特殊权利决不应当成为权利。

　　这就明确了麦凯的权利观点：在权利体系中，某些权利是其他权利之本，因为某些基本权利"把握了整个道德理论之根源"②。这些基本权利就是人权，

---

①　Alan R. White. *Rights*, Oxford: Oxford University Press, 1984, p. 156.

②　J. L. Mackie, "Can there be a Right – based Moral Theory?", Studies in Ethical Theory (Midwest Studies in Philosophy, volume Ⅲ), edited by Peter A French, Theodore E. Uehling, Jr., and Howard k. Wettstein. Minneapolis: University of Minnesota Press. 1978, pp. 170 – 178.

其他权利即特殊权利皆派生于人权。就是说，人权是权利论的价值基准。

下面的问题是，人权可否成为功利、道义和责任的价值基准？如前所论，既然权利是功利、道义和责任的根基，普遍人权是特殊权利的价值基准，那么人权也能派生出功利、道义和责任，也可成为功利、道义、责任的价值基准。因此，人权是前述四种伦理路径的价值基准。不过，这并不否定特殊权利、功利、责任和道义的道德价值，反而更加彰显了它们自身的意义，为它们的合理存在奠定了更加牢固的价值基础，它们反过来也为人权的实践提供了具体的伦理路径。既然人权是伦理学四种基本路径的价值基准，也就确证了人权是伦理学的价值基准，当然也是应用伦理学的价值基准。人权应用伦理学就是以人权为价值基准的应用伦理学。这就确证了人权应用伦理学的合法性。

如果我们从后果的角度考察四种伦理路径的关系：功利论是部分后果论（只看重最大功利后果，无视由此带来的对少数人的较少功利和痛苦等负功利的后果），道义论是非后果论（为道义/义务而道义/义务，后果不在道义之中），责任论是完全后果论（对一切行为后果负责，以责任为本），权利论是后果基准论（从人性和道德基础的角度回答为什么要对一切行为后果负责，以及对后果负责的价值基准是什么，为立法和道德提供了价值基准）。这正是一个自由和人权的实践哲学的逻辑进程，这个逻辑进程的展开就是人权应用伦理学的实践进程。

至此，也就回应了"人权应用伦理学何以可能？"的问题。那么，人权应用伦理学是如何展开的呢？其具体内容是什么？这是人权应用伦理学所要秉承的历史使命所在。

基础篇：人权应用伦理学基础

应用伦理学起源于 20 世纪 60～70 年代的欧美世界，它是当代哲学领域发展最为迅速、最具生命力的一门新兴学科。应用伦理学所直面的各种价值冲突从根本上说均体现为人权之间的冲突，对人权理论的深入探究，已经成为应用伦理学本身逾越其发展瓶颈的一个重要突破口。这一点在当今的国际学术界业已形成共识。

但就具体的各个应用伦理学领域而言，各自应当以何种人权作为其价值基准尚远未达成共识，甚至引发了激烈的冲突——恩格尔哈特所谓生命伦理学"共识的崩溃"正是这种现象的典型体现之一，乃至应用伦理学各领域的价值冲突愈演愈烈，难以达成共识。结果，应用伦理学各个分支领域似乎各不相干，犹如散沙一盘，一些学者甚至据此断然否定应用伦理学作为一种新的伦理学形态的历史地位和理论地位。

问题的根本在于，应用伦理学和理论伦理学之间的内在逻辑关系模糊不清，直接影响到人权的内涵和地位模糊不清，致使人权问题极为复杂难解。这些纠缠不清的难题，直接导致应用伦理学视阈（如生命伦理学、生态伦理学、政治伦理学等）的人权问题日益突出，这些问题反过来又对人权理念造成了不断的冲击和挑战。结果，人权理念与应用伦理视阈的相应问题相互冲突，愈来愈复杂难解。这些国际应用伦理学领域富有挑战性的理论前沿课题，在我国伦理学界还远没有赢得应有的重视与深入的讨论，在国际学术界虽已经历了一段时间和一定程度的探索，但就应用伦理学视阈的人权等重大问题而言，还远未能形成法律形态意义的共识。

有鉴于此，基础篇以探讨理论伦理学和应用伦理学的内在逻辑关系为起点，以探讨应用伦理学视阈的人权基准为主线，力图深入系统地研究如下几个紧密相关的主要问题："什么是应用伦理学"，"什么是应用伦理学视阈的人权基准"，"人权与尊严的内在关系是什么"，在此基础上进一步深入探究人权基准与应用伦理学的发展这个根本性问题，以便为应用篇（I）、（II）奠定坚实的理论基础。

第一章
应用伦理学的逻辑和历史

　　应用伦理学自20世纪60年代在欧美兴起以来，日益成为哲学领域的显学。目前，应用伦理学已经成为伦理学界聚讼纷纭的主战场。争论的焦点集中在"什么是应用伦理学？"这个根本问题上。伦理学家们经过多年的论争，在这一问题上，形成了相互颉颃的两类观点：否定论，认为应用伦理学不过是伦理理论的应用，不具有独立性和开创性；肯定论，认为应用伦理学是一种新的伦理形态，而对其内涵又有着不同的甚至对立的看法。但人们大都忽视了这个根本问题的根本，即应用伦理学的逻辑和历史。

　　实际上，如果我们用伦理学自身的实践（即应用）精神激活它们，每一种观点就动态地贯通起来，展现出应用伦理学自身的逻辑和历史进程。首先，从伦理学的学科性质看，即从伦理学作为实践哲学自身的实践或应用的本质来看，它是一个实践或应用过程，这就是广义的应用即是指伦理学自身从对自身的目的至善的追求开始的否定自我、展现自我、实现自我的过程。其二，从伦理学自身的逻辑和历史进程来看，应用伦理学是伦理学的高级阶段。其三，从应用伦理学自身的逻辑和历史来看，它是通俗的应用伦理学、理论的应用伦理学、实践的应用伦理学构成的一个逻辑过程，而不是各个部分的简单分割和对立。因此，应用伦理学是一个不断追求自身目的至善的实践或应用过程，也是一个民主的开放的自由领域。

第一节　应用伦理学的两类基本看法

　　要把握应用伦理学的逻辑和历史，首先来看学者们对"什么是应用伦理学？"这一问题的两类基本的看法。

一、否定论

否定应用伦理学存在的必要性，它具有强的否定论和弱的否定论两种基本形态。

（1）强的否定论是少数学者的一种激进观点，认为应用伦理学纯粹是一个多余的甚至虚假的概念，将应用伦理与理论伦理区分开来没有任何意义（Johannes Rohbeck 语），提出"应用伦理学"这一概念是多此一举（麦金泰尔语）。威廉·韩思（William Haines）甚至认为，应用伦理学"常常是图书馆员使用的分类方式而不是一种概念"[①]。我国学者孙慕义也认为，应用伦理学只是一个松散、缺乏严密逻辑结构的"应用问题群"，它没有一个完整的理论与体系，不是一门真正的学科[②]。

强的否定论看到了通俗应用伦理学的局限性，忽视了通俗应用伦理学在应用伦理学中的基础地位，因为如果没有通俗的应用伦理学作为应用伦理学的资料的奠基和对传统伦理学的突破，就不可能有应用伦理学的真正发展。

（2）弱的否定论，并不断然否定应用伦理学，而是把它作为传统伦理学的一部分，实际上把它窒息在传统的理论伦理学之中。

在许多学者看来，应用伦理学，顾名思义就是将普遍的伦理原则应用到具体的事例中去。"应用伦理学是伦理学的一个分支，是将伦理学的基本原理、原则和规范应用于现实或未来重大社会问题而形成的伦理学理论形式"[③]。他们认为，应用伦理学这一概念的提出基于理论和实践截然两分的传统哲学的二元论立场。实际上，应用伦理学古已有之，与传统的伦理学特别是规范伦理学没有本质差别：一方面应用是理论的应用，另一方面，理论不可能不是应用的，没有应用关联的道德是空洞和荒谬的。在道德哲学的经典文献中，找不到任何与事例不发生应用关系的道德理论。应用伦理学只是在重复道德哲学本应

---

① ［美］威廉·韩思：《伦理学：美国治学法》，孟悦译，社会科学文献出版社 1994 年版，第 44 页。

② 孙慕义：《质疑应用伦理学》，《湖南师范大学学报》（社会科学版）2006 年第 4 期。

③ 王伟等主编：《中国伦理学百科全书·应用伦理学卷》，吉林人民出版社 1993 年版，第 1 页。

拥有的性质，即规范离不开应用之关联。比彻姆（Tom L. Beauchamp）就认为，应用伦理学只是一般规范伦理学所提出的原则在具体伦理问题中的应用，属于规范伦理学的范畴①。彼得·辛格（Peter singer）、悌利、本森（George C. S. Benson）等人亦如是看。埃德尔（Abraham Edel）等人认为应用伦理学不过是对哲学关注实际道德问题的传统的重新发现，坚决反对把应用伦理学看作是全新的理论形态②。

弱的否定论看到了应用伦理学和理论伦理学的外在联系，这比强的否定论是一种进步，但否定应用伦理学和理论伦理学的根本区别，把应用伦理学遮蔽于理论伦理学之内，忽视了应用伦理学自身的独创性和超越性，实际上取消了应用伦理学的独立地位。

二、肯定论

是对否定论的否定，它肯定了应用伦理学相对于理论伦理学的独立性，具有如下三种基本形态。

（1）经验论或片面肯定论，认为应用伦理学不是弱的否定论讲的理论的应用，它只涉及具体事例的研究，仅仅是经验研究（Otfried Hoeffe 语）。比彻姆（Tom L. Beauchamp）反对规范伦理与理论思辨，他将应用伦理学比拟为经验的自然科学，主张以自然科学的方式研究应用伦理学。他认为道德并非是通过某种可以从中导出一切其他规则与判断的规范的体系构造起来的，道德理论应是按照自然科学的标准建构而成的。因此，仅有规范伦理是不够的，还必须给应用伦理学以应有的地位③。

这是一种科学主义的思路，与否定论相比，肯定了应用伦理学不同于传统理论伦理学的新的资料和研究领域，是对否定论的一种否定，但却以否定伦理学的自由本质和割断应用伦理学和传统伦理学的内在联系为惨重代价。

（2）历史主义的肯定论，是对经验的片面肯定论的否定，它主张从历史

---

① ［美］汤姆·L. 比彻姆：《哲学的伦理学》，雷克勤等译，中国社会科学出版社 1990 年版，第 42~45 页。

② Abraham Edel, Elizabeth Flower, and Finbarr W. O. Connor, Critique of Applied Ethics: Reflections and Recommendations, Philadelphia: Temple University Press, 1994. pp. 4 – 5, p. 22.

③ 请参阅甘绍平："论应用伦理学"，《哲学研究》，2001 年第 12 期。

的视阈来理解应用伦理学：应用伦理学植根于实践哲学的传统，是 20 世纪 60 年代以来元伦理学式微之后传统规范伦理学的复兴，而且在很多方面特别是在结合理论和实践解决实际道德问题上具有创新性。阿尔蒙德（Brenda Almond）认为，应用伦理学与传统道德哲学区别很大，"首先，应用伦理学对道德问题所产生的背景以及各种情境的详细结构给予了较大的注意；其次，应用伦理学的方法在一般意义上更具整体主义色彩，也就是说，它在考虑问题时更乐意包容心理学、社会学的洞见以及其他的相关知识领域；应用伦理学的实践者愿意和其他人——特别是和专业人士以及其他领域中的有经验者—— 一起工作以达到对完全是由相关事实所表现的道德问题的解决"①。在追求对道德问题的理解和解决的过程中，应用伦理学既涵盖并深化了传统意义上的规范伦理学、元伦理学和描述伦理学，又吸收了其他自然科学和社会科学的知识和方法，它具有极强的应用性和学科交叉性。

这一观点已经从历史和现实相统一的角度，从历时性和共时性相统一的视阈，对应用伦理学有了更为深刻的认识和把握，但停留在外在的伦理理论范式的历史和现实的联系，未能深入到伦理学自身的逻辑，从逻辑和历史相统一的角度把握应用伦理学的要义：只看到了元伦理学和应用伦理学之间的抽象的断裂，未能看到伦理学的话语学转向中的元伦理学和应用伦理学之间的内在关系，更没有看到伦理学的话语学转向中的另一方面的解释伦理学和应用伦理学之间的内在关系。于是，只看到了元伦理学式微之后规范伦理学的复兴，看不到这种复兴的实质是一种对理论伦理学的超越而达到了应用伦理学的水平。

（3）新伦理论，认为应用伦理学是一个正在形成的全新的研究领域，它与传统的理论伦理学存在着较大的差异。卡拉汉（Joan C. Callahan）认为，从事应用伦理学并不是简单地应用哲学技术把理论加于实践，"毋宁说，它要试图发现目前具有现实紧迫性的道德问题的可接受的解决办法"②。在此过程中，应用伦理学对传统伦理学的理论框架和方法论都提出了严峻的挑战。应用伦理学对道德问题的细致把握和其所涵盖的广泛知识领域是传统的道德哲学所无法

---

① Brenda Almond（ed.），Introducing Applied Ethics，Malden：Blackwell Publishers Ltd，1995. p. 3.

② Patricia H. Werhane，and R. Edward Freeman（ed.），Blackwell Encyclopedic Dictionary of Business Ethics，Malden：：Blackwell Publishers Ltd.，1998. p. 3.

比拟的。尤其值得关注的是，我国学者形成的几种典型观点：甘绍平的程序共识论、卢风的双向反思论、陈泽环的终极关怀论等。他们都认为，当代应用伦理学是伦理学本身的一种崭新的发展形态。

这是针对否定论的否定，也是对肯定论中的前两种的扬弃，较为客观地看到了应用伦理学和传统伦理学的内在联系以及其独特的地位和价值，代表了至今为止的最新认识水平，但也没有自觉地全面把握应用伦理学自身的内在的逻辑和历史。

或许有人会认为这几种看法都是对应用伦理学的误解，这从应用伦理学的概念或应用伦理学本身来看，诚然有一定的道理，但从应用伦理学的逻辑和历史来看，似乎是不全面的。在我看来，这是几种对应用伦理学的见解，因为每种观点都包含着一定的合理成分，只不过有深浅之别。正是它们一步步把对应用伦理学的认识推向深入，为我们进一步探讨应用伦理学的逻辑和历史奠定了坚实的基础。

第二节　应用伦理学自身的内在逻辑

如上所述，两类见解比较倾向于对应用伦理学的某些层面的探究，没有从理论自身的内在否定把握应用伦理学自身的逻辑和历史，也没有认真对待应用伦理学的经典之作和理论形态。如果我们激活它们一以贯之的实践（即应用）精神，每一种孤立的观点就联系起来，共同展现着应用伦理学自身的逻辑和历史进程。

一、伦理学属于实践或应用哲学

从伦理学的学科性质看，即从伦理学作为实践哲学自身的实践或应用的本质来看，伦理学属于实践或应用哲学，这就是广义的应用即是指伦理学自身从对自身的目的至善的追求开始的否定自我、展现自我、实现自我的过程。它是由经验伦理、理论伦理学到应用伦理学（可称之为狭义的应用）的过程，也是由经验、独白到商谈的过程。经验伦理、理论伦理学的应用关心的主要是个体和整体的关系如亚里士多德关心的个体和城邦整体的关系，即个体和整体追求自身的目的至善的实践。但是，基督教伦理学提出了每个人都是自由的思想，康德提出了伦理共同体的思想，已经开始考虑类的关系了，不过并没有成为其伦理学的主题罢了，应用伦理学的萌芽包含于理论伦理学的实践之中。狭义的应用即指应用伦理学的应用是一个交互主体的商谈协调、解决现实重大伦理问题的过程，它是广义的应用否定自身的独白阶段而达到的高级阶段——它不仅把独白阶段的理论包含于自身之内，作为自身发展的要素，而且在超越个体的层面的基础上面对关乎人类全体的新问题提出新的伦理理论，解决理论伦理学没有遇到、不能解决的新的伦理困境，就是说，应用伦理学关心的主要是整体—类和类—类（如人类和物类）之间的关系，它把伦理学对至善目的的追求由个体—独白推进到类—商谈的新的高度，它主要是类的目的至善的否定自我、展现自我、实现自我的过程。应用伦理学是理论伦理学的自我反思、自我否定的产物，不是理论伦理学自身之外的其他东西。

对"应用伦理学"而言，"应用的"（ applied， angewandte）首要含义就是"实践的"，这种强烈的"实践"指向正是话语伦理学的自我否定，从根本上讲，这是理论伦理学的自我否定，或者从道德思维的角度说，"实践"指向是批判性道德思维的根本功能，也是元伦理学思维的自我否定。这直接体现为应用是一个不断自我否定的实践过程，即伦理学自身的逻辑和历史进程。

二、应用伦理学是伦理学的高级阶段

从伦理学自身的逻辑和历史进程来看，应用伦理学是伦理学的高级阶段。黑格尔认为，人类认识发展的逻辑进程是由概念、判断到推论的过程。在我们看来，伦理学史的发展也符合这个过程。德性伦理（亚里士多德）代表概念伦理，因为每一种德性就是一个伦理概念；规范伦理代表的是判断伦理，因为规范从语言上是以命令的形式出现的，每一个道德命令都是一个判断。康德对伦理原则的一元化、形式化，使得伦理学的认知活动进入到推论的层面。而且，这种进展不是任意的，正如黑格尔所说："推论常被称为证明的过程。无疑地，判断诚然会向着推论进展。但由判断进展到推论的步骤，并不单纯通过我们的主观活动而出现，而是由于那判断自身要确立其自身为推论，并且要在推论里返回到概念的统一"①。伦理学在话语伦理学（包括摩尔开创的元伦理学和加达默尔开创的解释伦理学）中，回到了对概念如善、恶（元伦理学）、"应用"（解释伦理学）等的逻辑分析或"视域融合"的解释，但这并非简单的回归，而是包含了此前伦理学理论的语言分析或解释应用。理论伦理学至此基本完成了自己的历史使命，它将面对前所未遇的关乎类与整体的新的经验领域而无能为力。因此，它只有通过自我否定而提升为应用伦理学才能获得新生。

一方面，元伦理学对道德语言和道德判断的语义分析，已经把伦理学从个体性、德性、规范等转向了人的普遍性。语言逻辑分析的普遍性和它所反映的实践的特殊性之间的矛盾，构成了元伦理学自身的否定因素。当这种普遍性自身具体化时必然要求其自身在生活实践中能够实现或"兑现"，进而转向人类自身的共同存在的生活领域——这已经不是肇始于苏格拉底的理论伦理学所面对的狭小的、个体或城邦的伦理领域，而是广阔的类的伦理领域。元伦理学无力解决这个新的领域的问题，这就要求它自我否定并提升为应用伦理学，在应用伦理学的领域里解决相对性和普遍性的矛盾。实际上，正是元伦理学家们自身在不断地修正其学说的过程中，从内部实现了元伦理学的突破，为伦理学的应用伦理学转向开辟了道路。其中，黑尔是元伦理学过渡到应用伦理学的桥梁，黑尔说的道德思维层次的批判层次已经触及到了应用伦理学的边沿。他试图综合康德义务论和功利主义目的论的探求正是元伦理学自我否定的出路，这个出路必须在广阔的社会领域中才能找到，这就是应用伦理学的领域，但他并没有完成向应用伦理学的转变。真正完成这个转变的是罗尔斯的《正义论》这部应用伦理学的经典之作。这或许是很多人不能赞同的一个观点，因为人们往往把《正义论》看作规范伦理的回归，殊不知这是一种超越了理论伦理学而达到了应用伦理学高度的创造性理论，或者说，是一种属于应用伦理学的规范伦理学。

另一方面，和元伦理学把伦理学看作道德语言的逻辑分析不同，解释伦理学把语言看作本体和存在，认为语言不仅是存在的家，也是人类理性的普遍特

---

① ［德］黑格尔：《小逻辑》，贺麟译，商务印书馆 2004 年版，第 356 页。

质。正是这种普遍特质和其解释应用的具体境况之间的矛盾迫使其进入实践哲学的领域，这主要是通过伽达默尔在《真理与方法》中对"应用"概念进行的实践的解释来完成的。他认为理解、解释和应用都是解释学的要素。理解是在具体境况中的理解，解释是对理解的再理解，理解就是解释，解释是深层次的理解，而"理解在这里总已经是一种应用"①。"应用"绝不是对某一意义理解之后的附加性运用，即把先有的一个基本原理应用于实践——这实际上就是我们说的弱的否定论的观点。对于伦理学这样的"实践的学问"而言，"实践"就是"应用"。"应用"就是特定目的和意图在特定范围和时机中的实践性"行为"。实践性"行为"是基于某个特定事物的"内在目的"，而"内在目的"又必然包含其现实化的根据，这样的实践性行为就是"事物"成其自身的自我实现活动。因此，"应用"就是事物朝向自身目的（内在的"好"——善）的生成活动或者说是一种自在到自在自为的活动。就是说，"应用"是善本身的实践—实现—生成活动（自在—自为——自在自为的过程），不是"善"的原则的实现化挪用，不是将任何外在目的和意图"挪用"到一个与它无关的特定范围和时机。由此，我们可以推论说伦理学的应用就是伦理学本身的实践—实现—生成活动。当这种活动由个体进入对类的领域时，应用的普遍性形式和类的特殊资料才应该真正结合，因为应用的普遍性和个体的特殊性结合只不过是低级的有限的结合——这是理论伦理学的领域，应用的目的的真正实现必须和广阔的类的领域相结合才能自我完成，这就是应用伦理学的领域。可见，伽达默尔对"应用"的实践性解释，为应用伦理学作为一门新的学科的诞生奠定了基础理论，解释伦理学的自我否定已经孕育了应用伦理学的萌芽，但并没有完成应用伦理学的突破。哈贝马斯的商谈伦理学正是在和加达默尔的论辩中形成的应用伦理学的另一条出路和理论形态。

　　如果说解释伦理学从思辨的角度推出了应用的根本含义，元伦理学则主要从逻辑分析的角度推动着理论向应用的转向。这样，二者都对应用伦理学起到了语言学的不同层面（形式逻辑的、思辨辩证逻辑的）的奠基作用。而各自理论自身的自我否定殊途同归地走向应用伦理学。虽然英美应用伦理学偏重经

---

① ［德］伽达默尔：《真理与方法》上卷，洪汉鼎译，上海译文出版社2004年版，第400页。

验科学分析，大陆应用伦理学偏重思辨，但二者的经典理论却在相互辩论商谈中极为接近。这是以罗尔斯和哈贝马斯两位大师的理论和辩论为标志的。罗尔斯的正义论和哈贝马斯的商谈伦理学，探求关乎人类的普遍价值原则，确立民主的对话商谈的伦理程序，建构公共道德权衡机制，解决公共道德悖论，区分理论伦理学和应用伦理学，对应用伦理学产生了巨大影响，为应用伦理学提供了经典著作和理论形态。应用伦理学以《正义论》为典范著作，以商谈伦理为典范形态，从传统的理论伦理学中破土而出，成为当今伦理学的主导形态。因此，它是伦理学自身的逻辑和历史的高级阶段，而不是外加的什么另类伦理学。

伦理学的发展经由通俗的经验伦理、理论伦理学即德性伦理学、规范伦理学、语言伦理学（包括摩尔开创的元伦理学和伽达默尔开创的解释伦理学），再到应用伦理学（包括罗尔斯的正义论、哈贝马斯的商谈伦理学）的发展，正好体现了伦理学由通俗的经验伦理到理论伦理学到民主的商谈的过程，同时也是伦理学的认知活动或伦理学的逻辑由经验到概念、判断，到推论，然后再重新回到概念，由此进入新的理论和新的经验相结合的应用伦理学的逻辑进程。这就是伦理学的逻辑和历史，应用伦理学不但属于这个大的体系，而且有自己独特的逻辑和历史。

三、应用伦理学是一个逻辑过程

从应用伦理学自身的逻辑和历史来看，它是通俗的应用伦理学、理论的应用伦理学、实践的应用伦理学构成的一个逻辑过程，而不是各个部分的简单分割和对立。

伦理学只有一个，但却有层次的区别。康德曾经对理论伦理学做了层次的区分：通俗的道德哲学、形而上学的道德哲学和实践理性批判[①]。黑格尔不但明确地把理论伦理学区分为抽象法、道德和伦理三个环节，而且还把理论伦理学判定为由这三个环节构成的伦理有机体[②]，实际上我们可从中引出只有一个伦理学的观点。元伦理学家黑尔在《道德思维》一书中认为，人类道德思维

---

① ［德］康德：《道德形而上学原理》序言，苗力田译，上海人民出版社1986年版。
② 请参阅任丑：《黑格尔的伦理有机体思想》，重庆出版社2007年版。

（无论是类还是个体）的发展已经显示出三个层次：直觉思维的层次、元伦理学思维的层次和批判思维的层次。直觉思维是直觉主义的思维方式，主要认识一般道德原则，思考一般的伦理行为。但直觉思维也是有限的，其主要问题在于它不能帮助我们解决道德冲突：当你面临两个"应该"而只能按一个去做时，直觉思维就无能为力了。这就要求我们有某种别的非直觉的思维解决这种冲突。这种非直觉的思维就是元伦理学的思维和批判思维，它使人们通过对道德概念、语词的分析（元伦理学的思维）而达到的一种自由的"选择"和"原则决定"（批判的思维）。这是在道德冲突境况中经过批判性审视之后做出的决定，因而它具有特殊性，能解决道德活动中的特殊的实际道德问题。在我们看来，正是批判的思维把伦理学推进到应用伦理学的高度。

透过大师们的深刻洞见和伦理的发展，可以看出理论伦理学是由经验部分、理论部分和实践部分构成的一个充满生命力的伦理过程。应用伦理学作为理论伦理学的自我否定，和理论伦理学一样，也有其经验的部分、基础理论部分以及实践的部分。正是这三个环节的相互纠正、相互否定，才构成应用伦理学的生命力的勃发和涌动。通俗的应用伦理学就是孙慕义说的零乱的各种部门伦理学如医学伦理学、工程伦理学、传媒伦理学等和经验论者说的研究领域。理论的应用伦理学就是在传统伦理学理论的根基上，反思通俗的应用伦理学，而提出的应用伦理学的基础理论和最一般的基本原理。实践的应用伦理学就是理论的应用伦理学和通俗的应用伦理学的综合，在通俗的应用伦理学领域运用、修正、发展基本的应用伦理学原理，在应用伦理学基本原理的运用中提升通俗的应用伦理学的理论品味。应用伦理学是由这三个部分构成的一个实践过程

问题在于，为什么应用伦理学自身也有其经验、理论和应用部分呢？首先，经验、理论、应用是历时性和共时性的统一，这是由人类的思维层次和伦理学内在的逻辑决定的：类的思维层次主要决定着历时性，个体的思维层次主要决定着共时性，二者的视域融合决定着历时性和共时性的统一，也就是伦理学的逻辑，同时也是应用伦理学的逻辑。这和黑尔说的直觉的道德思维、元伦理学的道德思维、批判的道德思维也是基本一致的。其次，如果没有经验的部分，理论部分就是空的；没有理论部分，经验部分就是盲的；没有经验部分和

理论部分，实践部分也就不可能存在。没有实践部分，经验部分就不能得到纠正，理论部分就不能得到提升，应用伦理学就丧失了自我批判、自我否定的动力和功能。应用伦理学缺少了三个环节中的任何一个，都不成其为其自身。所以说，它是一个不断自我否定的过程，而不是某个静止单一的点或平面。

不过，应用伦理学的三个层面和理论伦理学的三个层面有着重要区别。①经验部分：和理论的经验部分不同的是它涉及的是关乎类的经验。②理论部分：和理论的理论部分不同的是，它的道德思维不再是个体的，而是个体和类的融合；它关心的是类的德性、规范和语言，侧重于寻求普适的伦理和人权的原则。③应用部分：和理论的应用部分不同的是，它的程序不是个体独白的，而是商谈民主的；它的价值不是个体独善其身的，而是类的共同关切和发展；它的精神不是个体自律的，而是通过近乎法制的强制的他律，力图达到类的自律；它的运行机制不再是个体的意志和良心，而是类的意志和良心（通常体现为伦理委员会的意志和良心，并通过各种途径力图使应用伦理的伦理要求进入法律、制度等有力度和强度的秩序之中转化为现实的伦理能力，发挥现实的伦理动力，——这就是其鲜明突出的应用品格）；它的目的不仅关心个体的自由，更关心类的自由和人权，追求个体自由和类的自由的统一。

应用伦理学从理论伦理学中脱颖而出，是伦理学自身发展或者说是"应用"自身发展的逻辑和历史的统一。从伦理学是经验伦理、理论伦理学到应用伦理学的实践过程来看，应用伦理学和经验伦理类似，但却是包含了经验伦理和理论伦理学于自身并容纳新的经验和理论的新的伦理学形态。既然应用伦理学包括整个伦理学是不断追求自身目的至善的实践或应用，因此，它应该是一个民主的开放的自由过程。

第三节　应用伦理学法则的一与规范的多

自古希腊以来，就存在着道德法则的一和多的争论。如果说苏格拉底和智者之间关于德性的一和多的争论拉开了这一争论的序幕的话，后现代伦理学对理性伦理学的批判则把这一争论推进到整个哲学领域，并渗透到应用伦理学领域之中。

一、后现代伦理学对单原则论的解构

后现代伦理学对现代理性伦理学深恶痛绝，它执著于摧毁、否定和批判现代理性伦理学。后现代伦理学通过"去正当化"操作（罗蒂）、"去中心化"操作（德里达）等路径，对传统道德的正当性一概予以否定，尤其批判、解构启蒙运动以来道德的正当性的建构（construction），试图摧毁传统道德的正当性和道德基础。

尽管后现代伦理学推崇否定性、流动性和破坏性，反对一切规范和理性普遍性，推崇不确定性、多样性、无原则性和相对化，但道德基础并没有因此崩溃。德里达试图解构一切基础，但他有一个底线——坚持正义是不可解构的。他把解构（deconstruction）看作完全伦理的，并主张"在解构中有义务"①。斯坦梅茨（R. Steinmetz）把德里达的这种思想明确阐释为："我们必须承认，每一种体系化的伦理途径都是开放的和未完成的。""从其真正的根源和基础的目的来看，解构主要是一种伦理"②。正因如此，瑞士洛桑大学的缪勒（Denis Müller）提出了解构基础上的重构（re－construction）。重构不像浪漫的解释学依然相信的那样，仅仅是对原本产品的解释性的复制。重构是一种有意识的深思熟虑的建构行为，它既汲取传统和遗传的恩惠，也挑战后现代境遇中的文化和社会。"我们不在建构的绝对体制下发现自我，而在重构的有限的相对的体制下发现自我。建构的形而上学造成我们正在为一个全体性的新大厦奠定基础的幻觉，这的确是一种误导。这就是我们宁可运用'重构'的原因。重构意味着给予传统或学说以创造性的、负责任的诠释，以便赋予其新的、生活的和政治的重要意义"③。重构不等于抛弃，而是必须从哲学入手，从回到伦理学本身开始。

后现代伦理学执著于多元化、相对化的实质是为了张扬个人的绝对自由权——甚至为此不惜离"家"出走，流浪荒野。鲍曼曾以（追求怪异生活的特权和自由的）观光者与（迷路于沙漠中的没有旅行指南的游牧般的）流浪者隐喻后现代性的两种人格类型。但他认为，流浪者是被迫的，希望拥有一个

---

①②③　Denis Müller, "Why and how can religions and traditions be plausible and credible in public ethics today?" Ethical Theory and Moral Practice 2001 (4): 329－348.

家并待在家里①。这已经隐喻性地预示：后现代伦理至此开始自我否定，由追寻道德相对主义和不确定性，转向追问和保护现代伦理生活的普遍权利，其结果就是应用伦理学的应运勃发。

二、应用伦理学原则的基本范式

后现代伦理学对伦理学普遍性的解构和批判，不可避免地波及到了应用伦理学领域。美国生命伦理学家恩格尔哈特（H. Tristram Engelhardt）认为必须关注不具有共同道德价值的道德陌生人之间和生活在同一共同体之间的道德友人之间的道德问题。他在《生命伦理学基础》中就直接批评罗尔斯的正义论的单原则，提出了后现代的伦理多元化问题②。从某种程度上讲，恩格尔哈特挑起了应用伦理学领域的伦理法则的一与多的争论。

在应用伦理学阵营中，关于应用伦理学的基本法则的看法众说纷纭、争论不休，可以大致归结为多原则论、双原则论和单原则论三种基本类型。

其一，多原则论

多原则论的基本观点是，应用伦理学不能只有一个单一的原则，而应该有三个或三个以上的道德原则。

国际伦理学界著名的多元则论是，2005 年 10 月 19 日联合国教科文组织大会第 35 次会议全体通过的《世界生物伦理和人权宣言》。它竟然提出了 15 个基本原则：人的尊严和人权；受益与损害；自主权和个人责任；同意；对于没有能力表示同意的人应当根据国内法给予特殊的保护；尊重人的脆弱性和人格；隐私与保密；平等、公正和公平；不歧视和不诋毁；尊重文化多样性和多元化；互助与合作；社会责任和健康；利益共享；保护后代；保护环境、生物圈和生物多样性。

国内伦理学界著名的多原则论是，卢风提出应用伦理学的基本原则包括双

---

① ［英］齐格蒙特·鲍曼：《后现代伦理学》，张成岗译，江苏人民出版社 2003 年版，第 282～285 页。

② See H. Tristram Engelhardt, Foundations of Bioethics, Oxford：Oxford University Press, 1996.

向反思原则、系统整体原则、普遍正义原则、自愿允许原则等①。再如，国内几乎一致认同的生命伦理学的四原则：不伤害原则、有利原则、尊重（或自主）原则、公正原则等②。

问题是，如果各个原则之间完全协和一致的话，它们就是一个原则的不同层面而已。如果各个原则之间不可能完全协和一致，各个原则之间就必然发生冲突。欲化解这些冲突，就必须寻求高于各个原则之上的原则驾驭统摄各方。这就引出了双原则论乃至单原则论。

其二，双原则论

双原则论的基本观点是应用伦理学的原则应该有两个，如恩格尔哈特的《生命伦理学基础》就主张允许原则和行善原则。再如，以福克斯（Warwick·Fox）为主要典范的深层生态学认为一个全面的世界观应将动物伦理、生物中心论与大地伦理都纳入其中。它确立了两个最高规范：一是自我实现，比如人类的自我意识的觉醒，就经历了从本能的自我到社会的自我再到形而上学的"大自我"即"生态自我"的过程。这种自我是在人与生态环境的交互关系中实现的。二是生态平等主义，其要义是在生态圈中的所有事物都有一种生存与发展的平等权利③。

其实，双原则论和多原则论本质上都主张应用伦理学法则的多而否定一，本质上和多原则论并无二致。如果两个原则之间完全协和一致的话，它们就是一个原则的不同层面而已。如果两个原则之间不能完全协和一致，两个原则之间就必然发生冲突。欲化解两个原则之间的冲突，就必须寻求一个超越于二者之上的原初的单一原则。至此，单原则论已经呼之欲出了。

其三，单原则论

单原则论的基本观点是应用伦理学的原则只能有一个，其他的道德法则都

---

① 卢风：《应用伦理学——现代生活方式的哲学反思》，中央编译出版社 2004 年版，第 52 ~ 102 页。

② 参见：韩跃红主编：《护卫生命的尊严——现代生物技术中的伦理问题研究》，人民出版社 2005 年版，第 361 页。

③ ［美］戴斯·贾定斯：《环境伦理学》，林官明、杨爱民译，北京大学出版社 2002 年版，第 251 页，第 299 页。

派生于此。典型的单原则论有：罗尔斯的作为公平的正义、哈贝马斯的商谈原则、甘绍平的不伤害原则①等。

不过，如前所述，单原则论易于受到多原则论和后现代主义的攻击：认为单原则是独断的、空洞的、软弱无力的，不能应对多样性、多元化的道德境遇和道德冲突。至此，伦理学原则的一和多的矛盾问题就凸显无遗了。

我们认为，作为最基本的道德原则，应当是单原则的，否则，就会出现原则冲突的问题，解决它必然要求一个高于冲突原则的原则，这就必然走向单原则论。但是单原则是什么，如何解决道德多元化和道德相对论提出得到的冲突问题等，则又可以商谈争论。

三、应用伦理学法则的一与规范的多

如果说是石里克主要从理论伦理学的角度来思考道德法则的一与多的问题，美国学者贾定斯（Joseph R. Des Jandins）在《环境伦理学》中则专门从应用伦理学的角度讨论了道德一元论和道德多元论。贾定斯认为，道德多元论认为存在道德真理的多元性，可以存在多个合理的基本方法，因此，它们不能同意道德一元论的唯一的道德原则。一元论认为只能有唯一合理和正确的道德理论。贾定斯说："道德一元论背后的一个强烈的动机是害怕变化。若没有一个统一的一致的伦理理论，我们似乎会滑入伦理相对主义"②。和石里克不同，贾定斯其实主张以道德的多元论去掉道德一元论的。

其实，问题的关键不在于此，而在于必须区分道德的单一的原初原则和由此原初原则派生的多样性道德规范。这里必须特别强调康德对一元道德法则做出的理论思考。可以毫不夸张地说，康德的"普遍规律公式"是思考道德法则的一个具有哥白尼革命性质式的重要思路。康德的绝对命令即"普遍规律公式"是一项对人类任何行为准则的道德质量与资格进行检验的程序性的一元法则。他把它表述为："要只按照你同时认为也能成为普遍规律的准则去行

---

① 甘绍平：《应用伦理学前沿问题研究》，江西人民出版社 2002 年版。

② ［美］戴斯·贾定斯《环境伦理学》，林官明、杨爱民译，北京大学出版社 2002 年版，第 299 页。

动"①，或者，"要这样行动，使得你的意志的准则任何时候能同时被看作一个普遍的立法原则"②。康德的这一思想一经提出，就遭到了很多误解。他在《实践理性批判》的序言中谈到当时人们对绝对命令的公式的误解时强调说："谁要是知道一个极其严格地规定依照题目应该做什么而不许出错的公式对于数学家意味着什么，他就不会把一个对所有的一般义务而言都做着同一件事的公式看做某种无意义的和多余的"③。康德的这一诠释足以奠定一元道德法则的基础地位。就是说，道德法则是原初的单一的，道德规范都应当是派生于单一法则的各个道德层面的诉求和表达。因此，应用伦理学原则的一与多的问题，就应当明确为其法则的一与由此派生的规范的多之间的关系问题。比如，韩跃红等认为生命的尊严是贯穿生命伦理学四原则（不伤害原则、有利原则、尊重或自主原则、公正原则）的灵魂，"生命伦理的终极价值或核心价值是人的生命尊严"，护卫生命的尊严是生命伦理学的根本宗旨④。这里的尊严就相当于一元法则，四原则就是派生于尊严法则的多元的道德规范。当然，作为一元法则的道德要求是不是尊严的问题是可以争论的。无论如何，这一思路的大方向却是处理道德法则的一和道德规范的多的正确途径。

著名哲学家维也纳学派的石里克（Friedrich Albert Moritz Schlick）在其《伦理学问题》中，专门讨论了伦理学原则的一和多的问题，即善的形式（一）和质料（多）的问题。石里克认为，善的质料或内容常常相互冲突，"确定（善的概念的工作）大体这样进行：人们总是找到多组新的，被认为是善的行为，指出它们中的每一组所包含的规则和规范都满足所有各个分支。若将这样得到的众多的规范彼此进行比较，我们就能按层次对它们进行归类，使每一层次中的各个规范有某些共同之处，因而都从属于更高级、更普遍的规范。用更高的规范重复同样的游戏，如此等等。最好是能达到这样的程度，即最终达到最高层次和最普遍的规则，这些规则包括了其余一切具体情形，并且可以直接应用于人们行为的各种情形。这个最高规范被定义为绝对的'善'，

---

① ［德］康德：《道德形而上学原理》，苗力田译．上海人民出版社 2002 年，第 38～39 页。
② ［德］康德：《实践理性批判》，邓晓芒译，人民出版社 2003 年版，第 39 页。
③ ［德］康德：《实践理性批判》，邓晓芒译，人民出版社，2003 年版，第 8 页注释①。
④ 参见：韩跃红主编：《护卫生命的尊严——现代生物技术中的伦理问题研究》，人民出版社 2005 年版，第 327～366 页。

它的普遍本质表达的就是被伦理学家称为'道德原则'的东西"①。可以说，石里克很好地诠释了单原则的必要性和可能性，也在一定程度上揭示了道德规范和单原则之间的逻辑关系。

不过，我们虽然认同追寻道德的一和多的基本程序，并不认同绝对命令（康德）、尊严（韩跃红）或善（石里克）等是应用伦理学的单一的道德法则，因为绝对命令、善模糊抽象、空洞无物；尊严应当派生自人权而不是相反——这一点容后详述（即第三章人权视域的尊严部分）。我们主张人权是应用伦理学的单一法原则。著名人权专家米尔恩（A. J. M. Milne）在研究人权的普遍性和人性多样性中，实际上已经涉及应用伦理学法则的一与规范的多的问题，也在某种程度上确证了人权的单一法则的地位，以及由此而派生的规范多样性问题②。就应用伦理学而言，目前其原则虽然在量上有多少之别，其内涵也不尽相同，但都可以从人权原则中寻求根据。诚如甘绍平所言："毫无疑问，所谓基本的道德共识，就是人权的价值理念。我们知道，一个人诞生时起触及的第一个伦理学概念就是人权，即他（她）生存的权利。但从这一点，我们就不难想见人权概念在伦理学研究中的分量与作用"③。相反，人权原则却不能从其他原则中寻求根据。更为关键的是，应用伦理学的各个领域如政治伦理学、工程伦理学、生态伦理学、生命伦理学、经济伦理学、交通伦理学、传媒伦理学等虽然对象不同、问题相异，但其本质都是人权理念在各个不同层面的不同展现。鉴此，可以说，人权是应用伦理学的单一性法则，其他的多元道德规范都应当派生于人权法则。

值得重视的是，和人权相比，具有竞争力合影响较大的备选原则有：正义原则（罗尔斯、诺奇克）、商谈程序（哈贝马斯）、允许原则（Engelhardt）、反思批判原则（卢风）、德性原则的排除（麦金太尔）、功利原则（边沁、密尔）、道德直觉（摩尔、普里查德）、境遇论（弗拉克纳）等。

---

① ［德］石里克：《伦理学问题》，孙美堂译，华夏出版社 2001 年版，第 14 页。
② A. J. M. Milne. *Human Rights And Human Diversity*：*An Essay in the Philosophy of Human Rights*，London：The Macmillan Press Ltd. 1986. pp45 – 78.
③ 甘绍平：《好政治的伦理标准》，《政治与伦理》，单继刚等主编，人民出版社 2006 年版，第 11 ~ 23 页。

结　语

　　从上述这些备选原则自身来看，只有人权同时具有如下三个特点：一是人权的普遍性；二是人权的公认度和实践性是最高的，且形成了《世界人权宣言》、国际人权法等国际共识的国际文件和法律制度；三是人权可以作为其他备选项的价值基础。人权以外的其他任何原则如公正、功利、道德直觉等都不可能同时具有这三方面的要素。选择人权作为一元道德法则作为应用伦理学的价值基准具有理论层面和实践层面的双重根据。这一点将在本书中前后一贯地得以论证。康德说："前后一贯是一个哲学家的极大责任，但却极少见到"①。探究应用伦理学视阈的人权理念及其实践就是人权应用伦理学一以贯之的重要历史使命。

---

① 康德：《实践理性批判》，邓晓芒译，人民出版社 2003 年版，第 29 页。

第二章
应用伦理学视阈的人权

自古希腊以来，伦理学的核心理念一直是公正问题。随着伦理学对公正观念研究的不断深入，作为人的自然权利的人权理念逐渐从公正观念中脱颖而出：继格劳修斯在公正的基础上明确提出人权概念之后，霍布斯把人权理念从公正理念中解放出来，使之独立成为理论伦理学的一个道德范畴。随着理论伦理学的应用伦理学转向，人权理念也就由理论伦理学视阈进入了应用伦理学视阈。

第一节　人权理念的历史与困惑

人权理念及应用伦理学视域的人权问题，是关乎全人类普遍权利的一个价值根基问题，人权的历史进程和困惑昭示着人权事业源远流长而又任重道远的历史使命。

一、世界人权的进程

关于世界人权的发展，目前比较一致的看法是，它已经历了三代人权。第一代人权指生命权、财产权、自由权（洛克）等要求国家避免无端干涉的权利即消极人权与政治参与权（卢梭），包括新生的美国和法国大革命时期的自由人权的要求。标志性的文献是1789年法国的《人权宣言》和1791年美国的《人权法案》或《权利法案》即十条宪法修正案。

第一代人权一旦落实到社会就必然要求包括社会权、经济权、文化权在内的第二代人权——积极人权。它们的实现要靠国家公正的分配制度以及健全的社会保障体系。标志性的通过的文献有：《世界人权宣言》（1948），《消除一切形式种族歧视国际公约》（1965）、《经济、社会和文化权利国际公约》（1966）和《公民权利和政治权利国际公约》（1966）等。第二代人权的进步带来科技、经济文化的繁荣，尤其是科技进步带来了前所未有的新理念如全球化、地球村、科技信息、世界公民问题等，科技进步同时也对生命、自由和安全带来了新的危险，这就导致了第三代人权的产生：发展权、和平权、自然与文化遗产的共同拥有权利、生活在无污染的环境中的权利、隐私权、保持遗传基因完整的权利等。另外，卡斯林·玛哈尼（Kathleen E. Mahoney）和保尔·玛哈尼（Paul Mahoney）等人还主张未来人权应当扩展到如健康、食品、残疾人以及信息技术、生产技术等带来的新领域。可见，第三代人权或未来人权的实质是应用伦理学视阈的人权，它是在理论伦理学视阈的人权（前两代人权）的发展和矛盾冲突中孕育出来的人权理念。其标志性的主要国际公约和宣言有：《生物多样性公约》（1992）、《世界人类基因组与人权宣言》（1997）、《在生物学和医学应用方面保护人权和人的尊严公约：人权与生物医学公约》（1997）、《当代人对后代人的责任宣言》（1997）、《世界文化多样性宣言》（2001），《国际人类基因数据宣言》（2003）、《世界生物伦理和人权宣言》（2005）等。

意大利政治哲学家 N·鲍贝欧（Norberto Bobbio）区分了三代人权。第一代人权指公民权与政治权即洛克意义上的自由权，包括新生的美国和法国大革命时期的自由人权的要求。自由权一旦落实到社会就必然要求包括社会权、经济权、文化权在内的第二代人权。第二代人权的进步带来科技、经济文化的繁荣，尤其是科技进步带来了前所未有的全球化、地球村、科技信息、世界公民问题等新理念，这就导致了第三代人权的产生。第三代人权是"由科技进步对生命、自由和安全带来的危险引起的。"比如生活在无污染的环境中的权利、隐私权、保持遗传基因完整的权利等①。另外，卡斯林·玛哈尼（Kathleen E. Mahoney）和保尔·玛哈尼（Paul Mahoney）等人也主张未来人权应当

---

① N. Bobbio. The Age of Rights. trans. by Allan Cameron，Combridge：Polity Press，1996. p. 69.

扩展到如健康、食品、环境、残疾人以及信息技术、生产技术等带来的新领域①。第三代人权或未来人权的实质是应用伦理学视阈的人权，它正是在理论伦理学视阈的人权（前两代人权）的发展和矛盾冲突中孕育出来的人权理念。

值得重视的是，关于三代人权的比较公认的看法是，20 世纪 70 年代，法国法学家、联合国教科文组织前法律顾问瓦萨克（Karel Vasak）提出的"三代人权"的观点，其中第三代是"集体人权"。我们认为，"集体人权"的提法是不能成立的：首先，如果集体不包括所有的人，这样的集体权就只能是某些人的权利，而不是每个人的人权。其次，如果集体包括所有的人，这样的集体就是所有人的权利，即人类的权利。由于只有每个人都享有的权利，才能成为人类的权利，所以人类权利的实质必然是个体普遍享有的人权。这样的集体人权和个体人权并没有实质不同。就是说，第三，人权是具体的个体权利，其核心目标是对单个个体的保护或不无端干涉单个个体，否则，个体就有权诉诸国家，而国家或国家联盟的合法性就来自对个体权益的保护，诚如 1791 年法国宪法所规定："所有的政治联盟的终极目标在于维护天赋的、绝对必要的人权"。麦凯（J. L. Mackie）也明确主张，个人是基本权利的拥有者，群体即使有权利，也是派生的权利，而非基本权利②。因此，集体人权的提法是无任何意义的。鉴此，我们主张第三代人权是应用伦理学视阈的人权而不是所谓的"集体人权"。

目前，应用伦理学视角的人权问题在世界范围内已成为研究热点，中国亦然。

二、中国人权的进程

严格讲来，古代汉语言中没有西文中表达正当（right）含义的伦理词汇。"权利"一词在古代汉语里的主要含义是和仁义道德相对立的"权势、货利"，如《荀子·君道》说："接之于声色、权利、忿怒、患险而观其能无离守也"。

---

① Jack Mahoney. The Challenge of Human Rights: Origin, Development, and Significance, Malden: Blackwell Publishing Ltd. , 2007. p. 96.

② J. L. Mackie . "Can there be a Right – based Moral Theory?" In Studies in Ethical Theory (Midwest Studies in Philosophy, volume III), edited by Peter A French, Theodore E. Uehling, Jr. , and Howard k. Wettstein. Minneapolis: University of Minnesota Press, 1978. p. 179.

桓宽的《盐铁论·杂论篇》也说:"或尚仁义,或务权利"。19 世纪中期,美国学者丁韪良(W. A. P. Martin)及其中国助手们把维顿的《万国律例》(Elements of International Law)翻译成中文时,他们选择"权利"来对译英文"rights"。自此以后,"权利"在中国逐渐成了一个被广泛接受和使用的词汇。但是权利是争权夺利的代名词,是和"仁义"之类的传统伦理相对立的观念依然根深蒂固,权利、人权也因此在我国伦理学研究中长期处于极为尴尬的境地。

实际上,19 世纪后期,中国人已经开始追求人权了。留学英国的何启与胡礼垣在作于 1887 至 1889 年间的《新政真诠·〈劝学篇〉书后》中表达了"人人有权,其国必兴;人人无权,其国必废"的观点。康有为在《大同书》(1902)中主张男女平等独立乃是"天予人之权矣。"梁启超在《十种德性相反相成义·自由与制裁》中提出"尊重人权"的思想。继康梁之后,严复、容闳等留学英美的学者从自由的角度阐释了西方的人权观念。戊戌变法失败后,尤其在 20 世纪初叶,人权运动风起云涌,资产阶级民主派邹容、陈天华、秋瑾等革命志士疾呼人权,要求彻底摧毁专制制度,人权思想业已形成一股思潮。遗憾的是,由于旧中国有法律无法治、有宪法无宪政,再加上 1937 日本的大举入侵,人权思想在民族危亡的血火迸流中几近湮灭。抗战胜利后,南开大学张彭春博士受国民政府委派,参与了《世界人权宣言》的起草和订立。他以中国人的特有方式表达了"某些权利永远不能归属于政府,必须掌握在人民手中"(埃莉诺·罗斯福语)的人权基本精神,为世界人权事业做出了中国人的努力和贡献。

新中国成立 60 年来,我国政府首次对人权作出高度评价的官方文件是1991 年发表的《中国人权状况》:"享有充分的人权,是长期以来人类追求的理想。从第一次提出'人权'这个伟大的名词后,多少世纪以来,各国人民为争取人权作出了不懈的努力,取得了重大的成果"①。此后,中国政府 1997 年 10 月签署加入《经济、社会、文化权利国际公约》,1998 年 10 月签署加入《公民权利和政治权利国际公约》。具有中国里程碑意义的人权事件是:2004

---

① 《中国的人权状况》,国务院新闻办公室编,中央文献出版社 1991 年版,第 1 页。

年 3 月 14 号下午，第十届全国人民代表大会第二次会议通过了新的宪法修正案，把"国家尊重和保障人权"庄严地写入了宪法。随后，尊重人权也被写进了党章。至此，人权在中国获得了合法地位，以往中国伦理学中严重缺失的人权这个根基性的道德词汇可以名正言顺地讨论了。近年来，尤其自人权入宪以来，"人权原则、以人为本的价值基准正逐渐成为当代中国伦理学反思的重要理念，人们的研究主题不仅涉及人权的道德价值基础、人权概念的内涵、人权的论证、人权形态的历史演变、人权原则在形塑社会根本价值诉求方面的影响以及中国儒家思想与人权理念的会通等极为丰富的内容，而且学者们还以应用伦理学的各个分支领域为平台，对社会实践中涌现出的人际间的权益冲突，对人与自然之间的利益矛盾的评判标准与调节机制进行了深入的研讨。人权研究构成了中国伦理学致思的一个新的生长点，从而改变了以往的学术共同体只讲道德义务，鲜有对道德权利的顾及的思维习惯与理论格局"①。

目前，无论国外还是国内，人权的应用伦理学视阈的研究已经引起了高度关注。2008 年，时值《世界人权宣言》订立 60 周年。为了纪念这一人类来之不易的人权成果，世界各地举行了各种形式的纪念活动。在此人权境遇下，中国伦理学界举办一场深入系统的人权的应用伦理学视阈的学术研讨会已经万事俱备、呼之欲出了。为了纪念《世界人权宣言》订立 60 周年，推动人权事业和理论的研究，确立人权在应用伦理学领域中的基础地位，探讨应用伦理学领域中的人权问题，2008 年 12 月 16 日至 17 日，由中国社会科学院应用伦理学研究中心和香港浸会大学应用伦理学研究中心共同主办的"人权的应用伦理学视角"学术研讨会，聚集了两岸三地的学者，集中讨论了应用伦理学视阈的人权问题。2009 年，《中国人权行动计划》订立，《人权伦理学》（甘绍平著）出版，发表了一些颇有影响的关于人权的学术文章。2010 年 4 月 23 ~ 25日，中国社科院哲学所伦理学室和国内学者集中讨论了人权伦理的相关问题。2010 年 10 月，在北京举行国际性人权问题学术研讨会。

目前而言，应用伦理学视阈的人权的哲学思考和研究风起云涌，已成为国际性的学术问题。

---

① 甘绍平："当代伦理学前沿探索中的人权边界"，《中国社会科学》，2006 年第 5 期。

三、人权的哲学思考与困惑

应用伦理学视阈的诸多问题给人权理念的发展带来了前所未有的全面而深刻的挑战和机遇。诚如杰克·玛哈内（Jack Mahoney）所言："与往昔相比，如今的人权理念遇到的对抗和反对更加强烈"[1]。这是因为理论伦理学视阈的人权问题尚未得到很好的回应，应用伦理学视阈的更为复杂难解的人权新问题又接踵而至。更为关键的是，人权还直接涉及伦理学是权利本位还是义务本位这个关乎伦理学性质和命运的根基问题。这样，疑难重重的人权理念就成了应用伦理学必须破解的斯芬克斯之谜。

欲解此谜，还得回到理论伦理学视阈中的权利理论：权利理性派认为，权利是普遍的自然权利，人的自然权利（natural right）就是人权（human rights）。人们也因此常常把自然权利（natural rights）和人权（human rights）通用。权利经验派针锋相对地反对理性派的观点，它主张权利不是普遍的自然权利或人权，而是特殊的实证的经验权利。双方的激烈争论直接引发了权利怀疑论对权利本身的否定和质疑。我们可把这些有关权利争论的核心问题归结为两个方面：第一，权利是否存在？第二，权利如果存在，它是何种权利？对它们的回答，实际上就是对"应用伦理学视阈的人权何以可能？"问题的回答。这就自然过渡到"何为应用伦理学视阈的人权？"以及"应用伦理学视阈的人权如何应用？"的问题。

我们知道，在西文中，Nature 有两个含义：①本然的、固有的、天然的、与生俱来的；②本性的、本质的。"Natural right"直译应是"自然权利"。人的自然权利（natural rights）就是人权（human rights）。人们常常把自然权利（natural rights）和人权（human rights）通用。需要说明的是，"天赋人权"（natural right）是 20 世纪初（可能还更早）我国学者在翻译或介绍西方著作中有关人权的一个意译的译名。"天赋人权"在我国已是一个约定俗成的提法，值得我们尊重，但天赋有授受之意，易于误解。如，美国一个教授在论述中国权利思想的文章中，将"天赋"直译为英文中的"heaven－given"。为用

---

[1] Jack Mahoney. The Challenge of Human Rights：Origin，Development，and Significance，Malden：Blackwell Publishing Ltd.，2007. p. 71.

语统一，本文一律用自然权利或人权而不用天赋权利或天赋人权。

迄今为止，人权的发展在各种挑战之下经历了三个时期，人权的哲学理论反思、人权文献的固化、由于人权的困境把它自身带入了应用伦理学领域。应用伦理学的人权要求哲学反思和现实的法制的综合超越。由于理论深度的增加、现实问题和法制要求的合理性和涉及领域的宽广深入，人权理念的发展面临着前所未有的机遇和挑战。诚如 Jack Mahoney 所言："与往昔相比，如今的人权理念遇到的对抗和反对更加强烈"[1]。哈贝马斯也说："人权尽管是国家共同体政治的唯一合法化基础，但是围绕着如何正确解释人权而展开的争论，则愈演愈烈"[2]。这是因为一方面人权论证方法和人权文献的质疑未能得到很好的回应，同时新的应用伦理领域的人权冲突又提出了更为复杂难解的挑战。

显然，这些人权问题的根基在于，由于人们只注重了"Nature"的"自然的"的含义，而没有注意其"本质的"的含义，结果虽然彰显了"Natural right"和"human rights"的自然权利之义，却遮蔽了其本质权利或本性权利的另一层含义，一系列人权问题便由此而来。为解决这些问题，我们必须穷根究底，从追问和解答如下根基性问题入手：①Nature 的两个基本含义自然和本质有内在联系么？如果有，它是什么？②人的自然是什么？人的本性是什么？人的自然与人的本性有内在联系么？如果有，它是什么？人的自然和人的本性的综合体是什么？③自然权利和本质权利作为 natural rights 的两个含义，它们之间有何内在关系？要解决这些根基性问题，还得从对自然权利或人权的质疑和否定入手。

第二节　应用伦理学视阈的人权何以可能

在理论伦理学视阈中，由于人们对权利的含义争论不休，没有一个公认的权威的权利理念，致使权利怀疑论有理由怀疑权利的存在。这样，权利论和怀疑论双方争论的焦点就集中到以下方面。

① Jack Mahoney. The Challenge of Human Rights: Origin, Development, and Significance, Malden: Blackwell Publishing Ltd. , 2007. p. 71.

② 哈贝马斯：《哈贝马斯精粹》，曹卫东选译. 南京大学出版社 2004 年版，第 277 页。

一、权利是否存在

权利怀疑论虽然形式多样，但它主要是从逻辑分析的角度（休谟）、语言学的角度（麦金太尔）、权利和公正的关系（鲁斯·玛克林）等几个层面怀疑并否定权利（包括人权）的存在的。

其一，休谟认为，自然法学家们用"自然法——理性"的概念指称完全不同的三类东西——理性所发现的戒条或一般法则，自然界和人类社会的事实法则，以"自然权利"名义囊括的自由、平等、公正等价值规范。在逻辑上，这严重地混淆了"逻辑的必然、事实的必然和道德的必然"三种不同的含义。作为逻辑必然的理性仅仅存在于数学的局部知识，事实的必然即自然界的诸多法则来自于习惯的联想，道德的必然是价值判断。自然权利（自由、平等、公平、正义等价值规范）既非事实的推理，也非理性的对象，它们只是人类的愿望或"癖好"。休谟基此提出事实和价值区分以及无法从事实推导出价值的命题即"休谟问题"①。后来，马克斯·韦伯把这一问题明确化②。据此，属于价值范畴的自然权利不可能从理性（人性）的事实推出，自然法理论从"理性"引出的人权受到致命的质疑。

在我们看来，"休谟问题"在应用伦理学领域内是可以解决的，不能构成否定人权的根据。具体说来，从静态看，人是有限和无限、生理心理和理性精神融于一体的存在。从动态看，人是无限扬弃有限、精神（心理、理性）扬弃自然（生理）的存在过程，是自由自律地祛弱和求备的存在，是不断弥补不足、完善自我的存在。人性具体存在于对人的有缺事实（生存环境、生理、心理、社会状况等）的不满的基础上追求人性完善的价值的过程之中。这个过程既是事实，也是价值，是蕴含着价值的事实。这就是说，人是集存在和应当、事实和价值于一体的主体。由于自然权利（价值）是从人的整个本质（作为事实和价值的统一体的人性）中起源的，价值（权利）当然可以合乎逻辑地从事实和价值的统一体（人性）中推出。

---

① David Hume. A Treatise of Human Nature, Oxford: Oxford University Press, 1978, p. 458, pp. 468－470.

② Leo Strauss. Natural Right and History, Chicago: The University of Chicago Press, 1953, pp. 35－41.

其二，经过了德国古典哲学和当代分析哲学洗礼的麦金太尔，不满足于休谟式的逻辑分析的怀疑，认为它不具有彻底否定权利（包括人权或自然权利）的理论力量。他企图从根基上拔除权利和人权的信念，以达到全面否定、一劳永逸之目的。他认为：①人权观念并非社会生活本身所必须，而且在每一个社会都寻找不到它。在古典语言、中世纪语言中都无有任何足以正确表达权利的词语，古希腊语就没有一个词表达权利。正确表达的权利（a right）一词只到中世纪末才出现。②如果存在人权的话，在现代之前却无人知晓之。③根本没有人权，因为所有试图给予人权信念以好的理由的尝试都失败了。信仰人权就如相信巫术和独角兽一样①。如此一来，权利、人权在他这里就成了一个巨大的虚无而被否定了。但他只是通过抽象的理论分析和语言学考察来否定权利和人权的存在，并没有提出令人信服的有力论证，以至于米尔恩（A. J. M. Milne）十分轻易地就驳斥了麦金太尔的谬论②，兹不赘述。但它启示我们不能停留在表面的实证的权利概念的有无上，而应深入到权利的内涵和历史中去研究权利。

其三，与麦金太尔不同，鲁斯·玛克林（Ruth Maclin）试图从权利发展的历史中论证权利的无根性。他同意密尔提出的权利和正义理论具有潜在的联系的观点，认为权利不是原初概念，而是源自公正的概念。因此，对权利做出系统的判断，必须以完满的公正理论为根基。但他认为还没有出现也不可能出现完满的公正理论——即使罗尔斯的《公正论》也并非完满。如此一来，"关于权利的存在和本性的具体主张便失去了充分的根据，也无法得到确证。""试图发现人类权利的存在，完全是一种错误地幻象出来的事情"③。这一思想揭示了权利和公正之间的历史关系，具有一定的理论依据，但它仅仅停留在二者的时间先后的关系上，而没有把握它们内在的逻辑关系。因此，它对权利的否定缺乏充足的根据和有力的论证。但它明确提出的人权和公正的关系问题，值得我们深入研究。

---

① A. MacIntyre. After Virtue, London：Duckworth, 1981. p. 67.

② A. J. M. Milne. Human Rights And Human Diversity：An Essay in the Philosophy of Human Rights. London：The Macmillan Press Ltd. , 1986. pp. 6 - 8.

③ Tom L. Beauchamp. Philosophical Ethics. New York：McGraw - Hill Book Company, 1982. pp. 214 - 215.

总之，权利怀疑论并没有提出有力的否定权利的论证，它不但与人们的直觉相悖，而且也与当前世界上普遍注重权利、人权信念的事实相左。维特根斯坦曾说："怀疑论并不是不能驳斥的，而是如果它在不能提出疑问的地方想表示怀疑，显然是没有意思的。因为疑问只存在于有问题的地方；只有在有解答的地方才有问题，而这只有在有某种可以说的事情的地方才有"①。实际上，权利怀疑论非但没有否定权利和人权，反而暗示了权利解答的方法，推动了对权利和人权的确证。

值得肯定的是，权利怀疑论是一把悬在权利理论之上的"达摩克利斯"之剑，它质疑权利的霸权和独断，反对权利的抽象性、偶然性、随意性和极端化，从告诫、提醒、否定的角度推动着权利、人权的研究。另外，权利怀疑论虽然不能否定权利的存在，但其怀疑精神却在权利理论中一以贯之。人权理念正是在质疑、反驳权利怀疑论的过程中，在权利理性派和权利经验派的相互质疑和相互反驳的过程中，逐步显现出其本真要义的。

如果存在权利（right），那么权利是普遍权利还是特殊权利？

二、普遍权利还是特殊权利

首先，权利理性论认为权利是具有普遍性、绝对性的自然权利（natural right）或人权（human rights）。该理论主张自然权利是人与生俱来的，它的本源是"理性"。生命权、自由权、财产权（斯宾诺莎、洛克）、政治参与权（卢梭）、幸福权（杰弗逊）等人权来源于人的自然本性即"理性"，是人固有的不可剥夺的自然（理性）权利。显然，这些权利是多样的特殊权利而不是普遍权利。因此，它受到后来的理性权利论者（如康德）的批判，同时也遭到经验权利论的质疑。

康德认真研究了理性，把它分为理论理性和实践理性。他认为源自实践理性的自由是人所具有的唯一的自然权利，"是每一个人由于其人性而具有的独一无二的、原初的权利"②。这种原初人性的自然权利，就是人之为人必不可

---

① Ludwig Wittgenstein. Tractatus Logico – Philosophicus. Trans. by C. K. Ogden. Beijing：China Social Sciences Publishing House，1999. p. 187.

② ［德］康德：《法的形而上学原理》，沈叔平译，商务印书馆1991年版，第140页。

缺少的人权。康德以后，胡塞尔明确解释了理性的内涵："理性是'绝对的'，'永恒的'，'超时间的'，'无条件地'有效的理念和理想的名称"①。人权既然源自追求无限和普遍本质的理性，应当具有普遍性和绝对性无条件性。就是说，人权是普遍的、绝对的、无例外的每人都拥有的权利。

其次，权利经验论反对权利理性派的观点，主张权利不是来自理性的自然权利而是源自经验的具有相对性、多样性的实证的特殊性权利。该派认为理性是有限的，它不能认识事物的本质，只能认识相对的东西。理性在感觉之外，什么也不知道。只有实证的事实才是科学的，任何突破主观经验界限的企图都是必须拒斥的形而上学。因此，权利的基础不是理性或自然法，而是动物本性（胡果）、心理（法国的塔尔德）、本能经验（霍姆斯、庞德、弗兰克）、感性快乐、利益（奥斯丁、庞德、密尔等）、历史风俗传统（伯克-）、民族精神（胡果、萨维尼）、宗教信仰（阿奎那等）、义务（奥尼尔 O'Neill）等经验性的事实。根本不存在超越一切社会、历史和文化差异的普遍的"人权"，只存在多样性文化（包括道德、法律、风俗、制度等）所制约的多样性的相对的实在权利，人们也只能在与某一特定文化的关系中理解自己的实在的真实具体的权利。

理论伦理学视阈内的权利问题的争论表明，应用伦理学视阈内的人权得以可能的根据在于：

（1）权利是存在的——这是人权得以可能的基础。

（2）超越经验派和理性的冲突是人权得以可能的途径。

经验派的实质是从个体出发强调个体的理性的有限性或经验理性，这并不能否定理性本身的普遍性和普遍性的权利。

前康德的理性派强调人的理性是共同的自然性时，尽管它强调理性的无限性，但他们提出的生命权、自由权、财产权、政治参与权、幸福权等是多样性权利，这和经验论的多样性的权利是一致的。双方主张的权利都不具有普遍性。

自康德以来，理性派试图从理性的理念出发强调理性的无限性，并试图寻

---

① ［德］胡塞尔：《欧洲科学的危机与超越论的现象学》，王炳文译，商务印书馆 2005 年版，第19 页。

求普遍性的人权。但康德等以理性寻求的自由人权，仍然不具有普遍性。马克思曾从阶级分析的角度指出了理性权利论的人权的特权性质，否定了其人权的普遍性。他批评说："至于谈到权利，我们和其他许多人都曾强调指出了共产主义对政治权利、私人权利以及权利的最一般的形式即人权所采取的反对立场……。人权本身就是特权，而私有制就是垄断"①。另外，康德式的理性派面对的一个难以解答的问题是：没有自由和理性的人如婴幼儿、精神病人等是否有普遍人权？

可见，经验派和理性派的争论凸现出了自然、经验和理性三个权利的基本要素，如何综合超越之，亦是人权得以可能的步骤之一。

（3）否定独白式的理论探讨是达成人权共识的必然选择。

权利怀疑论和权利论的对抗、权利理性论和权利经验论的颉颃表明，各方都不是通过对话商谈的途径，而是独白式地企图以己方特殊的权利理念强加于他者并试图使之普遍化。这就不可能真正解决权利和人权问题。以应用伦理学视阈的民主商谈的精神和民主商谈平台取代独白式的理论范式，综合权利的三个基本要素：自然——经验——理性，从中抽象出人权的理念，是人权得以可能的关键。

至此，理论伦理学视阈内的人权走向终结，这同时也是以对话商谈、程序共识为标志的应用伦理学视阈的人权的开端。

第三节 何为应用伦理学视阈的人权

应用伦理学视阈的人权涉及如下三个问题：①它是形式的权利还是实质的权利？②它是道德权利还是非道德权利？③它应当如何应用？

一、形式的权利还是实质的权利

我们认为，人权不是某些人或某个人的特有权利，而是每一个人都应当拥有的普遍性的共有权利。因此，它只能是形式的，不能是实质的。理论伦理学

---

① 《马克思恩格斯全集》第 3 卷，人民出版社 1960 年版，第 53 页。

视阈内的权利本质上都是某些人或某个人的特有权利，并非具有普遍性的人权。米尔恩曾把人权的普遍性概括为：人权是"属于所有时代、所有地域的所有人的权利。这些权利只要是人就可拥有，而不管其民族、宗教、性别、社会地位、职业、财富、财产的差异或者伦理、文化、社会特性等任何其他方面的不同。"① 不过，人权的普遍性并不等于普遍性的人权，后者作为形式的权利，是何种形式的权利呢？

首先，必须明确的是，nature 有两个基本含义：①自然（本然、天然、固有、与生俱来）；②本质（本性）。根据海德格尔的考察，自然［natura］出自于 nasci（意为：诞生于，来源于），"natura 就是：让……从自身中起源"②。nature 的完整涵义就是"从本然中产生出本质或本性"，而人权或人的自然权利（"natural right"）的内涵应是"从人的本然中产生出的人的本质权利或人的本性权利"。

其次，据前所述，我们可以总结出和人权相关的基本要素：①动物本性（胡果）、本能经验（霍姆斯、庞德、弗兰克）、心理（法国的塔尔德）是人和自然界的动物都有的自然生理条件，但有区别。而且，人还具有动物所不具有的：②利益、实证的法律制度（边沁、奥斯丁、庞德）、风俗传统、历史文化（伯克）、民族精神（胡果、萨维尼）、义务（奥尼尔）等；③理性（康德、胡塞尔等）以及④新自然法学家所主张的程序、形式和商谈精神（哈贝马斯、斯塔勒姆、富勒等）。

尽管①②③④各自均可以成为人权的某个方面的要素，但都不具备独自构成人权的资格。

①和②分别是自然（nature）的第一个含义（固有、天生）和第二个含义（本质、本性），②则是暗中运用③联结①的各种体现，如分析法学要靠理性分析法律条文使之体系化、逻辑化、条理化，功利主义法学要运用理性算计、推理、判断最大多数人的最大利益或幸福，传统风俗法律制度等都是理性力量的相对固化所形成的行为规范和社会要求，它们的目的在于解决人类的生理、

---

① A. J. M. Milne. Human Rights And Human Diversity: An Essay in the Philosophy of Human Rights. London: The Macmillan Press Ltd. , 1986. p. 1.

② ［德］海德格尔：《路标》，孙周兴译，商务印书馆 2007 年版，第 275 页。

心理、精神的有限不足和无限追求之间的矛盾。因此，①②呈现出有限的多样性，同时也暗中确证了理性的存在和价值。追求无限和普遍的理性综合①②使其无限的诉求得以有限地实践。④则试图把独白权利理论提升为具有商谈精神和民主程序的普遍人权。从内涵看，这四类要素各自体现的都是一种实体性的多样性如利益、义务等的多样性，但这些实体多样性中却一以贯之地潜藏着一个综合各要素的程序和形式，也就是说唯有这个程序或形式具有普遍性，它就是人权的本质之一。作为程序或形式的普遍人权可暂时表述为：人权就是权利主体通过民主商谈对话、寻求共识的合道德程序而相互尊重其自由自主地设想、选择、安排、践行各自人生理念、生活方式、伦理秩序等的人人共享的普遍性的权利。

现在的问题是，作为形式权利的人权是道德权利还是非道德权利？

二、道德权利还是非道德权利

德国自然法学家罗门（Heinrich A. Rommen）认为，权利经验论的"本质特征是赋予关于个别事物的经验知识以至高无上地位，将精神的视野局限于经验和殊相。"① 比如，边沁就曾说过："权利是法律之子：不同的法律运作产生不同的权利。自然权利是一个从来无有（也绝不会有）父亲的儿子"②。权利经验派以实证的法律权利否定或取代人权的结果是，"只存在实证性法律，也即强制性法律，因为，只有那些确实可以强制执行的东西才是法律，它完全是国家创造的。……这样，法律就是、实际上仅仅是事实上占据优势的那个阶级、即统治阶级的东西"③。经验的、相对的、可修正乃至可废除的实证法律权利始终只是统治阶级所规定、所承认的个别人的权利，尽管它不同程度地包含着人权的要素，也是保障人权的重要途径，但它并不等于人权，因为它不具有绝对性、普遍性和平等性。同理，奠定在本能、心理、风俗、习惯、历史传

---

① ［德］海因里希·罗门：《自然法的观念史和哲学》，姚中秋译，上海三联书店 2007 年版，第 114 页。

② Jeremy Waldron（ed.），Nonsense upon Stilts: Bentham, Burke and Marx on the Right of Man. London: Duckworth, 1987. p. 73.

③ ［德］海因里希·罗门：《自然法的观念史和哲学》，姚中秋译，上海三联书店 2007 年版，第 115 页。

统、民族精神等基础上的非道德权利也不是人权。如此一来，普遍的形式的人权只可能是人的自然权利（natural right）或道德权利。问题是，人的自然权利是不是道德权利呢？这得从 arete（德性）和 nature（自然）之间的内在关系说起。

在古希腊文中，arete 原指每种事物固有的天然的本性，主要指每种事物固有且独有的特性、功能、用途，或者说指任何事物内在的优秀或卓越。因此，《西英大辞典》把 arete 解释为 goodness，excellence of any kind。任何一种自然物包括天然物（如土地、棉花、喷泉等）、人造物（如船、刀等）、人等都有自己的 arete，如马的 arete 是奔跑，鸟的 arete 是飞翔，二者各自的 arete 都是自己独有而他者所没有的。如果失去了这些本性，就是亚里士多德后来说的 arete 的缺失。据此，arete 和 nature 的本意是一致的。

亚里士多德曾把自然解释为本性，一物的本性就是其自然的状态，一物按其本性活动就是其自然活动。在亚里士多德那里，arete 仍然具有较广的涵义，往往泛指使事物成为完美事物的特性或规定。他说："每种德性都既使得它是其德性的那事物的状态好，又使得它们的活动完成得好。比如眼睛的德性，既使得眼睛状态好，还要让它功能良好（因为有一副好眼睛的意思就是看东西清楚）。"①。在亚里士多德这里，arete 和 nature 的本意也是基本一致的，不过，他已开始把德性主要归结为人的优秀。

亚里士多德以后，人们主要在道德意义上讨论德性的内涵。斯宾诺莎把德性直接规定为人的本性，他说："就人的德性而言，就是指人的本质或本性，或人具有的可以产生一些只有根据他的本性的发作才可理解的行为的力量"②。罗门也明确指出："社会伦理和自然法的原则就是人的本质性自然"③。可见，亚里士多德以后的 arete 主要指自然（nature）的第二个含义"本质"、本性、卓越、优秀，尤其特指人的本性或本质。这就是自然（nature）和德性（arete）的内在联系。

---

① ［古希腊］亚里士多德：《尼各马科伦理学》，廖申白译，商务印书馆 2003 年版，第 45 页。
② 周辅成主编：《西方伦理学名著选辑》（上卷），商务印书馆 1964 年版，第 625 页。
③ ［德］海因里希·罗门：《自然法的观念史和哲学》，姚中秋译，上海三联书店 2007 年版，第171 页。

在亚里士多德等古典法学家那里，每一类事物的本性都有一种特有的必须遵守的规律或原则，这就是自然法（nature law）。相应地，人的自然法就是人的德性法即道德命令。因此，出自道德命令的人的自然权利（人权）本质上只能是道德权利。或者说，人的德性就是人的本质性自然，人权就是基于德性或人性的道德权利。格老秀斯曾说，权利是人作为理性动物所固有的道德本质，"由于它，一个人有资格正当地享有某些东西或正当地去做某些事情"①。"自然权利乃是正当理性的命令，它依据行为是否与合理的自然相谐和，而断定为道德上的卑鄙，或道德上的必要"②。康德在《道德形而上学》中发挥了格老秀斯的这一思想，并批判地深化了斯宾诺莎的德性就是力量的思想，使德性具体化为人权的力量。另外，当列奥·斯特劳斯强调自然权利应回归古代的德性观念来理解的时候，他所关怀的也正是人权的道德内涵。

遗憾的是，这个问题，一直没有引起人们的重视，以至于具有内在联系、实质一致的自然、德性和人权在伦理学中几乎是几个老死不相往来的范畴，它们在某些人那里甚至是相互对立、水火不容的。最经典的莫过于以追寻德性著称的麦金太尔却殚精竭虑地企图通过全面否定人权（实即德性权利）和权利去追求德性，这无异于以谋杀德性来追寻德性。关于这个问题，我们将在第四章的应用德性论部分详加讨论，与此相关的一些问题这里暂且存而不论。

需要注意的是，哈贝马斯曾明确地说："人权具有两面性，它既是道德范畴，也是法律范畴"③。这只能理解为被法律规定下来的权利具有道德上的根据，法律权利的正当性只能从道德的观点来加以论证，并不等于凯尔森、伯克、哈维尼、奥斯丁等经验派所说的权利或人权只能是法律权利。因为尽管实证法中包含着人权的殊相，但它是有缺的、不完备的人权，它只是实现人权的途径或工具，其目的则是作为道德权利的人权。就是说，人权不是实证法的权利，同理，它也不是其他非道德权利如风俗习惯中的权利等，人权只能是道德权利。

基于上述理由，我们把作为形式的人权的表述修正为：人权就是权利主体

---

① 周辅成主编：《西方伦理学名著选辑》（上卷），商务印书馆 1964 年版，第 580 页。
② 周辅成主编：《西方伦理学名著选辑》（上卷），商务印书馆 1964 年版，第 582 页。
③ ［德］哈贝马斯：《哈贝马斯精粹》，曹卫东选译，南京大学出版社 2004 年版，第 276 页。

通过民主商谈对话、寻求共识的合道德程序，相互尊重其自由自主地设想、选择、安排、践行其各自人生理念、生活方式、伦理秩序等的人人共享的普遍性的道德权利。简言之，应用伦理学视阈的人权就是普遍性的道德权利。

第四节　应用伦理视阈的人权如何应用

应用伦理视阈的人权问题必须在民主对话商谈的基础上寻求共识，靠独白式的绝对命令是不可能得到解决的，因为独白的形式和程序极易导致独断地把自己的权利观念强加于人甚至走向极端的专制，如希特勒就是依靠独白的方式合法地把个人意志作为国家乃至民族的普遍精神而合法地强加给他人的。鉴此，我们吸取康德绝对命令的普遍性形式的合理性，抛弃其独白性而代之以民主商谈的精神，把"应用伦理学视阈的人权"的理念明确为三条根本的应用法则。

一、形式法则

形式法则要求：应用伦理学领域的人权具有普遍性，应当适用于所有人，而且没有任何附加条件，因此，人权具有对于其他特有权利或义务的绝对优先地位。其具体内涵如下。

首先，普遍人权优先于相对权利。不可否认，在人权的普遍意义与人权实现的具体条件之间，存在着一种独特的紧张关系。如生命权、自由权、财产权、幸福权、健康权、信仰权、发展权、良好的生活环境权等都是受具体条件限制的不完满的人权即特殊的权利，是人权共相的殊相。就是说，实体性的权利不是绝对独立的无条件的人权，它必须纳入形式人权或以形式人权为根据。反之，形式人权也只有在相对的权利中有限地、不完满地不断实现自我，却永远也不可能在经验的相对人权中完成自我。

其次，权利优先于义务。①普遍人权优先于任何义务。特别值得重视的是，不具备履行义务的个体如婴幼儿、病人及其他无能力履行义务的人，其人权不因缺失履行相应的义务能力而丧失，因为人权是具有绝对性和无条件性的原初权利，它不以义务、法律、国家等为前提。奥尼尔（O'Neill）等主张的义务决定人权的观点①，剥夺了没有履行义务能力的人的权利，实质上取消了人权。这也是伦理学被认为是义务本位的理论根源之一。②相对权利优先于其相应的义务，但只有在可促进或至少不侵害权利的条件下才是合乎人权的。比如，当老虎危及人的生命的时候，人的生命权优先于保护老虎的义务。必须注意的是，在不履行相应的个体义务就会损害个体权利的条件下，个体权利失去对相应义务的优先性。但从根本上讲，这依然是为了保障权利。比如，如果病人不履行配合治疗的义务，就有可能导致其病情加重甚至危及生命时，病人的自由权就丧失了对其配合治疗的义务的优先性，但其根据依然是其生命健康权而不是义务优先于权利。就是说，权利只能因为权利的缘故而受到限制。这就是人权形式法则的具体要求，它进一步具体化为人权的质料法则。

二、质料法则

质料法则要求：应用伦理学视域的伦理行动，要把我们自己人身中的人性，和其他人身中的人性，在任何时候都按照民主商谈对话的程序同样看作是目的，永远不能仅仅看作是手段。

玛格丽特·麦格唐纳（Margaret Macdonald）曾认为没有固定不变的抽象人性和普遍性的人权②。这种观点的错误在于把抽象人性论和普遍人权等同起来。我们认为，虽然没有固定不变的抽象人性，却不能否认具体的人性——它是人权的形式所蕴含的质料，更不能据此否定普遍性的人权。

具体的人性（human nature），就是基于人的自然性而发展出来的人的完整的本质性。海德格尔也认为，自然指称着人与他所不是和它本身所是的那个存在着的本质性联系，并非仅仅指人的躯体或种族，而是指人的整个本质③。人的自然权利或人权就是源自人的整个本质的普遍道德权利，前述休谟问题的实质也是由于没有把握具体人性的而产生的。因此，以人性为目的的实质，就是以人权为目的——这也是义务必须以普遍人权为目的的根据。

---

① O'Neill. O. A Question of Trust：The BBC Reith Lectures 2002. Cambridge：Cambridge University Press，2002. p. 35.

② Tom L. Beauchamp. Philosophical Ethics. New York：McGraw – Hill Book Company，1982. pp. 208 –210.

③ ［德］海德格尔：《路标》，孙周兴译，商务印书馆2007年版，第275页。

把人性看作目的而不仅仅看作手段，就是把尊重人权看作最高目的而不仅仅把人权看作手段。它有三层涵义：①手段中包含着目的，我们要求手段包含的应是合乎人权或出自人权的目的，不能包含违背人权甚至践踏人权的目的。②应当区分阶段目的和终极目的。生命权、福利权、不受污辱权等阶段目的都应服从出自人性的普遍人权的根本目的。③必须体现通过民主对话的商谈程序而尊重当事人的人权的基本精神，不得以个人独白式的人权标准强加于人。

我们以法国禁止抛掷侏儒为分析案例。20世纪末法国为了推行免于侮辱的权利，施行禁止侏儒抛掷活动的法律。结果遭到一些侏儒反对，认为此法剥夺了自己的工作权、经济收入和生活来源[①]。法国政府以独白的方式颁布和实施的这项法律，把作为人权殊相的一种权利看作另一种权利的工具，并把后者看作目的，而忽视了权利应当以人权为最高目的，通过民主商谈的程序才能加以具体的确认。因此，它实际上违背了人权的质料法则。这也警示我们，人权需要遵循形式和质料相综合的全体法则——综合法则。

三、综合法则

综合法则要求：以伦理委员会为平台，每个有理性人的意志按照民主商谈的程序的观念才能成为普遍立法意志的公正观念，并以此推进应用伦理学视阈的人权理念的实践。或者说，人权体现为以伦理委员会为平台，通过民主商谈程序以求达成共识的公正的人权诉求过程。简言之，这就是人权的公正法则。

公正和人权本质上是一致的。从时间上讲，公正先于人权出现，人权正是从公正发展而来的；但从逻辑上讲，人权优先于公正，是公正的逻辑起点和最终目的。如前所述，密尔、鲁斯·玛克林也看到了第一层关系，但却忽视了第二层关系。这就决定了鲁斯·玛克林以公正否定权利（包括人权）的怀疑论是难以成立的。我们认为，普遍性的人权应该通过公正的伦理秩序最终落实为具体个体的权利。

---

① J. D. Rendtorff and Peter Kemp（ed.），Basic ethical Principles in European Bioethics and Biolaw Vol. II，Printed in Impremata Barnola，Guissona（Catalunya–Spain），2000. p. 23.

首先，建构普适性的公正的国际公民法。

人权尽管是伦理共同体尤其是国家的唯一合法化基础，但是关于如何正确解释人权不可能达到完全一致，因为虽然法律、制度、习俗、传统等在同一个国家地区或民族具有一定的普适性，但在国际范围内则具有多样性、相对性。尽管不同国家主张不同的人权理念，但其中体现着某种程度的共同人权意识。不同国家之间应当通过一定的民主程序和对话平台如联合国或国际伦理委员会等相互商谈、相互理解，确立当时的世界人权的基本原则，并基于此使人权进入一个公正的世界民主法律秩序中，即建构合乎人权优先原则和人性目的的具有普适性的国际公民法，作为各国人权意识的最高法律依据。尽管它不是完整的普遍性人权，但它毕竟是多数国家商谈认可的人权的最高法则，其普遍性比个别国家的人权观念更为可信。各国应当自觉恪守国际公民法，相互尊重各国自身的多样性选择而不妄加指责干涉他国的人权选择，更不得以本国的人权理念冒充普遍的人权而强制推行到他国乃至整个世界。

其次，建构合乎人权的伦理共同体的公正的社会制度。

人权必须在伦理秩序中有限地付诸实施。在伦理共同体（主要是国家）的范围内，应当以人权和国际公民法作为根据，通过公正的法律制度把人权纳入到法制轨道之中，切实有效地解决自身范围内的人权问题。罗尔斯认为"公正是社会制度的首要德性"[1]。我们认为人权是原初德性，作为社会制度的首要德性的公正服从于人权。据此，我们把罗尔斯关于社会制度的两个公正原则[2]修正为：第一个原则是权利平等原则或普遍人权原则，第二个原则是权利差别原则。这两个原则处于一种"词典式次序排列"的先后关系中：第一原则优先于第二原则即人权的优先性，指每一个人的平等共有的基本权利（人权）必须优先考虑受到公正制度的保护，而不能受制于第二公正原则。每个人都拥有一种基于公正的社会制度保护的不可侵犯的权利，这种普遍权利即使以社会整体利益之名也不能逾越。因此，公正否认为了一些人分享更大利益而剥夺另一些人的普遍权利是正当的，认为"多数人享受的较大利益能补偿强加于少数人的牺牲"是违背人权、绝不容许的。人权作为人类活动的首要德性，公

---

[1] John Rawls. A Theory Of Justice, Massachusetts: Harvard University Press, 1971. p. 3.

[2] John Rawls. A Theory Of Justice. Massachusetts: Harvard University Press, 1971. pp. 302 – 303.

正作为以人权为目的的社会制度的首要德性，绝不向任何权势、利益、暴力、罪恶妥协。第二个原则即权利差别原则主要落实为个体主观权利的差异。

其三，个体的主观权利的差异。

人不仅作为类和伦理共同体的一员而存在，而且还作为具有独特个性的个人而存在。真正的人权必须把人权理念的普遍性和伦理共同体的权利多样性统一起来，落实到具体的个体权利。人权的普遍平等要求对于千差万别的作为个体的权利主体来讲，必然呈现出个体主观性的巨大差异。人权主体间的平等与差异的张力形成人权的内在矛盾，使人权显示出主体权利的结构特征。这也是权利差异原则的根据。第二个公正原则即权利差异原则的要义，就是在普遍平等人权的原则下，通过民主商谈的程序尊重权利主体独立思考、选择、践行其伦理生活的权利，保障个体主观性权利的实现以及其生活水平、生命质量、人生责任等在公正的社会制度保障下所呈现出的差异和个性。对于权利个体来讲，在公正制度的保障下，"每一个人对自己的一生是否成功负有主要责任"[1]。"我们有责任有所成就，我们有责任过好的一生，而不是被人浪费的一生。说到底，任何人都不能替我们作出决定，这是我们自己的责任"[2]。权利个体应当独立自由地选择、决定、实践自己独特的生活方式、生命历程或自我发展完善的独特途径。

哈贝马斯曾从康德的世界公民的观念出发，把人权在全球范围内的推广过程设想为："所有的国家都转变为民主法制国家，而每一个人同时又享有选择国籍的权利。一种可能性在于：任何一个人，作为世界公民，都能充分享受到人权。"[3] 这种期望涉及实现人权的关键途径——民主法制，但却具有一定的乌托邦性质。我们不指望这种遥遥无期的悬设，而主张通过上述程序在切实地保障和实现相对权利的过程中，永不停息地行走在人权之途上。

---

[1] ［美］罗纳德·德沃金等：《认真对待人权》，许章润主编，广西师范大学出版社 2003 年版，第 18 页。

[2] ［美］罗纳德·德沃金等：《认真对待人权》，许章润主编，广西师范大学出版社 2003 年版，第 24 页。

[3] ［德］哈贝马斯：《哈贝马斯精粹》，曹卫东选译，南京大学出版社 2004 年版，第 277 页。

结　语

　　由于普遍性的人权和特殊性权利的矛盾，真正的人权只有在应用伦理学视阈内才能获得其足够广阔的领地；应用伦理学视阈内的多样性权利所蕴含的普遍性权利，也只有从人权的角度才能得到解决。因为应用伦理学视阈的人权作为普遍性的道德权利，不仅仅是在理论伦理学视阈的人权基础上对人权外延的全面扩展，而且是对人权内涵的深化和提升：其一，从静态角度看，它是尊重人性的普遍性道德权利；其二，从动态角度看，它是在冲突、商谈、共识的程序中通过特殊性权利不断地丰富自身、完善自身、实现自身的普遍性权利；最后，从理论地位看，作为原初的、绝对的、没有任何附加条件的道德权利，它以人性自身为目的，优先于任何其他权利和义务。这样一来，它不但超越了理论伦理学视阈的抽象人权理念，而且彻底颠覆了以义务为本位的无根的伦理学，为有根的伦理学——应用伦理学奠定了坚实的人权基础。也就是说，有根的伦理学应当是以人权为价值基准的应用伦理学——人权应用伦理学。

第三章
人权视阈的尊严理念

　　人的尊严和人权两个概念自 20 世纪中叶被同时写进《联合国宪章》和《世界人权宣言》以来，就开始成为两项普世性的法律原则和伦理准则。尊严理念也随之成为人权视阈中聚讼纷纭的国际性话题，尤其是尊严和人权的地位问题。

第一节　尊严理念的论争

　　围绕尊严展开的激烈论争，主要集中在尊严平等和尊严差异的对立上。与此相应，形成了尊严平等论和尊严差异论两类尖锐对立的观点。这两类观点的颉颃彰显了尊严的内在矛盾，同时也暴露出尊严的内涵、尊严和人权的地位等问题的模糊不明。这样一来，从尊严的内在矛盾冲突中把握其内涵，据此厘清尊严和人权的关系和地位，就成为一项紧迫的理论要求和现实使命。

　　尊严平等论主要有两种理论模式：内在尊严说（或尊严基础论）认为尊严是人人自身所固有的绝对的不可丧失的内在价值，人权"源于人自身的固有尊严"；权利尊严说（或人权基础论）主张人权是尊严的基础，尊严是源自人权的人人享有的不受侮辱的权利，它是后天获得的，因而也是可以丧失的。

一、内在尊严说

　　内在尊严说即尊严基础论认为，尊严指每个人生而具有的内在价值或本质

（理性、自由、思想等）①。它体现了每个人作为人类中的一员所具有的不可剥夺的人性的内在价值和尊严，并因此成为人权的根源。

内在价值尊严说有着深厚的理论根基和历史渊源。早在古希腊罗马时期，斯多葛派就认为尊严是人拥有理性能力并能洞悉宇宙秩序的人性的至高价值。塞涅卡（Seneca）把人性尊严和人本身联系起来，认为人本身具有作为无价的内在价值的尊严。这一思想在基督教中得到进一步发展。在基督教中，个人被看作从上帝那里获得内在价值的存在。圣·奥古斯丁和随后的许多神学家都认为，人是按照上帝的形象创造的，因此，每一个人都具有内在价值，且神圣不可侵犯②。尊严理念在文艺复兴时期逐渐摆脱上帝的羁绊而归结到人性尊严。意大利的皮科（Giovanni Pico della Mirandela）在《论人的尊严》中认为，在一切生灵之中，上帝只赋予人自由意志和不被规定性，所以人最有尊严和价值③。17世纪法国著名科学家、哲学家帕斯卡（Blaise Pascal）明确主张，不是上帝而是思想构成伟大的人性和尊严的基础，"我们的全部尊严就在于思想"④。这种奠定在思想、理性、自由基础上的人性尊严的观念在康德那里得到新的综合。康德认为人因为具有自律的意志而拥有不可剥夺的内在价值的尊严，所以"自律性就是人和任何理性本性的尊严的根据"⑤。这样一来，作为内在价值的尊严的思想就成为把尊严作为人权基础的思想的哲学根据。

一方面，它直接成为现当代内在尊严观的哲学基础。肖克恩霍夫（Eberhard Schockenhoff）明确主张：源自尊严和义务的人权是所有人的需求，人权必须限定在以生命自由和人性尊严为绝对前提（预设）的范围内⑥。克鲁格（F. Klug）也说："尊严概念取代上帝或自然而成为不可剥夺的权利的基础，

---

① Deryck Beyleveld and Reger Brownsword, *Human Dignity*, *Human Rights and the Human Genome*, in Working Papers, Reseach Projects, Vol. III, Centre for Ethics and Law, Copenhagen 1998, p. 38.
② J. D. Rendtorffand Peter Kemp (ed.), *Basic ethical Principles in European Bioethics andBiolaw*, Vol. I, Printed in Impremata Barnola, Guissona (Catalunya – Spain), 2000, pp. 32~33.
③ 周辅成主编：《从文艺复兴到十九世纪资产阶级哲学家政治家思想家有关人道主义人性论言论选辑》，商务印书馆1966年版，第33~34页。
④ Pascal B. *Pascal's Pensées*, London：Everyman's Library, 1956, p. 97.
⑤ ［德］康德：《道德形而上学原理》，苗力田译，上海人民出版社2002年版，第55页。
⑥ Eberhard Schockenhoff, *Natural Law And Human Dignity*：*Universal Ethics in A Historical World*, translated by Brian McNeil, Washington, D. C.：The Catholic University of America Press. 2003, p. 292.

这完成了自然权利向人的权利的转变……权利的根据在于所有人共同具有的基本的人性尊严"①。与尊严相比，人权的理念相对简单，"它奠定在对每个人内在尊严的正确评价的基础之上"②。主张此观点的还有著名哲学家格沃斯（A. Gewirth）、施贝曼（Robert Spaemann）、蒂德曼（Paul Tiedemann）、查维德（John Charvet）等。

另一方面，"正是人性尊严的理念成为作为保护人类的法律文件的人权基础。"③ 作为内在价值的尊严理念直接影响并渗透到《联合国宪章》《世界人权宣言》乃至当今许多国际伦理法律文件。1948 年的《世界人权宣言》的第 1条就写道："人人生而自由，在尊严和权利上一律平等。"1993 年的《维也纳宣言和行动纲领》明确宣布："承认并肯定一切人权都源于人与生俱来的尊严和价值。"2005 年，联合国教科文组织成员国全票通过的《世界生物伦理和人权宣言》的首要原则（即总第 3 条）就是"人的尊严和人权"。不但"世界人权宣言已经表示尊严是所有人不可剥夺、毫无例外的权利。而今，大部分国际人权文件（协约、指导方针等）都运用以人性尊严为基础的概念"④。

毫不夸张地说，传统的内在尊严观根深蒂固，影响深远，它使人们坚信"属于每个人的内在尊严绝不会丧失"，"即使身体腐朽衰退也不能废除把每个人看作具有平等尊严的自身目的的诉求"⑤。

尽管如此，内在尊严说依然存在着难以克服的困境。

（1）根据内在尊严说，不具有理性和自律能力的婴幼儿、精神病人等不具有内在尊严，有理性者在睡眠、烂醉如泥、麻醉虚幻、吸毒、疯狂诸状态中，已经丧失了理性和自律，也无尊严可谈。这足以说明，尊严并非人人共

---

① F. Klug. *Values for a Godless Age : The Story of the UK's New Bill of Rights*, London：Penguin, 2000，p. 101.

② F. Klug. *Values for a Godless Age : The Story of the UK's New Bill of Rights*, London：Penguin, 2000，p. 101 F. Klug. *Values for a Godless Age : The Story of the UK's New Bill of Rights*, London：Penguin, 2000，p. 12.

③ J. D. Rendtorffand Peter Kemp（ed.），*Basic ethical Principles in European Bioethics andBiolaw*，Vol. I, Printed in Impremata Barnola, Guissona（Catalunya – Spain），2000，p. 36.

④ J. D. Rendtorffand Peter Kemp（ed.），*Basic ethical Principles in European Bioethics andBiolaw*，Vol. I,，Printed in Impremata Barnola, Guissona（Catalunya – Spain），2000，p. 38.

⑤ J. D. Rendtorffand Peter Kemp（ed.），*Basic ethical Principles in European Bioethics andBiolaw*，Vol. I,，Printed in Impremata Barnola, Guissona（Catalunya – Spain），2000，p. 34.

有，也不是生而具有、不可丧失的，而是生而非有、部分人（有理性、自律者）后天获得的，因而是可以丧失的、也是有差异的。即使康德也说：人，"他有责任在实践上承认任何其他人的人性的尊严，因此，他肩负着一种与必然要向每个他人表示的敬重相关的义务"①。这实际上透露出了尊严的有条件性即要得到其他尊严主体的承认。的确，尊严可以不同的特殊方式丧失，尤其是个体的身体。在重病、暴力、折磨、毁容或整个身体被损毁改变等情况下失去了可尊重的身体时，人们甚至不愿见自己的亲友同事，把自我排除在共同体之外。这样，身体方面的特殊尊严就丧失了②。

（2）人权作为原初的无条件的绝对权利，是先于国家、民主、法律的人人享有的普遍性道德权利。以尊严作为人权的基础，是不合逻辑的。或者说，这种尊严实质上和人权并无二致。

（3）生态中心论秉承内在尊严理念，并肆意扩大尊严的领地，强调众生平等基础上的动物尊严乃至自然尊严，由此引发了尊严的泛化。

内在尊严的空洞泛滥，引起了人们的极大不满。B. 奥兰德（B. Orend）认为尊严"是一个过于庞大、模糊的概念，以致令人怀疑其能否作为确证人权的牢固起点的概念"③。R. 马克琳（R. Macklin）等人认为尊严无有任何精确内涵，应当抛弃之④。德国著名法哲学家赫斯特（Norbert Hoerster）也明确主张从现代伦理学词汇中剔除尊严概念⑤。

虽然内在尊严说遭到致命的质疑，但多数人并不主张简单地否定尊严理念。罗伯图·安多诺（Roberto Andorno）明确指出，否定尊严的看法过于简单，尽管尊严有其模糊性，但它在国际生物医学法中具有核心作用，"它不仅真正地致力于保护存在着的人，而且真正地致力于保护人本身的完整和一致的真正需求。"⑥ 鉴此，人们试图为尊严寻求新的出路。目前，影响深远、势头

---

① 《康德著作全集》第 6 卷，李秋零主编，中国人民大学出版社 2007 年版，第 474 页。

② J. D. Rendtorffand Peter Kemp（ed.），*Basic ethical Principles in European Bioethics andBiolaw*，Vol. I，，Printed in Impremata Barnola，Guissona（Catalunya – Spain），2000，pp. 33 ~ 34.

③ B. Orend，*Human rights：Concept and Context*，Perterborough：Broadview Press，2002，pp. 87 ~ 88.

④ R. Macklin，*"Dignity is a useless concept"*，British Medical Journal，2003（327）：1419 ~ 1420.

⑤ 甘绍平："德国应用伦理学近况"，《世界哲学》，2007 年第 6 期。

⑥ Jennifer and søren Holm（ed.），*Ethics Law and Society*，. Vol. I，Gateshead：Athenaeum Press Ltd.，2005，p. 74.

强劲的是与内在价值尊严说针锋相对的权利尊严说。

二、权利尊严说

权利尊严说即人权基础论，主张人权是尊严的基础，尊严是出自或派生于人权的一种不受污辱的权利。一旦受到了侮辱，就意味着尊严的丧失。因此，尊严不是人自身固有的内在价值。

德沃金（Ronald Dworkin）说，人权是尊严的基础，尊严是人权的一部分，即免受侮辱的权利[①]。另外，沙伯尔（Peter Schaber）、诺伊曼（Ulfrid Neu-mann）、斯托克（Ralf Stoecker）等人也主张此观点。特别值得重视的是，甘绍平先生在"作为一项权利的人的尊严"（以下简称甘文）一文中对权利尊严说作了详尽周密的论证。甘文认为，尊严的确归因于人的特性，但并不是指自主性或道德性，而是指具有被动意味和更大覆盖范围的人的脆弱性、易受伤害性。从积极的意义上讲，尊严意味着维护自我。从消极的意义上讲，尊严意味着避免侮辱。自我在多大程度上得到了维护，这是不容易界定的。但人是否遭到侮辱，则是清晰可辨的。如果每个人都拥有不受侮辱的权利，则每个人自然都享有尊严。所以，"尊严从本质上讲就是不受侮辱的权利。"这个尊严的定义，实际上已经说明了"尊严是人权的一部分，而不是人权的根基"[②]。

权利尊严说关涉到了尊严的底线这个至关重要的问题。一方面，它澄清了内在尊严概念的模糊性和抽象性，明确地把平等的尊严理念限定为"不受侮辱的权利"。另一方面，它纠正了内在尊严说把尊严作为人权根基的错误，明确地把人权作为尊严的基础。问题在于

（1）作为不受污辱的权利的尊严必须以羞耻感为基础，没有羞耻感的人如植物人、婴幼儿或以耻为荣的人就很难说具有不受污辱的权利的尊严。由于荣辱观的不同，一些人引以为耻的行为，另一些人却引以为荣。就是说，侮辱是一个感性的概念，它要根据个体的具体感受和所处境遇以及个体对行为的理解和认知加以判断，因而呈现出主观性、偶然性、随意性。每个人可以根据个人对侮辱的感受不同而捍卫不同的个人尊严，甚至会把捍卫个人尊严作为侵犯

---

① Ronald Dworkin, *Life's Dominion*. London：Harper Collins, 1993, pp. 233～237.
② 甘绍平："作为一项权利的人的尊严"，《哲学研究》，2008 年第 6 期。

尊严和人权的借口。这样一来，不受污辱的权利的尊严只能明确限定在法律尊严的范畴内。就是说，权利尊严的实质应当是人人平等共享的不受侮辱的法律权利。

（2）仅仅有法律尊严是不够的，道德尊严是法律尊严不可或缺的要素。一方面，法律尊严的根基和目的来自于道德尊严，其内涵也要随着人们对道德尊严的认识程度不同而加以相应地修正。另一方面，在不受污辱的情况下，人因为自卑也会感到自己没有尊严。人的尊严应当是人在自我发展和完善的过程中，得到他者（包括法律国家个人等）的尊重①和自我尊重的综合体。其中，自尊就涉及主观差异的道德尊严说即尊严差异说。

三、尊严差异说

尽管内在尊严说和权利尊严说针锋相对，但它们都同属尊严平等说：内在尊严说强调抽象模糊的人性的平等，权利尊严说强调明确具体的不受污辱权利的平等。实际上，尊严平等是建立在尊严差异的基础上的：内在尊严说以承认有理性和自律能力的人和无理性无自律能力的人或丧失了理性和自律能力的人之间的差异为前提，权利尊严说则以不受侮辱者和受侮辱者之间的差异为前提。难怪自古以来，平等尊严说就不断地受到尊严差异说的挑战。

尊严差异说认为尊严并非平等，而是后天获得的具有主观差异性的高贵德性，这种差异体现为尊严的高尚性而不是卑下性。据杰克·玛哈尼（Jack Mahoney）说："拉丁文中的形容词 dignus，是英文名词 dignity 的词根，意思是'有价值的'（worthy）或'应（值）得的'（deserving)"②。与此相关，尊严的最初含义是指人的杰出高贵的社会地位。古罗马的西塞罗（Cicero）开始把尊严主观化为对政治主人的敬重③。亚里士多德尤其是尼采把尊严主观化为一

---

① Anne Mette Maria Lebech, *Dignity versus Dignity*, Studies in Ethics and Law, Vol. 7, Copenhagen: Centre for Ethics and Law, 1998, p. 26.

② Jack Mahoney, *The Challenge of Human Rights: Origin, Development, And Significance*, Malden: Blackwell Publishing Ltd. , 2007, p. 146.

③ J. D. Rendtorffand Peter Kemp (ed.), *Basic ethical Principles in European Bioethics andBiolaw*, Vol. I, , Printed in Impremata Barnola, Guissona (Catalunya – Spain), 2000, p. 33.

种古典贵族般的高贵或高尚的德性①。马克思也说："尊严就是最能使人高尚起来"，"并高出于众人之上的东西"②。可见，"尊严概念表达了与人本身、动物、自然和整个宇宙相关联的道德优越性和道德责任"③。这主要是指与平等的法律尊严不同的具有主观差异性的道德尊严。由此也可以看出，道德尊严说和法律尊严说具有相同之处：它们都承认尊严并非生而具有，而是后天获得的。这是它们和内在尊严说的不同之处。

值得注意的是尊严的差异应当限定在通过民主商谈程序而确定的个人的自我完善的限度内，且以不侵害他者的尊严（即法律尊严）为底线。它绝不可专制武断地扩展到国家、种族的范围内，否则就会出现社会达尔文主义所引发的希特勒式的种族歧视甚至屠杀所谓的劣等民族等问题。法西斯灭绝人性的践踏人权、损毁人的尊严就是以独断的、绝对的尊严差异为理论基础之一的④。为避免这类可怕的尊严灾难，尊严的差异必须严格固守平等的法律尊严的底线。

第二节　尊严为何

综上所述，可得出三点结论：①把尊严规定为固有的人性内在价值的思想和尊严的主观性、差异性、可丧失性、后天性相矛盾，也和普遍人权理念相矛盾。绝对的、无条件的、普遍的人权是所有的人都毫无例外地平等享有的，是所有权利之根源，也是尊严的基础。因此，我们抛弃内在尊严说即尊严基础论而主张以人权为基础的尊严理念（包括法律尊严和道德尊严）。②如果仅仅把尊严限定在法律尊严的范围内，就会出现法律尊严的论证问题、价值问题以及修正问题的困境，因为法律尊严的正当性只有从道德尊严的角度才能得到确

---

① J. D. Rendtorff and Peter Kemp（ed.），*Basic ethicalPrinciples in European Bioethics andBiolaw*，Vol. II，Printed In Imprenata Barnola，Guissona（Catalunya – Spain），2000，p. 48.

② 《马克思恩格斯全集》第 40 卷，人民出版社 1982 年版，第 6 页。

③ J. D. Rendtorffand Peter Kemp（ed.），*Basic ethical Principles in European Bioethics andBiolaw*，Vol. I，，Printed in Imprenata Barnola，Guissona（Catalunya – Spain），2000，p. 33.

④ Richard Weikart，*From Darwin to Hitler*：*Evolutionary Ethics*，*Eugenics*，*and Racism in Germany*，New York：Palgrave Macmillan，2004. pp. 71 ~ 103.

证。另外，忽视个体道德尊严的差异，还会导致社会制度、社会责任以及道德尊严的弱化，最终也会导致法律尊严的弱化。③如果缺少了法律尊严的底线保障，把尊严仅仅限定在道德尊严的范围内，尊严将成为一个软弱无力的空洞口号而有名无实。鉴此，我们认为尊严的出路在于以人权为基础，从尊严的人性基础出发，实现道德尊严和法律尊严的有机融合。

一、尊严的人性基础

从静态看，人是有限和无限、生理心理和理性精神融于一体的存在。从动态看，人是无限扬弃有限、精神（心理、理性）扬弃自然（生理）的存在过程，是自由自律地祛恶和求善的存在，是不断弥补不足、完善自我的存在。人性具体存在于对人的有缺事实（生存环境、生理、心理、社会状况等）的不满的基础上追求人性完善的过程之中。诚如黑格尔所言："人既是高贵的东西同时又是完全低微的东西。它包含着无限的东西和完全有限的东西的统一、一定界限和完全无界限的统一。人的高贵处就在于能保持这种矛盾，而这种矛盾是任何自然东西在自身中所没有的也不是它所能忍受的"①。人在一切方面（在内部任性、冲动和情欲方面，以及在直接外部的定在方面）都完全是被规定了的和有限的，这是其低微处，它主要表征着人的脆弱性、易伤害性和有限性；但人正是在有限性的低微中知道自己是某种无限的、普遍的、自由的东西，这是其高贵之处，它主要表征着人的无限性、坚韧性和自我完善能力。正是这种无限和有限、自由和自然、普遍和特殊、脆弱和坚韧之间的内在矛盾构成了尊严的人性根据。

人就是能够保持低微的高贵和高贵的低微这一对矛盾的统一体，尊严正是人对高贵扬弃低微所做出的肯定和嘉许。如果低微压倒了高贵而居于主导地位，人就丧失了尊严。皮科在《论人的尊严》中借上帝之口说，人可凭自己的自由意志决定其本性的界限，"你能够沦为低级的生命形式，即沦为畜生，亦能够凭你灵魂的判断转升为高级的形式，即神圣的形式"②。其实，沦为低

① 黑格尔：《法哲学原理》，范杨，张企泰译，商务印书馆1982年版，第46页。
② 周辅成主编：《从文艺复兴到十九世纪资产阶级哲学家政治家思想家有关人道主义人性论言论选辑》，商务印书馆1966年版，第33~34页。

微的畜牲就是尊严的丧失，转升为高贵神圣的形式就是尊严的获得。

值得注意的是，尊严哲学中存在着对人性的两种类型的误解：要么把人仅仅看作低级形式，竭力将人物化，把人降为动物甚至非人自然，主张自然尊严、动物尊严者就是如此，如边沁、雷根、彼特·辛格等；要么把人仅仅看作神圣的形式，竭力将人理想化，把人看成是超自然中的一员，把人拔高为神或上帝，主张不可丧失的内在尊严说或尊严基础论就属此类。

它们的共同特点在于把尊严的内涵竭力缩小到空洞无物的程度，把其外延竭力扩展到无所不包、无以复加的地步。这样，任何人甚至任何事物都可以平等地拥有尊严且不可丧失。表面看，这似乎扩大了尊严的领域，实质上却谋杀了尊严。

其实，从人性的角度看，纯粹的低微和纯粹的高贵的实质是相同的，它们都不能成为尊严。对于完全高贵的东西而言，由于其本身内部不包含低微的因素，它只是一个纯粹的无矛盾的抽象的东西，高贵也就失去了高贵的意义而不成其为高贵，故没有尊严可言。这是内在价值尊严不能成立的根源。对于完全低微的东西而言，由于没有高贵的因素，低微也就不成其为低微，根本不存在高贵和低微的矛盾，也没有尊严可言。这是主张动物尊严或自然尊严论者不能成立的根源。

总之，这两种尊严是抹煞了差别的抽象的平等尊严。具体的平等应当是有差异的平等，源自人性的高贵和低微的矛盾的尊严理念正是有差异的平等：平等的法律尊严和差异的道德尊严。

二、平等的法律尊严

人们感受最强烈的是其低微层面的有限性、脆弱性和易伤害性，对它的侵害使人感到莫大的侮辱、无助甚至绝望。这类基本的不受侮辱的权利必须通过法律的途径尤其是国际公民法的途径对所有人平等地无例外地给予坚强的法律保障。平等的法律尊严的实质是保障人的脆弱性、易伤害性和有限性等不受侮辱，它运用法律武器为人的尊严构筑一道不可突破的道德底线，具有一定的普遍性、平等性、客观性。一旦打破这个底线，就是对平等尊严的破坏，必须动用法律武器维护平等尊严。法律尊严要求尊严客体如政府、法院、国家等承担对个人的平等尊严的法律责任，也要求作为具有平等尊严权利的个体承担相应的法律义务，即尊重他人不受侮辱的权利。或者说，法律尊严神圣不可侵犯，一旦侵害了它，就一定要负相应的法律责任。

不过，平等的法律尊严不是独断地被确立的，而是在道德商谈中被论证和确立的。哈贝马斯认为，被法律规定下来的权利（包括法律尊严）具有道德上的根据，基本权利的有效性只能从道德的观点来加以论证①。德沃金主张用道德原则对法律进行"建构性诠释"，"权利即是来源于政治道德原则的法律原则"②。菲尼斯（J. Finnis）也坚持在法律适用时对法律的道德解释方法③。可见，人们之间通过法律来平等地保证每个人的尊严不仅仅是出于法律的理由，而且更是出于一种道德的理由。尊重别人的法律尊严以及维护自己的法律尊严，不仅仅因为这种尊严是有法律作保障的，更主要的是因为这种尊严是有道德价值的。

三、差异的道德尊严

道德尊严正是通过立法和司法过程中的法律解释而渗透到法律尊严之中的。德国著名法哲学家施塔姆勒（Rudolph Stammler）秉承康德的思想，提出了作为合道德的正义法律必须遵循的"纯形式"的原则："允许每个人的行为不顾他人目的而追求自己目的，显然是不可能彼此协调的，法律的目的必须成为包容一切的目的"④。施塔姆勒从这一命题出发推出了正义法律的四个形式原则："1. 每个人的意志内容不屈从于他人的专断意志。2. 承担义务的人没有丧失自我，法律要求才能存在。3. 受法律支配的每一个共同体成员都不排除在共同体之外。4. 只有当人们仍然保有人格尊严时，法律所授予的支配权才

---

① 《哈贝马斯精粹》，曹卫东选译，南京大学出版社 2004 年版，第 276 页。
② ［美］罗纳德·德沃金：《认真对待权利》序言，信春鹰译，中国大百科全书出版社 2002 年版，第 21 页。
③ J. Finnis, *Natural Law and Natural Rights*, Oxford：Oxford University Press，1980，p. 277，pp. 282 - 286.
④ Isaac Husik，"*The Legal Philosophy of Rudolph Stammler*," Columbia Law Review，1924（4）：379 - 380.

是正当的"①。如果我们把"人格尊严"替换为"道德尊严",即可据此认为,法律尊严必须以道德尊严为前提和目的,否则,它就会成为无生命力的僵硬躯壳。

如果说法律尊严是客观平等的免于污辱的权利,道德尊严则是在法律尊严得以保障的基础上,尊严主体依靠自己的主观性努力完善各自人生理想的一种道德权利和义务,其实质是人的无限性、坚韧性和自我完善能力对高贵人性的追求。道德尊严作为一种自我完善的权利或义务,以耻辱感和自尊心作为其道德心理基础,并发动为追求、实践、完善自我的行为。尊严主体在此过程中获得自尊和他者的尊重。

可见,道德尊严和主观性密切相关。尊严主体的主观性的千差万别,必然导致道德尊严呈现出巨大的偶然性、特殊性和差异性:道德尊严可以随着尊严主体自身修养的提升、完善而得到加强和扩展,也会随着其自身修养的下降、生活的堕落而减弱、缩小乃至丧失。如果尊严主体放弃完善自我的权利和义务而沦为德性卑下的人即丧失了尊严的人,自己须为此承担完全的道德责任。

不过,一旦尊严主体受到来自外在的污辱,自尊和他者的尊重就转换为接受法律的保护,即道德尊严转化为法律尊严(不受污辱的权利)。另外,如前所述,法律尊严须以道德尊严为前提和目的。这足以证明,二者相互渗透,在一定条件下也可相互转化:我们主张通过民主商谈的程序,实现二者的转变或明确二者的界限——关键是划定法律尊严的领地,以便在保障尊严底线的基础上不断提升道德尊严。

结　语

综上所述,在人权的视阈中,尊严平等和尊严差异作为尊严理念的内在矛盾,它们的自我否定凸现了尊严理念的内涵:首先,尊严作为人人不受污辱的权利,它应该明确、固化为法律尊严以切实保障每个人的平等尊严。其次,道德尊严是完善自我的权利和义务,它呈现出主观性、差异性和自主性。其三,

---

① Isaac Husik, "*The Legal Philosophy of Rudolph Stammler*," Columbia Law Review, 1924 (4): 379 – 380.

法律尊严应以道德尊严为基础和目的，接受道德尊严的批判和审视。同时，道德尊严应以法律尊严为坚强的底线保障。最后，从人权和尊严的关系看，人权的外延大于尊严，尊严的内涵大于人权。尊严是有条件的、可以丧失的权利，而不是每个人任何时间和任何地点都享有的权利（人权）。因此，尊严是出自人权的，以免受污辱权利为底线的完善自我的权利或义务。这同时也确证了尊严没有资格成为应用伦理学的一元法则，或者说，确证了人权是尊严的价值基准而不是相反。

至此，人权应用伦理学基础理论部分已经完成，其实这已经触及到了其应用篇的前沿。人权应用伦理学应用篇的使命是在基础篇的前提下，深入探究各个具体领域的人权应用伦理问题。

首先，必须对应用伦理学做一个归类和区分。可以根据研究对象的性质把应用伦理学的各个领域做一个区别和分类，因为不做区分和归类，应用伦理学就是一盘散沙。没有区分就没有综合，也就没有应用伦理学的综合的整体视角和理念，必然会给否定应用伦理学的观点提供借口。我们知道，古希腊哲学把哲学分为逻辑学、物理学、人理学（值得注意的是，通行的哲学教科书常常把人理学误译为"伦理学"）三大部类。通常而言，所有的理性知识既是形式又是质料的，质料又分为自然部分和自由部分。逻辑学是研究普遍形式的哲学。物理学是理性研究（人之外的）物的自然法则的哲学即自然哲学或科学哲学，它主要研究自然科学领域相关的哲学问题。人理学则是理性研究人的自由法则的哲学，它主要研究人的存在的根本哲理和自由法则。所以，古希腊哲学意义上的"伦理学"的翻译是不准确的，其准确的表达应该是人理学。人理学的研究领域包括伦理学或道德哲学、宗教哲学、法律哲学、历史哲学等人文社会科学领域的哲学问题。在这个意义上，根据研究对象的性质，可以把应用伦理学区分为两大层面：领域Ⅰ，同自然科学技术密切相关的领域，可称之为"物理应用伦理学"——这是一个全新的伦理学术语，还需要进一步研究。这一领域主要包括生命伦理学、工程伦理学、网络伦理学、核伦理学、纳米伦理学、技术伦理学（或科技伦理学）等。领域Ⅱ，同人文社会科学密切相关的领域，可称之为"人理应用伦理学"——这也是一个全新的伦理学术语，同样需要进一步研究。这一领域主要包括宗教伦理学、法律伦理学、政治伦理学、国际关系伦理学、经济伦理学、管理伦理学、企业伦理学、媒体伦理学等等。当然，这种区分和归类都是相对的，而非绝对的，因为各个领域之间都具有内在的联系——人权是应用伦理学各领域共同的价值基准。把应用伦理学分为两大领域之后，应用伦理学就结束了混乱无序的状态。未来还可能会有新的应用伦理学，我们都可以为它找到位置。比如新出现的纳米伦理学就属于领域Ⅰ，因为它主要是与自然科学相关的领域。我们只要了解了领域Ⅰ主要关心的内容，对纳米伦理学就可以做一个很好的思考，因为它们毕竟是相似的。人文社会科学领域出现的新的应用伦理学主要是一些交叉的学科，如果出现与此相关的就可以将其划归为领域Ⅱ。例如比较新的媒体伦理学的兴起。以后可能还会出现一些新的人文社会科学领域的应用伦理学。现在有一个管理领域叫经济管理，以后很有可能出现的经济管理伦理学即应属于领域Ⅱ。再如，还有可能会出现政治媒体伦理学，仍然属于领域Ⅱ。在对应用伦理学作了这样一种划分后，无论未来会出现怎样的伦理学都可以为它找到一个位置，所以我们没有必要研究所有的应用伦理学领域，而且这也是不可能的。我们对应用伦理学做了分类之后，从中选择几个典型领域从人权的角度加以研究，就足以把握人权应用伦理学的本质了。

应用篇（I）
人权物理应用伦理学

如前所论，人权物理应用伦理学即领域（Ⅰ）是和自然科学技术领域的问题密切相关的应用伦理学诸分支，它主要包括人权生命伦理学、人权工程伦理学、人权生态伦理学、人权神经伦理学、人权核伦理学、人权网络伦理学、人权技术伦理学、人权食品伦理学等。我们以人权生命伦理学、人权工程伦理学、人权生态伦理学作为领域（Ⅰ）的主要研究对象。如果说人权生命伦理学主要关注人自身，人权生态伦理学主要关注人的环境，人权工程伦理学则是联结人自身及其生存环境的桥梁。领域（Ⅰ）所有的分支都可大致归结到这三大类型之中，这也是选择它们作为研究对象的根据所在。这里需要特别说明的是，这三种类型的区分只是相对的，因为其各分支之间并非绝对对立、互不相容，而是有着内在的联系，它们的根本目的（人权）是一致的。这就是人权应用伦理学领域（Ⅰ）的基本思路。

第四章
人权生命伦理学

人权生命伦理学就是以人权为价值基准的生命伦理学。

自古希腊以来，伦理学领域的普遍主义和相对主义之争（如苏格拉底和智者关于德性的争论）一直绵延不绝。如今，作为道德相对主义的后现代伦理学强调否定性、流动性、破坏性，执著于不确定化、多元化、相对化，推崇无立场、无原则的伦理学，甚至为此不惜离"家"出走，流浪荒野。后现代伦理学对现代理性主义伦理学的断然否定和全面解构，把道德相对主义和道德普遍主义之争推到空前尖锐的地步，其结果必然引发应用伦理学领域的普遍主义和相对主义之争。生命伦理学就是激烈争论的主战场之一。

第一节　祛弱权问题的提出

一、恩格尔哈特的问题

极为典型的是，当代美国著名生命伦理学学者恩格尔哈特（H. Tristram Engelhardt）曾在《生命伦理学基础》（1986 年）中提出了后现代伦理学境遇中的生命伦理学达成共识的基础原则：形式的允许原则和质料的行善原则①。20 年之后，他在新近主编出版的《全球生命伦理学：共识的崩溃》（2006 年）

---

① H. Tristram Engelhardt, *The Foundations of Bioethics*, Oxford：Oxford University Press, 1986, pp. 66 - 103.

一书中却明确否定了后现代伦理学境遇中的生命伦理学达成共识的可能性①。恩格尔哈特前后矛盾的转变，使我们不得不思考如下问题：他何以由肯定生命伦理学的基础到宣称生命伦理学共识的溃败？生命伦理学是否可以达成共识？如果能，共识的基础又是什么？归结为一个问题，就是生命伦理学的基础和共识何以可能？

我们认为，脆弱性是生命伦理学的基础，与脆弱性密切相关的祛弱权问题应当成为生命伦理学的核心理念和理论基础。

二、脆弱性的伦理思考

关于脆弱性的伦理思考，正如玛莎·纳斯鲍姆（Martha C. Nussbaum）在《善的脆弱性》的修订版序言中所说："即使脆弱性和运气对人类具有持久的重要性，但直到本书出版之前，当代道德哲学对它们的讨论却极其罕见。"②一般而言，人类社会主要推崇人类生活的乐观状态，相应地，伦理学主要推崇人的坚韧性而贬低人的脆弱性。建立在坚韧性基础上的理论形态主要是乐观主义伦理学，典型的如柏拉图以来的优生伦理学、亚里士多德的幸福德性论，边沁、密尔等古典功利主义的最大多数人的最大幸福原则，康德等古典义务论的德性和幸福一致的至善，达尔文主义的进化论伦理学等。尤其是尼采的超人哲学过度夸大人类的坚韧性而蔑视人类的脆弱性，其推崇的必然是丛林法则而不是伦理法则，

希特勒等法西斯分子给人类带来的道德灾难和人权灾难就是铁证③。麦金太尔通过考察西方道德哲学史也指出，脆弱和不幸本应当置于理论思考的中心，遗憾的是，"自柏拉图一直到摩尔以来，人们通常只是偶然性地才思考人的脆弱性和痛苦，只有极个别的例外"④。乐观主义伦理学在乐观地夸大人的

---

① H. Tristram Engelhardt edited, *Global Bioethics: The Collapse of Consensus*, Salem, Mass: M&M. Scrivener Press. 2006, pp. 2 – 15.

② Martha C. Nussbaum, *The Fragility of Goodness: Luck and Ethics in Greek Tragedy and Philosophy*, Cambridge: Cambridge University Press, 2001, Preface.

③ Richard Weikart, *From Darwin to Hitler: Evolutionary Ethics, Eugenics, and Racism in Germany*, New York: Palgrave Macmillan, 2004, pp. 71 – 103.

④ Alasdair MacIntyre, *Dependent Rational Animals—Why Human Beings Need Virtue*, Chicago: Carus Publishing Company, 1999, p. 1.

坚韧性的同时，却有意无意地遮蔽了人的脆弱性。

不可否认，人类对坚韧性的否定方面即脆弱性的思考也源远流长。苏格拉底的"自知其无知"，契约论伦理学家（如霍布斯、洛克、卢梭等）的国家起源论在一定程度上也是基于人的脆弱性。不过，脆弱性在坚韧性的遮蔽之下并未成为传统伦理学的主流。以坚韧性（理性、自由和无限性等）为基础的传统伦理学所追求的目的主要是乐观性的美满和完善，即使探讨脆弱性也只是为了贬低它以便提高坚韧性的地位，如基督教道德哲学把身体的脆弱性作为罪恶之源以便为基督教伦理学作论证，或者主要是把人分为弱者和强者的前提下对强者的关注，如尼采的超人道德哲学等。这和关注普遍脆弱性并基此提出人权视阈的祛弱权还相去甚远。

二战以来，深重的苦难和上帝救赎希望的破灭激起了人们对自身不幸和脆弱性的深度反省，人们在反思传统乐观主义伦理学贬低脆弱性并基此夸大、追求人的无限性和完满性的基础上，已经明确地意识到了脆弱性在伦理学中的基础地位，这是以脆弱性同时进入当代德性论、功利论和义务论为典型标志的。当代英国功利主义哲学家波普尔批判谋求幸福的种种方式都只是理想的、非现实的，认为苦难一直伴随着我们，处于痛苦或灾难之中的任何人都应该得到救助，应该以"最小痛苦原则"（尽力消除和预防痛苦、灾难、非正义等脆弱性）取代古典功利主义的最大多数人的最大幸福原则[1]。如果说波普尔主要从消极的功利角度关注个体的脆弱性，麦金太尔的德性论则把思路集中到人类的各种地方性共同体，认为它们在某种程度上就是以人的生命的脆弱性和无能性为境遇的，因而它们在一定程度上是靠着依赖性的德性和独立性的德性共同起作用才能维持下去的[2]。当代义务论者罗尔斯批判功利论，把麦金太尔式的个体德性提升为社会制度的德性，明确提出公正是"社会制度的首要德性"，并把公正奠定在最少受惠者的基础上[3]。在一定程度上，这些重要的理论成果已

---

[1] See Karl R. Popper, *The Oopen Society and Its Enemies*, Vol. I, New Jersey: Princeton university Press, 1977, pp. 237 – 239, pp. 284 – 285.

[2] Alasdair MacIntyre, *Dependent Rational Animals—Why Human Beings Need Virtue*, Chicago: Carus Publishing Company, 1999, p. 1.

[3] See John Rawls, *A Theory of Justice*, Beijing: China Social Sciences Publishing House, 1999, p. 3, pp. 302 – 303.

经把脆弱性①引入了应用伦理学领域。

上述对脆弱性的理论研究和近年来新的天灾人祸和伦理问题（如恐怖事件、金融危机、环境危机、克隆人、人兽嵌合体等问题）一起，从理论和现实两个层面把人类的脆弱性暴露无遗，彻底摧毁了柏拉图以来的乌托邦式的空想或超人的狂妄，祛弱性（dispelling fragility）不可阻挡地走向前台，深入到应用伦理学各个领域，尤其是和脆弱性直接相关的生命伦理学领域。如今，在欧美乃至在世界范围内的生命伦理学和生命法学的研究中，对脆弱性的关注和反思，业已形成了一股强劲的理论思潮。美国生命伦理专家卡拉汉（Daniel Callahan）说："迄今为止，欧洲生命伦理学和生命法学认为其基本任务就是战胜人类的脆弱性，解除人类的威胁"，现代斗争已经成为一场降低人类脆弱性的战斗②。其中，丹麦著名生命伦理学家亚鲁德道弗（Jacob Dahl Rendtor-ff）教授、哥本哈根生命伦理学与法学中心执行主任凯姆博（Peter Kemp）教授等一批欧洲学者对脆弱性原则的追求和阐释特别引人注目。他们以自由为线索，把自主原则、脆弱性原则、完整性原则、尊严原则作为生命伦理学和生命法学的基本原则，并广泛深入地探讨了其内涵和应用问题。他们不但把脆弱性原则作为一个重要的生命伦理学原则，甚至还明确断言："深刻的脆弱性是伦理学的基础"③。这对恩格尔哈特否定生命伦理学共识的观点提出了挑战。

三、克奥拓的批评

对此，智利大学的克奥拓（Michael H. Kottow）却不以为然。他特别撰文批评说，脆弱性和完整性不能作为生命伦理学的道德原则，因为它们只"是对人之为人的特性的描述，它们自身不具有规范性"。不过，他也肯定脆弱性

---

① Jacob Dahl Rendtorff and Peter Kemp (ed), *Basic Ethical Principles in European Bioethics and Biolaw*, Vol. I., Printed in Impremta Barnola, Guissona (Catalunya – Spain), 2000, p. 46.

② Jacob Dahl Rendtorff and Peter Kemp (ed), *Basic Ethical Principles in European Bioethics and Biolaw*, Vol. I., Printed in Impremta Barnola, Guissona (Catalunya – Spain), 2000, Jacob Dahl Rendtorff and Peter Kemp (ed), *Basic Ethical Principles in European Bioethics and Biolaw*, Vol. I., Printed in Impremta Barnola, Guissona (Catalunya – Spain), 2000, p. 49.

③ Michael H. Kottow, "*Vulnerability: What kind of principle is it?*", Medicine, Health Care and Philosophy, Volume7, Number3. 2005, pp. 281 – 287.

是人类的基本特性，认为它"足以激发生命伦理学从社会公正的角度要求尊重和保护人权"①。

克奥拓的批评有一定道理：描述性的脆弱性本身的确并不等于规范性的伦理要求。他的批评引出了人权和脆弱性的关系问题：描述性的脆弱性可否转变为规范性的伦理要求的祛弱权？

克奥拓的批评的理论根据源自英国著名分析哲学家黑尔（R. M. Hare）。黑尔在《道德语言》中主张，伦理学的主体内容是道德判断。道德判断具有可普遍化的规定性和描述性的双重意义，因为只有道德判断具有普遍的规定特性或命令力量时才能达到其调节行为的功能。他沿袭休谟与摩尔等区分事实与价值以及价值判断不同于而且不可还原为事实判断的观点。他认为，价值判断是规定性的，具有规范、约束和指导行为的功能；事实判断作为对事物的描述，不具有规定性，事实描述本身在逻辑上不蕴含价值判断，因此单纯从事实判断推不出价值判断。但是，描述性的东西一般是评价性东西的基础，即对事物的真理性认识是对它作价值判断的基础②。道德哲学的任务就是证明普遍化和规定性是如何一致的。③ 我们认为黑尔的观点是有道理的。依据黑尔，要从描述性的脆弱性推出规范性的脆弱性，并提升为祛弱权，需要解决的主要问题是，脆弱性是否具有普遍性？从描述性的脆弱性能否推出价值范畴的规范性的祛弱权？如果能，祛弱权能否作为生命伦理学的基础？回答了这些问题，也就回答了"生命伦理学的基础和共识何以可能？"的问题。

第二节　脆弱性何以具有普遍性

每个人都是无可争议的脆弱性存在，脆弱性在人的状况的有限性或界限的意义上具有普遍一致性，这主要体现在如下三个基本层面。

---

① Richard Mervyn Hare, *The Language of Morals*, Oxford：Oxford University Press, 1964, p. 31.
② Richard Mervyn Hare, *The Language of Morals*, Oxford：Oxford University Press, 1964, p. 111.
③ See Richard Mervyn Hare, *Freedom and Reason*, Oxford：Oxford University Press, 1977, p. 4, pp. 16–18.

一、非人境遇中的脆弱性

每个人相对于时间、空间以及非同类存在物如动物植物等都具有脆弱性，甚至可以说"我们对外界的依赖丝毫也不少于对我们自身的依赖；在疑难情况下，我们宁肯舍弃我们自己自然体的一部分（如毛发或指甲，甚至肢体或器官），也不能舍弃外部自然界的某些部分（如氧气、水、食物）"①。

从进化论的角度看，人类是生物学上的一个极为年轻的种类。赫胥黎认为，人类大约在不到 50 万年前产生的，直到新石器时代革命后即 1 万年左右，才成为一个占统治地位的种类。人的自然体并非必然如今天的样式，也可以是其他模样。所有占统治地位的种类在其历程开始时都是不完善的，需要经过改造和进化，直到把它的全部可能性发挥殆尽，取得种系发展可能达到的完满结果②。不过，种系发生学上的新构造越根本越彻底，其包含的弱点和不足的可能性就越大。据拜尔茨（Kurt Bayertz）说，意大利解剖学家皮特·莫斯卡蒂曾从比较解剖学的角度证明了直立行走在力学上的缺陷，皮特博士证明人直立行走是违反自然且迫不得已的。人的内部构造和所有四条腿的动物本没有区别，理性和模仿诱使人偏离最初的动物结构直立起来，于是其内脏和胎儿处于下垂和半翻转的状态，这成为畸形和疾病如动脉瘤、心悸、胸部狭窄、胸膜积水等的原因。雷姆也认为虽然能保存下来的种类都是理想的，但造化过于匆忙，给我们的机体带来了四条腿的祖先没有的缺陷，他们的骨盆无须承担内脏的负担，人则必须承担，故而韧带发达，导致分娩困难，致使人类陷入无数的病痛之中③。更何况，今人仅仅处在一个新的阶段，有待更长更久更完善的改进和进化。面对无限的时空和无穷的非人自然，每个人每时每地都处于脆弱性的不完善的状况之中。这种非人境遇综合造成的人类的脆弱性，甚至是人类不可逃匿的宿命。不过，我们的当下使命不是抱怨为何没有被造成另外的一种理想的样式，更不是无视自身的脆弱性而肆意夸大自身的坚韧性，而应当是勇敢地直面自身的脆弱性，把祛除脆弱性（dispelling fragility）上升为普遍人权。

---

① ［德］库尔特·拜尔茨：《基因伦理学》，马怀琪译，华夏出版社 2000 年版，第 211 页。
② ［德］库尔特·拜尔茨：《基因伦理学》，马怀琪译，华夏出版社 2000 年版，第 217～218 页。
③ ［德］库尔特·拜尔茨：《基因伦理学》，马怀琪译，华夏出版社 2000 年版，第 218～222 页。

二、同类境遇中的脆弱性

霍布斯曾描述过人对人是豺狼的自然状态，这种状态实际上暗示了任何人在面对他人时都有一种相对的脆弱性。其实，国家制度等形成的最初目的正是为了祛除个体面对他者的脆弱性。

在每个人的生命历程中，疾病是一种具有普遍性的根本的脆弱性。患者相对于健康者尤其相对于掌握了医学技术和知识的医务人员来讲，是高度脆弱性的存在者。伽达默尔（Hans–Georg　Gadamer）在《健康之遮蔽》一书中认为，健康是一种在世的方式，疾病是对在世方式的扰乱，它表达了我们基本的脆弱性，"医学是对人类存在的脆弱性的一种补偿"①。医务人员相对于其他领域和专业如教育、行政、管理等方面也同样是脆弱者。任何强者包括科学家、国家元首、经济大亨、体育冠军等在其他领域相对于其他人或团体都可能是脆弱者。如果尼采的超人是人的话，也必然是相对于他者的弱者。诚如雅斯贝尔斯所说："在今天，我们看不见英雄。……历史性的决定不再由孤立的个人作出，不再由那种能够抓住统治权并且孤立无援地为一个时代而奋斗的人作出。只有在个体的个人命运中才有绝对的决定，但这种决定似乎也总是与当代庞大的机器的命运相联系"②。由于自我满足的不可能性，绝大多数人由于害怕毁谤和反对而被迫去做取悦于众人的事，"极少有人能够既不执拗又不软弱地去以自己的意愿行事，极少有人能够对于时下的种种谬见置若罔闻，极少有人能够在一旦决心形成之后即无倦无悔地坚持下去"③。相对于他者，每个人任何时候都是弱者——既有身体方面的脆弱性，又有精神和意志方面的脆弱性，但每个人并非任何时候都是强者。没有普遍性的坚韧，却有普遍性的脆弱。就是说，坚韧性体现着差异，脆弱性则体现着平等。

---

① Jacob Dahl Rendtorff and Peter Kemp（ed）. Basic Ethical Principles in European Bioethics and Bio-law. Vol. I. Printed in Impremta Barnola, Guissona（Catalunya–Spain），2000，p. 51.

② ［德］卡尔·雅斯贝尔斯：《时代的精神状况》，王德峰译，上海译文出版社 2008 年版，第 155 页。

③ ［德］卡尔·雅斯贝尔斯：《时代的精神状况》，王德峰译，上海译文出版社 2008 年版，第 156 页。

三、自我本身的脆弱性

人自身的脆弱性是自然实体（身体）的脆弱性和主体性的脆弱性的综合体。法国哲学家保罗·利科认为"人的存在的典型方式是身体的有限性和心灵或精神的欲求的无限性之间的脆弱的综合"①。这种脆弱性显示为人类主体的有限性及其世俗的性格，我们必须面对生活世界中作恶的长久的可能性或者面对不幸、破坏和死亡。鉴此，拜尔茨说："我们和我们的身体处于一种双重关系之中。一方面，不容置疑，人的自然体是我之存在和我们主观的物质基础；没有它，就不可能有思想感觉或者希望，甚至不可能有最原始的人的生命的表现。另一方面，同样不容怀疑，从我们主观的角度来看，这个人的自然体又是外界的一部分。尽管他也是我们的主观的自然基础，可同时又是与之分离的；按照它的'本体'状态，与其说是我们主观的一部分，还不如说他是外部自然界的一部分"②。

我们作为个体都是身体的实体的有限性和主体性的综合存在，但个体的实体是具有主体性的实体。不但实体是有限的脆弱的，而且实体的主体性也是有限的脆弱的。康德曾阐释了人的本性中趋恶的三种倾向："人的本性的脆弱"即人心在遵循以接受的准则方面的软弱无力；心灵的不纯正；人性的败坏如自欺、伪善、欺人等③。其实，这都是主体性本身的脆弱性的体现。另外，人的自然实体（身体）是主体性的基础，它本身的规律迫使主体服从，主体对自身实体的依赖并不亚于对外部自然界的依赖。就身体而言，遗传基因和生理结构形成人的一种无可奈何的命运或宿命。人自婴儿起，就必须发挥其主体性去学会控制其自然实体、本能、欲望和疾病等。自然实体和主体性的对立，身体和精神的矛盾常常体现为心有余而力不足。"这种现象首先被看作是病态，它让我们最清楚、最痛苦不过地想到，有时候，我们的主观与我们的自然体相合之处是何等之少"④。每一个人都具有这种普遍的脆弱性。

---

① Jacob Dahl Rendtorff and Peter Kemp （ed）, *Basic Ethical Principles in European Bioethics and Bio-law. Vol. I.* , Printed in Impremta Barnola, Guissona （Catalunya – Spain）, 2000, p. 49.
② 库尔特·拜尔茨：《基因伦理学》，马怀琪译，华夏出版社 2000 年版，第 210～211 页。
③ 《康德论上帝与宗教》，李秋零编译，中国人民大学出版社 2004 年版，第 305～315 页。
④ ［德］库尔特·拜尔茨：《基因伦理学》，马怀琪译，华夏出版社 2000 年版，第 211 页。

尽管脆弱性的程度会随着人生经历的不同和个体的差异而有所变化和不同，但基本的脆弱性是普遍一致的，如生理结构、死亡、疾病、生理欲求、无能等不会随着人生境遇的差异而消失，任何人都不可能逃匿自身的这种基本脆弱性。在这个意义上，人是被抛入到脆弱性之中的有限的自由存在，人生而平等（卢梭语）的实质就是人的脆弱性的平等。每一个人都是有限的脆弱的存在者，自我和他人都是处于特定境遇之中的脆弱性主体，不论其地位、身份、天赋、修养等有何不同，概莫能外。因此，普遍的脆弱性"或许能够成为多样化的社会中的道德陌生人之间的真正桥梁性理念"①。不过，诚如克奥拓所言，身体生理、理性认识、主体性和道德实践的不足以及缺陷等脆弱性，都只是描述性的，如果它不具有价值和规范意义，就不可能成为价值范畴的人权。同时，另外一个不可回避的问题也出现了：由于脆弱性不可能靠脆弱性自身得到克服，乐观主义伦理学有理由质疑，如果人类只有脆弱性，那么人们凭什么来保障其脆弱性不受侵害呢？

第三节　祛弱权何以可能

传统乐观主义伦理学的功绩在于重视人的坚韧性（自由、理性、快乐、幸福等），其问题主要在于夸大坚韧性，忽视甚至贬低脆弱性。的确，人不仅是脆弱性的存在，而且也是坚韧性的存在。人主要靠坚韧性来保障脆弱性不受侵害。

我们认为，描述性的脆弱性或坚韧性不能形成规范性的权利的本真含义是：纯粹坚韧性或纯粹脆弱性都和价值无关，都不具备道德价值和规范性的要求。就是说，只有相对于坚韧性的脆弱性或者相对于脆弱性的坚韧性才具有价值可能性。因此，只有集脆弱性和坚韧性于一身的矛盾统一体（人），才具有产生价值的可能性。换言之，人自身的脆弱性和坚韧性都潜藏着善的可能性和恶的可能性。

---

① Jacob Dahl Rendtorff and Peter Kemp（ed），*Basic Ethical Principles in European Bioethics and Biolaw. Vol. I.*，Printed in Impremta Barnola, Guissona（Catalunya－Spain），2000, p. 46.

一、脆弱性潜藏着善和恶的可能性

脆弱性既潜藏着善的可能性，也潜藏着恶的可能性。脆弱性具有善的可能性在于它内在地赋予了人类生活世界以意义和价值。为简明集中起见，我们以作为脆弱性标志的死亡或可朽作为考察对象。

尽管我们梦想不朽以及运用自己的能力完全掌握我们的身体存在而摆脱自然力的控制，但是我们总是被自身的身体条件所限制而使梦幻成空。实际上，如果生命不朽成为现实，它不但会徒增烦恼、忧郁，而且必然导致朋友、家庭、工作，甚至道德本身都不必要而且无用，生活乃至整个人生就会毫无意义。因此，"不朽不可能是高贵的"①。康德曾经把道德作为上帝和不朽的基础，实际上应当把作为道德权利的普遍人权作为人生的基础。不朽和上帝的价值仅仅在于，它只能作为一个高悬的永远不可达到的理念，在与可朽以及其他世俗的有限的脆弱性的对比中衬托或对比出后者的价值和意义。

生命（生活）的所有的价值和意义都是以可朽（必死）为条件的。似乎矛盾的是，在生命科学领域，"一些生物医学科学家不把死亡、极限看作人类本性的根本，而宁可看作我们在未来可以战胜的偶然的生物学事件。但是，这样一来就出现了我们是否能够彻底消除所有脆弱性的问题，诸如来自我们自身的死亡、极限和心理痛苦等问题，以及这样一来会产生什么样的人的问题。因此，极为重要的是，我们必须认识到各种形式的脆弱性对好生活的贡献是如此丰富和重要"②。脆弱性和有限性使追求完美人生的价值和德性具有了可能性，"道德的美和崇高在于我们能够捐献自己的生命，不仅是为了好的理由而牺牲，也是为了把我们自己给予他人。如果没有脆弱性和可朽，所有德性如勇敢、韧性、伟大的心灵、献身正义等都是不可能的"③。脆弱性不应当仅仅被看作恶，它应当被看作需要尊重的生命礼物和人类种群的福音。生命意义的根

---

① Jacob Dahl Rendtorff and Peter Kemp（ed），*Basic Ethical Principles in European Bioethics and Biolaw. Vol. I.*，Printed in Impremta Barnola，Guissona（Catalunya – Spain），2000，p. 50.

② Jacob Dahl Rendtorff and Peter Kemp（ed），*Basic Ethical Principles in European Bioethics and Biolaw. Vol. I.*，Printed in Impremta Barnola，Guissona（Catalunya – Spain），2000，p. 48.

③ Jacob Dahl Rendtorff and Peter Kemp（ed），*Basic Ethical Principles in European Bioethics and Biolaw. Vol. I.*，Printed in Impremta Barnola，Guissona（Catalunya – Spain），2000，p. 50.

基就在于我们是在不断产生和毁灭的宇宙中生活的世俗存在。脆弱性基此使善和德性具有了可能性。

　　脆弱性使善具有可能性本身就意味着它使恶也具有了可能性。因为如果没有恶，也就没有必要（祛恶）求善。恶是善得以可能的必要条件，反之亦然。奥古斯丁在晚年所写的《教义手册》中，曾从宗教伦理的角度阐释了脆弱性与恶的关系。他把恶分为三类："物理的恶"、"认识的恶"和"伦理的恶"。"物理的恶"是由于自然万物（包括人）与上帝相比的不完善性所致，任何自然事物作为被创造物都"缺乏"创造者（上帝）本身所具有的完善性。"认识的恶"是由人的理性有限性（主体性）所决定的，人的理性不可能达到上帝那样的全知，从而难免会在认识过程中"缺乏"真理和确定性。"伦理的恶"则是由于意志选择了不应该选择的东西，放弃了不应该放弃的目标，主动背离崇高永恒者而趋向卑下世俗者所导致的善的缺乏。在这三种恶中，前两者都可以用受造物本身的有限性来解释，属于一种必然性的缺憾；但是"伦理的恶"却与人的自由意志（主体性）有关，它可以恰当地称为"罪恶"。奥古斯丁说："事实上我们所谓恶，岂不就是缺乏善吗？在动物的身体中，所谓疾病和伤害，不过是指缺乏健康而已……同样，心灵中的罪恶，也无非是缺乏天然之善"①。我们认为，如果祛除其上帝的神秘性，这三种恶其实就是人的脆弱性、有限性的（描述性的）较为完整的概括。如果说（对人来说的）"物理的恶"是自然实体即身体的脆弱性的话，"认识的恶"、"伦理的恶"则是主体的脆弱性。由于脆弱性使人易受侵害，这就使它潜在地具有恶的可能性。奥古斯丁的错误在于他把描述性的脆弱性和其价值（恶）简单地等同起来，因为脆弱性只是具有恶的可能性，其本身并不就是恶，更何况它还同时具有善的可能性，且其本身也并不等于善。

　　脆弱性之所以潜藏着善恶的可能性，是相对于与之一体的坚韧性而言的。

二、坚韧性潜藏着善和恶的可能性

　　坚韧性既潜藏着善的可能性，也潜藏着恶的可能性。1771 年，康德对皮特·莫斯卡蒂反对进化论的观点进行了哲学批判，并肯定了坚韧性（主要是

---

① 《西方哲学原著选读》，上卷，商务印书馆 2005 年版，第 220 页。

理性）的善的可能性。他说，人的进化固然带来了诸多问题，"但这其中包含着理性的起因，这种状态发展下去并在社会面前确定下来，人便接受了两条腿的姿势。这样一来，一方面，他有无限的胜出动物之处，但另一方面，他也只好暂且将就这些艰辛和麻烦，并因此把他的头颅骄傲地扬起在他旧日的同伴之上"①。我们同意康德的观点，即人直立行走等带来的脆弱性的代价赋予了人类独特的理性和自由等坚韧性。与脆弱性相应，坚韧性也体现在三个基本层面：非人境遇中的坚韧性、同类境遇中的坚韧性，以及集生理、心理和精神为一体的自我的坚韧性。坚韧性既有可能保障脆弱性（潜藏着善的可能性），也有可能践踏脆弱性（潜藏着恶的可能性）。

一方面，坚韧性潜藏着善的可能性。如果说"物理的善"的可能性是自然实体即身体的坚韧性，"认识的善"的可能性指理性具有追求无限的可能性，使人具有祛除认识不足的可能性，"伦理的善"的可能性则是主体坚强的自由意志使人具有克服脆弱性的可能性。就是说，个体的坚韧性使主体自身具有帮助扶持他者的能力，并构成整体的坚韧性如伦理实体、国家、法律制度等的基础。因此，个体的坚韧性使主体祛除其脆弱（dispelling fragility）得以可能。因为如果主体自身丧失或缺乏足够的坚韧性，只靠外在的帮助，其脆弱性是难以根本克服的。不过，坚韧性的这三种善只是潜在的而非现实的。比如，生命科学本身就是人类坚韧性的产物，它使人具有有限地祛除脆弱性的可能性。不过，只有生命科学实现其作为治病救人、维持健康、保障人权、完善人生的目的和价值时，才会具体体现出坚韧性祛除脆弱性的善。

另一方面，坚韧性也潜藏着恶的可能性。坚韧性具有善的可能性，也同时意味着它有能力践踏和破坏脆弱性，即具有恶的可能性——具有"物理的恶"（利用身体控制他人身体或戕害自己的身体）、"认识的恶"（利用知识限制他者的知识、戕害自己或危害人类）和"伦理的恶"（自由地选择为恶）的可能性。这在医学领域特别突出。医学本身是人类坚韧性的产物，但作为纯粹实证科学的医学把各种器官、结构仅仅根据身体功能看作生理过程和因果性的机械装置，它把疾病仅仅规定为能够导致人体器官的生理过程的客观性错误或功能

---

① ［德］库尔特·拜尔茨：《基因伦理学》，马怀琪译，华夏出版社2000年版，第218~222页。

紊乱。这种观念植根于解剖学对尸体分析的基础上：解剖学易于把身体作为一个物件和有用的社会资源，"当身体作为科学和技术干预的客体时，它在医学科学领域中不再被看作一个完美的整体，而是常常被降格为一个仅仅由器官构成的集合体的客体"①。实证的医学生命科学没有把人的身体看作一个完整的有生命的存在，亦没有把克服人体的脆弱性以实现人体的完美健康作为目的，从而丧失了人性关怀和哲学思考而陷入片面的物理分析，背离了其本真的目的和价值。这样一来，生命科学就会成为践踏人权的可能途径之一。

既然人的脆弱性和坚韧性都同时具有善与恶的可能性，那么祛弱权何以具有人权资格？

三、祛弱权何以具有人权资格

如上所述，描述性的脆弱性是相对于坚韧性而言的，它本身就潜藏着价值（善恶）的可能性。因此，从包含着价值的脆弱性推出作为价值的祛弱权并不存在逻辑问题。真正的问题在于，既然每个人都是坚韧性和脆弱性的矛盾体，他就同时具有侵害坚韧性、提升坚韧性、侵害脆弱性和祛除脆弱性（dispelling fragility）四种（价值）可能性。何者具有普遍人权的资格，必须接受严格的伦理法则的检验。检验的标准是普遍性，因为人权是普遍性的道德权利，而且道德判断必须具有普遍的规定性（黑尔）。所谓道德普遍性，就是康德的普遍公式所要求的不自相矛盾。康德认为道德上的"绝对命令"的惟一原则就是实践理性本身，即理性的实践运用的逻辑一贯性。因此，"绝对命令"只有一条："要只按照你同时也能够愿意它成为一条普遍法则的那个准则而行动"②。

在这里，"意愿"的（主观）"准则"能够成为一条（客观的）"普遍法则"的根据在于，意志是按照逻辑上的"不矛盾律"而维持自身的始终一贯的，违背了它就会陷入完全的自相矛盾和自我取消。我们据此检验如下：

（1）侵害坚韧性，必然导致无坚韧性可以侵害的自相矛盾。

（2）提升坚韧性。人类不平等的根源就在于其坚韧性，尤其在后天的环

---

① Jacob Dahl Rendtorff and Peter Kemp（ed），*Basic Ethical Principles in European Bioethics and Bio-law. Vol. I.*，Printed in Impremta Barnola，Guissona（Catalunya–Spain），2000，p. 42.

② ［德］康德：《道德形而上学原理》，苗力田译，上海人民出版社2002年版，第38～39页。

境和个人机遇以及个人努力造就自我的生活世界中，人的坚韧性呈现出千差万别的多样性，且使人的差异越来越大。如果把提升坚韧性普遍化，结果就会走向社会达尔文主义，以同时破坏坚韧性和脆弱性为终结，导致自相矛盾和自我取消。

值得重视的是，虽然提升坚韧性不具有普遍性，不可能成为人权，但可以成为（在人权优先条件下的）特殊权利。合道德的特殊权利必须以不破坏人权平等为基准，以保障提升人权平等的价值为目的。否则，特殊权利就会导致而且事实上已经导致了人权平等的破坏。《世界人权宣言》等正是对这种破坏的抗议和抵制的经典表述。

（3）侵害脆弱性。如果人们提出了侵害脆弱性的要求，这就会危害到每一个人，终将导致人权的全面丧失和人类的灭绝，这是违背人性的自相矛盾和自我取消。

（4）祛除脆弱性（dispelling fragility）。如前所述，没有任何一个人始终处在坚韧性状态，每一个人都不可避免地时刻处在脆弱性状态，即每一个人都是脆弱性的有限的理性存在者。从这个意义上讲，祛除普遍的脆弱性的价值诉求在道德实践中就转化为具有规范性意义的作为人权的祛弱权。就是说，描述性的脆弱性自身的价值决定了每个作为个体的人都内在地需要他者或某一主管对脆弱性的肯定、尊重、帮助和扶持或者通过某种方式得以保障，这种要求或主张为所有的人平等享有，不受当事人的国家归属、社会地位、行为能力与努力程度的限制，它就是作为人权的祛弱权。婴儿、重病人等尚没有行为能力的主体或者丧失了行为能力的主体不因其无能力表达要求权利而丧失祛弱权。相反，正因为他们处在非同一般的极度脆弱性状态而无条件地享有祛弱权。对于主体来讲，这是一种绝对优先的基本权利。其实质是出自人性并合乎人性的道德法则——因为人性应当是坚韧性扬弃脆弱性的过程。可见，祛除脆弱性（dispelling fragility）合乎理性的实践运用的逻辑一贯性，它有资格成为普遍有效的人权——祛弱权。

这就为全球生命伦理学的共识奠定了坚固的基础，同时也回应了克奥拓的批评，解决了亚柯比等人的描述性事实到规定性的人权的过渡问题。至此，"祛弱权作为生命伦理学的基础何以可能？"或者"生命伦理学达成共识是否可能?"这一问题也就迎刃而解了。在祛弱权这里，恩格尔哈特所谓的"共识的崩溃"也就彻底崩溃了。

第四节　祛弱权是何种人权

要把握祛弱权是何种权利，就涉及人权内容的划分问题。1895 年，德国公法学家耶利内克（Georg Jellinek）在其作为人权史上重要文献的《人权与公民权利宣言》的论著中，将人权区分为消极权利、主动权利和积极权利，为人权内容的完整划分奠定了经典性的基础。我们沿袭这种划分，从消极意义、积极意义和主动意义三个层面阐释祛弱权的要义。

一、消极意义的祛弱权

权利主体要求客体（医学专家等）不得侵害主体人之为人的人格完整性的防御权利。这项权利对客体的要求是禁止某些行为，如禁止破坏基因库的完整性，不得把人仅仅看作机器或各种器官的集合，不得破坏人格完整性等。客体相应的责任是：不侵害。

"Integrity"（完整性）这一术语源自拉丁文 integrare，它由词根 tegrare（碰，轻触）和否定性的前缀 in 构成。从字面上讲，"Integrity"指禁止伤害、损毁或改变①。人格的完整是生理和精神的完整的统一体。人格主体的经历、直觉、动机、理性等形成精神完整性的不可触动之领域，它不得被看作工具性而受到利用或损害。例如，不得为了控制别人，逼迫或诱导他明确表达出有利于此目的的动机或选择。与精神区域密切相关的是，由"身体"构成的生理区域。每个人的身体作为被创造的叙述的生命的一致性，作为生命历程的全体，不得亵渎；每个人的身体作为体验、产生和自我决定（自主）的人格领域，不得以引起痛苦的方式碰触或侵害。

值得重视的是，生理和精神的完整性密切相关，相互影响。斯多葛派所倡导的不受身体干扰的心灵的宁静的思想，割裂了精神和生理的辩证关系，过高

---

① Jacob Dahl Rendtorff and Peter Kemp. Basic Ethical Principles in European Bioethics and Bio-law. Vol. I. Printed in Impremta Barnola, Guissona（Catalunya – Spain）. 2000. p. 42

地估计了人的坚韧性，遮蔽了人的脆弱性。事实上，如果生理完整性遭到亵渎或者损坏，人就极难具有生存下去的勇气，其精神完整性也必然受到损害。但这并不意味着对身体绝对不可干涉甚至禁止治病，只是要求以特别小心、谨慎、敬重和综合的方式对待身体，因为"对生理完整的敬重就是对人之生命的权利及其自我决定其身体的权利的尊重"①。为了保障人之为人的人格完整性免于受到伤害、危险和威胁，2005年联合国教科文组织成员国全票通过的《世界生物伦理和人权宣言》第11条规定了"不歧视和不诋毁"的伦理原则，要求"不得以任何理由侵犯人的尊严、人权和基本自由，歧视和诋毁个人或群体。"就是说，人格的一致性，不应当被控制或遭到破坏。

目前，极为重要的一个现实问题是，在关涉基因控制和保护基因结构的法律规范的明确表述中，保护人性心理和生理完整性的需求日益成为核心的权利诉求，这就是不得任意干涉、控制和改变人类遗传基因的完整性，反对操纵控制未来人类的基因承传和基因一致性，保护人类"承传不受人工干预而改变过的基因结构的权利"②。这并非绝对禁止基因干涉，而是禁止那些不适宜于人的生命的完整性的基因干涉。如禁止克隆人、严格限制人兽嵌合体等，就是因为它有可能破坏人类基因库的完整性而突破人权底线。

二、积极意义的祛弱权

权利主体要求客体帮助自我克服其脆弱性的权利，主要指主体的生存保障、健康等方面的权利。该权利要求客体的积极作为，客体相应的责任是：尽职或贡献。

法国哲学家列维纳斯（Emmanuel Lévinas）把他人理解为通过其面孔召唤我去照看他的伦理命令。他在"赤裸"（the nudity）的意义上把脆弱性阐释为人的主体性的内在特质和生命中的基础构成性的东西，如"不得杀人"既是脆弱性的强力标志，也是祛弱权的强力诉求。根据列维纳斯，脆弱性在人与人

---

① Jacob Dahl Rendtorff and Peter Kemp. Basic Ethical Principles in European Bioethics and Biolaw. Vol. I. Printed in Impremta Barnola, Guissona（Catalunya–Spain）. 2000. p. 41

② Jacob Dahl Rendtorff and Peter Kemp. Basic Ethical Principles in European Bioethics and Biolaw. Vol. I. Printed in Impremta Barnola, Guissona（Catalunya–Spain）. 2000. p. 45

之间尤其在强者和弱者之间是不平衡的。它要求强者无条件地保护弱者的伦理承诺，"我从他人的赤裸中接受了他者的诉求，以致我必须帮助他人，且仅仅为了他人之故，而不是为了我，我不应当期望任何（他人）对我的帮助报以感激"①。这是对积极意义上祛弱权的有力论证和义务论的道德要求。

由于疾病和健康是每个人的身体的脆弱性和坚韧性的两个基本方面，我们以此为讨论对象。一方面，疾病是对身体本身的平衡及其和环境的关系的毁坏。因为疾病扰乱了我和我之躯体之间的关系，它不但威胁着我的躯体，而且也威胁着人格和自我的平衡。另一方面，健康意味着人之存在的各个尺度之间的谐和融洽，体现着个体生命的身体、智力、心理和社会诸尺度之间的平衡。治疗疾病、恢复健康应当被规定为是作为整体的各部分回到适宜的秩序，恢复人之存在所必需的整体器官的良好功能的各个尺度之间的平衡。因此，积极意义的祛弱权就意味着病人积极要求医生治愈疾病以便恢复和保障健康的权利，医生则具有相应的贡献自己的专业知识技术和人道精神的义务。医生既应当注重病人的病体又应当尊重病人生活经历的一致性，以达到病体之健康目的性要求即生命器官的内在平衡和其环境的良好互动关系。生命也因此成为医生和病人一起进行的一场反对毁坏躯体的疾病、积极实践祛弱权的战斗。

作为治疗艺术的医学应当从主观感知和经验的视角把疾病看作对好的生活的威胁。如今，医学科学已经发展为一门精密高端的自然科学，它不断深入躯体，大规模运用其功能如器官移植，基因治疗、治疗克隆、人兽嵌合体、再生技术等等，因此，"现代医学比有史以来任何时候对脆弱的人性都负有更大更多的责任"②。医学的重要职责和任务在于把医疗重新恢复并持续保持为一门治愈（治疗）疾病、恢复美怡的健康的伟大的祛弱权的艺术。这已经涉及主动意义的祛弱权了。

三、主动意义的祛弱权

权利主体自觉主动地参与祛除自身脆弱性，并主动要求自我修复、自我完

① Jacob Dahl Rendtorff and Peter Kemp. Basic Ethical Principles in European Bioethics and Bio-law. Vol. I. Printed in Impremta Barnola, Guissona（Catalunya－Spain）. 2000. p. 51

② Jacob Dahl Rendtorff and Peter Kemp. Basic Ethical Principles in European Bioethics and Bio-law. Vol. I. Printed in Impremta Barnola, Guissona（Catalunya－Spain）. 2000. p. 53

善的权利，如增强体质、保健营养、预防疾病、控制遗传疾病等的权利。权利客体相应的责任是：尊重与引导。

《世界生物伦理和人权宣言》第 8 条明文规定："尊重人的脆弱性和人格"，"在应用和推进科学知识、医疗实践及相关技术时应当考虑到人的脆弱性。对具有特殊脆弱性的个人和群体应当加以保护，对他们的人格应当给予尊重。"在生物医学对人体的干预范围内的境遇中，祛弱权要求保护病人权利并提醒医生和其他有关人员，医疗不仅意味着尽可能地恢复其器官和心理的完整，而且意味着尊重病人的自主性：在作出决定的程序中，通过告知信息和征求其同意允许，尊重其知情同意权。《世界生物伦理和人权宣言》的第 6 条"同意"原则规定："1. 只有在当事人事先、自愿地作出知情同意后才能实施任何预防性、诊断性或治疗性的医学措施。必要时，应征得特许。当事人可以在任何时候、以任何理由收回其同意的决定而不会因此给自己带来任何不利和受到损害。2. 只有事先征得当事人自愿、明确和知情同意后才能进行相关的科学研究。向当事人提供的信息应当是充分的、易懂的，并应说明如何收回其同意的决定。当事人可以在任何时间、以任何理由收回其同意的决定而不会因此给自己带来任何不利和受到损害。除非是依据符合本宣言阐述的原则和规定，特别是宣言第 27 条阐述的原则和规定以及符和人权宣言合国际人权法的国内伦理和法律准则，否则这条原则的贯彻不能有例外。3. 如果是以某个群体或某个社区为对象的研究，则尚需征得所涉群体或社区的合法代表的同意。但是在任何情况下，社区集体同意或社区领导或其他主管部门的同意都不能取代个人的知情同意。"这可以看作对主动意义的祛弱权的详尽阐释。它要求医生和医学专家从普遍人权的角度，而不仅仅是从职业规范的角度，充分尊重病人、健康者尤其是专家学者的参与权、知情同意权，并切实履行利用医学专业知识引导、告知并帮助病人或其他主体积极主动参与医疗活动或医学商谈的神圣职责。就是说，职业规范必须以人权为最高的伦理法则。

要言之，作为普遍人权的祛弱权就是人人平等享有的主体完整性不受破坏和受到保护的权利，以及主体克服脆弱性的同时，自我修复和自我完善的权利。

第五节　"共识的崩溃"的崩溃

至此，祛弱权作为生命伦理学的基础和共识这一问题也就迎刃而解了。现在，我们有必要从祛弱权的角度反思恩格尔哈特关于全球生命伦理学"共识的崩溃"问题，为生命伦理学的共识扫清障碍。恩格尔哈特否定生命伦理学共识的观点，根源于他欠缺哲学辩证思维和反思批判精神，并因而一贯地坚持直线式的思维方式。这主要体现在如下三个方面。

一、割裂道德的一和多的辩证关系

违背了基本的道德哲学常识：道德的一和多的辩证关系。所谓道德多样性不过是道德规范的多样性，它是相对于普遍性的道德规律或道德基础而言的。恩格尔哈特主张的作为形式的允许原则，是建立在道德商谈基础上的相互尊重原则，它要求人所不欲，勿施于人，凭相互尊重而签订的契约为别人做事；作为资料的行善原则要求在允许原则的基础上，对别人行善事，属于福利和社会同情的道德①。恩格尔哈特也看到了人权的普遍性，不过他对此持一种怀疑态度。他认为联合国教科文组织大会 2005 年通过的《世界生物伦理和人权宣言》中关于生命伦理和普遍人权原则的阐释，因其"原则的空洞无物"而如同镜花水月，乃至对于胚胎、胎儿的地位等激烈争论的问题视而不见②。且不论这种理解是否违背该宣言的基本精神，即使他说的符合事实，也只能说明这是人权冲突问题，并不能否定生命伦理学的普遍性人权基础。

另外，允许原则和行善原则都是道德规范而不是道德本身。它们既然作为生命伦理学原则的形式和资料，就证明它们必然是同一个原则的形式和资料。当我们进一步追问允许原则和行善原则何以可能的道德根据时，祛弱权就呼之欲出了。遗憾的是，恩格尔哈特并没有继续追问这个原则是什么，而是从二元道德倒退到伦理相对主义的多元论，并最终滑向道德怀疑主义，从而堵塞了通

---

① See H. Tristram Engelhardt. *The Foundations of Bioethics*. Oxford：Oxford University Press. 1986.

② H. Tristram Engelhardt edited. *Global Bioethics：The Collapse of Consensus*. Salem，Mass：M&M. Scrivener Press. 2006. p. 3.

往人权原则的祛弱权的可能途径，否定生命伦理学的基础和共识也就顺理成章了。

二、固守乐观主义伦理学的藩篱

恩格尔哈特缺乏人权的视角，没有从生活世界的"应当存在者"（人）的脆弱性和坚韧性这对矛盾作深入内在的研究。允许原则和行善原则的根基依然是人的坚韧性，它们只不过是站在强者（医生或医学家）的角度对待弱者（病人）的一种职业规范。当面对各种紧迫的现实生命伦理问题时，以（体现差异性的）坚韧性为基础的允许原则和行善原则就"合乎逻辑"地展开为各行其是的道德相对主义，致使生命伦理学在他这里丧失了作为一门科学的可能性。这就是恩格尔哈特从寻求生命伦理学的基础到否定生命伦理学达成共识的内在逻辑。

在后现代境遇中，道德多元化不但冲击着传统乐观伦理学的统一性，也给寻求当代普世伦理和人权的努力似乎带来了致命的威胁。恩格尔哈泰就是据此断定生命伦理学在后现代伦理境遇中的"共识崩溃"的。我们认为，后现代多元伦理只是对传统乐观主义伦理学的统一基础带来了冲击，并没有否定伦理自身的普遍基础。实际上，当他的这种乐观思想在后现代多样性道德境遇中碰壁之时，是坚韧性（产生的差异性）的张扬导致的自我矛盾，至此应当反思批判坚韧性并转向脆弱性的思考。但他并没有意识到这个问题，反而由差异性的坚韧性出发走向否定共识的歧途。不过，令他的直线式思维万万没有想到的是，否定共识本身就意味着"有共识"，否则，就不存在否定的对象，否定共识也就自我取消了。一旦对这种否定共识进行再否定，就会走向"共识"的基础也即坚韧性的自我否定——脆弱性，进而走向祛弱权。

其实，祛弱权本来就蕴含在生命伦理学的学科本性之中，恩格尔哈特的直线式思维和传统的乐观伦理学立场也使他偏离生命伦理学的学科本性。

三、偏离生命伦理学的学科本性

恩格尔哈特没有深入生命伦理学的学科本性中去探究其伦理基础。生命伦理学是纯粹的哲学思考与实证的自然科学的医学生命科学的融合而形成的实践哲学，它的这种学科本性内在地要求以祛弱权为基础。

众所周知，古典理性哲学终结以来，身体的本源意义及其当下命运，在哲学与思想领域赢得了广泛的理论兴趣，如尼采、胡塞尔、海德格尔、萨特、梅洛·庞帝、福柯等哲学家对身体等都有自己的哲学思考。哲学对身体的深刻思考彰显了身体的价值，为身体权利奠定了思想基础，但并没有明确直接地和身体权利联结，在祛魅理性的同时却附魅了身体。结果，哲学对身体的思考陷入形而上学的空谈和崇尚欲望非理性的两极，远离了现实最紧迫的身体问题如疾病健康等，使之失去了现实问题的支撑而减弱了应有的理论力量。如果身体哲学不走向权利，不对法律和伦理发生重要的现实应用，则必然空洞无力，同时也会丧失其真正的实践生命力。

无独有偶，当代医学生命科学却走向了实证的自然科学的工具化的途径。胡塞尔批判实证科学尤其是自然科学的非人性化问题时说："在19世纪后半叶，现代人的整个世界观唯一受实证科学的支配，并且唯一被科学所造成的'繁荣'所迷惑，这种唯一性意味着人们以冷漠的态度避开了对真正的人性具有决定意义的问题。"这些科学从原则上排除的正是生命攸关的紧迫问题："即关于这整个的人的生存有意义与无意义的问题"①。这也正是实证化的医学生命科学的症结所在。

合而言之，这些问题就是，无生命科学的哲学是空的，无哲学的生命科学是盲的（套用康德的话）。面对自然科学和实证哲学对人的物化和人权的沉沦，哲学不能停留在形而上的思考和抽象的诗意的栖居之类的自我陶醉之中，应当为身体权利提供伦理的论证，寻求合法的保障，为解决身体权利探求一条切实可行的出路。同时，医学生命科学等维持健康、完善身体功能的使命，以及医学生命科学面临的现实问题如堕胎、治疗性克隆、人兽嵌合体、医患关系等，也需要哲学的人性化的反思和引导，来提升生命科学的哲学品味和价值视角。一旦哲学和生命科学结合起来，就产生出关于生命科学的哲学和具有哲学精神的生命科学相融合的实践科学——生命伦理学。它的使命不是停留在抽象的哲学思辨或对身体的工具性的修补、恢复上，而是关注生命和人性，并切实

① ［德］胡塞尔.《欧洲科学的危机与超越论的现象学》，王炳文译.商务印书馆2005年版，第15～16页。

地通过医学生命科学的手段使之落实到具体的个体，以达到主体性的超越（哲学）和自然实体（医学）的综合。

进一步讲，生命伦理学的产生，本质上是人性中的脆弱性和坚韧性这对内在矛盾的要求：脆弱性（主要体现为哲学和生命科学的困境）和坚韧性（主要体现为哲学和生命科学的综合）的内在矛盾的否定（纯粹哲学和实证的生命科学的）力量使生命伦理学得以可能。就是说，脆弱性和坚韧性的矛盾是生命伦理学的内在人性根据，生命伦理学是研究坚韧性应当如何扬弃脆弱性的实践哲学。如前所述，（体现差异性的）坚韧性扬弃（具有普遍性的）脆弱性的达成共识的选择只能是祛弱权。

可见，恩格尔哈特所谓的"共识的崩溃"本质上只不过是对各种生命伦理规范或伦理命令的多样性的幻象而已。在祛弱权这里，这种"共识的崩溃"也就彻底崩溃了。这样一来，祛弱权就为生命伦理学的共识奠定了坚固的基础。

结　语

由于应用伦理学所直面的各种价值冲突从根本上说均体现为人权之间的冲突，因而对人权理论的深入探究，已经成为应用伦理学本身逾越其发展瓶颈的一个重要突破口。这一点在当今的国际学术界业已形成共识。然而，就具体的各个应用伦理学领域而言，各自应当以何种人权作为其价值基准尚远未达成共识——恩格尔哈特所谓生命伦理学视阈的"共识的崩溃"正是这种现象的典型体现之一。

生命伦理学探讨的话题是以研究人的脆弱性为基点，确定"集脆弱性与坚韧性于一体"的人的地位和权利，最终辨明处于这一地位的人如何被置于治病救人、造福众生这一崇高的医疗事业的目标之下。这就决定了生命伦理学所直面的各种价值冲突如堕胎、安乐死、治疗性克隆、人兽嵌合体等引发的人权冲突问题，应当具体体现为（人权范畴的）祛弱权之间的冲突。因而，深入探究祛弱权，确立祛弱权在生命伦理学中的基础地位，从祛弱权的全新视角反思、审视、研究生命伦理学视域中的人权冲突问题，将为生命伦理学的研究提供一种新的尝试、新的方法，并将为相关问题如人兽嵌合体、克隆人、医患冲突、医疗改革等方面的立法提供新的哲学论证和法理依据。生命伦理学探讨的话题是以研究人的脆弱性为基点，确定"集脆弱与坚韧于一体的人"的地位和权利，最终辨明处于这一地位的人如何被置于治病救人、造福众生这一崇高的医疗事业的目标之下。因此，生命伦理学领域内的矛盾冲突从根本上讲都是人权的冲突，其伦理基础只有奠定在人权的基础上，才有可能达成共识。以祛弱权为基础，生命伦理学也就成了有根的伦理学，避免了后现代伦理学如恩格尔哈特所主张的多元相对主义的无家可归的流浪者命运，同时也使生命法学获得了坚强的理论支撑和伦理能力。

第五章
人权生态伦理学

人权生态伦理学就是以人权为价值基准的生态伦理学。

在生态文明已成为普遍共识的今天，生态环境问题所引发的有关生态伦理学的广泛、激烈而持久的学术论战却愈演愈烈，依然难以达成伦理共识。选择何种生态伦理学的问题也因此似乎成了悬案。

生态伦理学争论的焦点集中在①自然是否具内在价值或者是否只有人才具有内在价值，进而②自然是否具有道德主体性，最终归结到③自然是否有权进入道德共同体。这一貌似简单的问题，贯穿于人类中心论和自然中心论相互颉颃以及各种超越论的尝试和失败的整个过程之中。各方为之争论不休的根本原因在于它涉及伦理学的深层问题：休谟问题。这也是作为应用伦理学的生态伦理学何以可能的根基性问题。只有回答了这个问题，才能升入把握生态伦理学的内在张力——人类中心论和非人类中心论的冲突，进而回答相关的争论问题。

第一节 祛魅"休谟问题"
——生态伦理学的奠基

生态伦理学领域的各方争论不休的根本原因在于相互指责对方犯了自然主义谬误。人类中心论认为，生态中心论把自然的存在属性当作自然拥有内在价值的根据的观点，"显然是把价值论同存在论等同起来了"，犯了摩尔所说的从"是"推出"应该"的自然主义谬误①。非人类中心论反驳说，割裂事实与价值、是与应该是西方近代伦理学和哲学的传统，只是逻辑实证论的一个教条。事实上，人类中心论也在做着同样的推理，"即把人的利益（实然）当作保护环境这一伦理义务（应然）的根据"②。人类中心论同样犯了自然主义谬误。

自然主义谬误的实质是"休谟问题"即事实与价值的关系问题或能否从"是"中推出"应当"的问题。如果不能，"应当"就失去了存在的根据，对"是"作"应当"判断的伦理学就不能成立，生态伦理学也必然随之土崩瓦解。能否解决"休谟问题"，直接决定着生态伦理学的命运。

一、休谟问题的附魅

休谟以前或同时代的不少哲学家认为，道德可以如几何学或代数学那样论证其确实性。然而，休谟在论述道德并非理性的对象时却有一个惊人的发现："在我所遇到的每一个道德学体系中，我一向注意到，作者在一个时期中是照平常的推理方式进行的，确定了上帝的存在，或是对人事作了一番议论；可是突然之间，我却大吃一惊地发现，我所遇到的不再是命题中通常的'是'与'不是'等连系词，而是没有一个命题不是由一个'应该'或一个'不应该'联系起来的。这个变化虽是不知不觉的，却是有极其重大的关系的。因为这个应该与不应该既然表示一种新的关系或肯定，所以就必须加以论述和说明；同时对于这种似乎完全不可思议的事情，即这个新关系如何能由完全不同的另外一些关系推出来的，也应该举出理由加以说明"③。这段话便是公认的伦理学或价值论领域"休谟问题"的来源。就是说，休谟认为，在以往的道德学体系中，普遍存在着一种从"是"或"不是"为系词的事实命题，向以"应该"或"不应该"为系词的伦理命题（价值命题）的思想跳跃，而且这种思想跳跃既缺乏相应的说明，也缺乏逻辑上的根据和论证。

休谟之后，英美分析哲学家们试图把这个问题逻辑化、规则化。元伦理学

① 刘福森："自然中心论生态伦理观的理论困境"，《中国社会科学》，1997年第3期。
② 杨通进："整合与超越：中国环境伦理学的必然选择"，《哲学动态》，2005年第1期。
③ ［英］休谟：《人性论》（下册），关文运译，商务印书馆1980年版，第509~510页。

的开创者摩尔认为，西方伦理学自古希腊以来大致可分为两类：自然主义伦理学，即用某种自然属性去规定或说明道德（或价值）的理论；非自然主义伦理学或形而上学伦理学，其特点是用某种形而上的、超验的判断作为伦理或价值判断的基础。自然主义伦理学从事实中求"应该"，使"实然"与"应然"混为一体；形而上学伦理学又从"应该"中求实在，把"应该"当作超自然的实体。这两类伦理学都在本质上混淆了善与善的事物，并以自然性事实或超自然的实在来规定善，即都犯了"自然主义谬误"①。这就是生态伦理学各方所谓的自然主义谬误的理论来源。后来，英国著名分析哲学家黑尔（R. M. Hare）沿袭了休谟与摩尔等区分事实与价值以及价值判断不同于而且不可还原为事实判断的观点。他认为，价值判断是规定性的，具有规范、约束和指导行为的功能；事实判断作为对事物的描述，不具有规定性，单纯从事实判断推不出价值判断。在《道德语言》中，他具体地研究了他称之为"混合的"或"实践的"三段论的价值推理。这种三段论的大前提是命令句，小前提是陈述句，而结论是命令句。黑尔提出了掌握这种推理的两条规则：①如果一组前提不能仅从陈述句中有效地推导出来，那么从这组前提中也不能有效地推导出陈述句结论。②如果一组前提不包含至少一个命令句，那么从这组前提中不能有效地推导出命令句结论。黑尔认为，在伦理学或价值论中，第二条限定性规则是极其重要的，根据这一规则，从事实判断中不能推出价值判断②。至此，事实与价值关系问题就被具体化为一条逻辑推导规则——"休谟法则"。事实与价值二分对立的图景随着分析哲学的盛行和哲学的"语言学转向"，在哲学界盛极一时，其影响迄今仍根深蒂固。人类中心论和自然中心论相互指责对方犯了自然主义谬误，就是受其影响的结果。

黑尔站在非认知论立场上思考价值或道德问题，否认价值判断是对客观事实的反映，他囿于其逻辑与语言分析方法，企图仅仅通过分析价值语言来解决一切价值问题，从未考虑价值语言的实践根据，也谈不上从实践中去寻找作为大前提的价值原理，结果并没有说明推理中作为大前提的价值判断从何而来，即那种基本的、具有"可普遍化性"和规定性的价值判断从何而来。其实，

① G. E. Moore. *Principia Ethica*. Cambridge：Cambridge University Press，1993. p. 61.
② Richard Mervyn Hare. *The Language of Morals*. Oxford ：Oxford University Press，1964. p. 28.

休谟问题的真正内涵在于：从两个单纯的事实判断中不能推导出价值判断。我们可以由此引出如下结论：①和价值无关的纯粹事实或者不进入研究主体领域的事实，既不是有价值，也不是无价值——这是休谟问题的消极意义。②价值（判断）具有鲜明的主体性，它与事实（判断）存在着实质性的区别。因此，价值科学（伦理学）不能用和事实科学一样的方式来建立。哲学史上一直有人试图用自然科学的方法来建构价值科学（伦理学），例如，笛卡尔希图建立一门类似数学自然科学的道德科学；莱布尼兹发展了霍布斯"推理就是计算"的思想，企图把一切科学包括道德科学都归于计算；斯宾诺莎曾依照"一切科学的范例"——欧氏几何的方法，推导、建构其伦理学；休谟直接以"人性论——在精神科学中采用实验推理方法的一个尝试"作其《人性论》一书的全部标题，等等。然而，这一系列的尝试都归于失败了。这从反面警示我们，价值科学（伦理学）的研究需要有不同于事实科学的方法和途径，因为伦理学研究对象遵循的是自由规律、事实科学研究对象遵循的是自然规律——这是休谟问题由其消极价值通向其积极价值的中介。③休谟问题的积极价值：价值判断和事实判断的区别正是基于价值判断和事实判断是有内在联系的基础上的，因为如果二者毫无关系，它们之间就不会存在着所谓区别。如果能够在寻求事实和价值的内在联系的基础上把二者统一起来，从事实判断推出价值判断就具有了可能性。休谟问题绝不仅仅是一个简单的逻辑推理问题，而是伦理学的元问题。换句话说，休谟问题即事实判断和价值判断的关系的终极内涵是自然和自由的关系问题——这正是生态伦理学的根本，其内在根基在于它们都是在感性实践的基础上，同一个主体对同一个对象做出的不同层面（事实或价值）的判断。

表面看，伦理学的研究对象是价值，事实科学研究对象是纯粹的和价值无关的事实。实际上，在所谓逻辑推理的背后潜藏着其价值根基，凡是进入研究领域之中的事实都必然渗透着研究主体的目的、精神和价值理念。和价值完全无关的纯粹事实是没有进入研究领域的事实，人们既不会对它作价值判断，也不会对它作事实判断。没有任何一个事实（判断）是和价值完全无关的事实（判断）。事实判断本身正是价值判断的产物，研究它、知道它都是研究主体的价值理念在起作用。就是说，任何研究事实判断的科学（自然科学）都同时渗透着价值判断，反之，任何研究价值判断的科学（人文科学）包括伦理学都是从渗透着价值的事实中做出价值判断的。没有研究和价值无关的纯粹事实的自然科学，也没有研究和事实无关的纯粹价值的人文科学。正如休谟法则所表明的：和价值无关的纯粹事实与和事实无关的纯粹价值一样，都是无意义的。所以，马克思曾说，在终极的意义上，真正的自然科学就是真正的人文科学。

这样，把逻辑和感性实践相结合、在研究自然和自由的内在逻辑的基础上解决休谟法则的途径（这也正是解决生态伦理学奠基的途径）就呈现出来了。

二、休谟问题的祛魅

人们通常从外延的角度，把自然看作由人和非人自然组成的整体，把人看作自然界的一部分。这种抽象的自然科学唯物论的观点把人的感性存在抽象掉了，他们只看到人的存在基于他人（父母、祖父母等）的存在、基于与人相外在的自然界的存在，因而陷入了自然因果律的无穷追溯。一方面，这个过程在人提出谁产生第一个人和整个自然界这一问题之前会驱使人不断地寻根究底，造物这个观念就会出现于人们的意识中，这就必然导致神秘论。诚如康德所说："一切成见中最大的成见是把自然界想象为是不服从知性通过自己的本质规律为它奠定基础的那些规则的，这就是迷信"[1]。自然主义谬误或休谟问题本质上正是这种神秘论的当代产物。另一方面，由于仅仅局限于二者的外在关系，割裂自然和人的内在关系，必然导致否定人的主体性和价值理念对自然事实的深刻影响。休谟问题就是对这种观念的逻辑化、抽象化、理论化的产物。

但从内涵上看，自然是外在自然（非人的自然）向内在自然（人的自由）生成的过程。整个自然界潜在地具有思维的可能性，人是自然界一切潜在属性的全面实现和最高本质，因为只有在人身上才体现出完整的自然界。由于人是全部自然的最高本质，全部自然都成了人的一部分或人的实践的一部分。我们可从世界历史、人的本性和感性实践三个方面加以论证。

---

[1] ［德］康德：《判断力批判》，邓晓芒译，人民出版社 2002 年版，第 136 页。

1. 从动态的世界史的角度看

一般说来，"一个存在物只有当它立足于自身的时候，才被看作独立的，而只有它依靠自身而存在时，才是立足于自身"①。整个自然界只有产生出了人，才真正是立足于自身的独立存在。在此之前，各种自然物不是独立的，每个自然物都完全依赖另一个自然物而生成和瓦解，或者说，自然界的独立性还是潜在的，是未得到证明和证实的。潜在于自然本身之中的自然的最高本质属性，是有待于产生出人类并通过人类而发展出来的"思维着的精神"。自然在它的一切变化中永远不会丧失任何一个属性，它必定会以"铁的必然性"把"思维着的精神"产生出来（恩格斯语）。就是说，"全部历史、发展史都是为了使'人'成为感性意识的对象和使'作为人的人'的需要成为（自然的、感性的）需要所做的准备。历史本身是自然史的一个现实的部分，是自然界生成为人这一过程的一个现实的部分"②。整个自然界成为一个产生人、发展到人的合乎目的的系统过程，成为人的（实践活动的）一部分。全部世界史就是自然界通过人的感性实践对人说来的生成。

2. 从人性的角度看

人是自然的本质部分，人性问题也就是自然的本质问题。人是（迄今为止所知道的）唯一具有自由和理性的自然存在者。

从静态的角度看，人集自然和自由于一体，同时具有物性和神性两个要素。人的物性不仅仅包括生理和心理要素，因为各种感官的功能视觉、听觉、嗅觉等不仅仅是感官自身，而是感官和自然的光线、光波、震动频率等连接在一起的，时间和空间作为人的内感官和外感官的形式本身也是人的感官的构成部分。可见，人的物性包括人自身的自然（生理和心理要素）和人之外的自然。同时，基于物性的人的理性或神性也就不仅仅是人自身的理性，而是自然之灵秀即本质上是自然的理性或神性。

从动态的角度看，人性是神性不断扬弃物性的过程。它有两个基本含义：自由不断扬弃人之外的自然的过程；自由不断扬弃人自身的自然的过程。具体

---

① ［德］马克思：《1844 年经济学—哲学手稿》，刘丕坤译，人民出版社 1979 年版，第 82 ~83 页。
② ［德］马克思：《1844 年经济学—哲学手稿》，刘丕坤译，人民出版社 1979 年版，第 82 页。

说来，完整的实践的人（我）有三个层面：抽象的我——我的精神、身体和另一个身体即自然；社会的我——我和另一个我（他人）；本质的我——包括前两个环节于自身的独特的具有个性的我。正是实践的人使自然成为自然，使人成为人，使人和自然成为本质的我。或者说，本质的我是"创造自然的自然"，是自然的最内在的真正本质。自然的内在本质最终体现为人的自由，体现为自由和自然的统一即世界历史，但它同时又是感性的实践自我证明的人性和历史。

3. 从感性的实践角度看

人的感性实践是具体生动的、自由自觉的感性活动，是人的本质力量的对象化和对象的人化——这也是联结事实与价值的桥梁。不与人的感性实践发生关系的抽象的自然界本身是无目的、无意义的即和价值无关，因而它是一种"非存在物"——这就是休谟问题的消极涵义。与人的感性实践发生关系的感性自然是人的生命活动的材料和无机的身体，同时也是人的"精神的无机自然界"或"精神食粮"，因此具有价值和意义——这就是休谟问题的积极涵义即从事实推出价值的根据。

感性实践既是感性知觉或感性直观，又是感性活动，所以它同时具有一种证明和肯定客观世界的主体性能力。一方面，人的实践活动并不仅仅把自己的某个肢体当作工具，也不仅仅把某个自然物当作工具，而是能够把整个自然当作工具，如嫦娥一号奔月，就是有意识地利用了天空星体的位置关系。另一方面，整个自然也只有通过人才意识到了自身、才能支配自身，才成为了自由的、独立的自然或内在的必然[1]。人的感性活动本身把外部对象世界（自然界）的客观存在作为自身内部的一个环节包含于自身，它是包含人与自然、主体与客体在内的单一的（直接感性的）全体。感性在自己的活动中证明了在感性之外有一个自然界存在，它为自己预先提供出质料。这个证明不是逻辑推论，而是他直接体验到他自己就是这个质料（物质）的本质属性，他在对象上确证的正是他自己。因为这个对象由他自己创造出来，所以在自己之外的对象仍然是对象化了的自己：自然界是自己的另一个身体，他人是另一个自

---

① ［德］黑格尔：《小逻辑》，贺麟译，商务印书馆1980年版，第105页。

己，自己则是在包含自然界和他人于自身的全面的完整的自我。主体（主观）的感性活动唯一可靠地证明了客体（客观）世界在主体之外的存在。自然界由此获得了真正的彻底的独立性，人（包括他的"无机身体"的人）也具有了本质的自然丰富性和完整性。

从完整的意义上看，本质的人即实践的人既然就是自然本身，所以他的超越性就是自然界本身的自我超越、自我否定过程。人自己的这种超越正是自然界最内在的真正本质。由人的感性活动所证实的这个客观世界、自然界，反过来也就带上了人化的感性的性质。它不仅为人在自然界中的存在定了位，而且本身也成了为人的存在而存在、以人的存在为目的。这样，实践的人的感性实践证明它自身就是作为价值判断的大前提的主体性根据，本质的人就把自然和自由、事实和价值联结起来了。

可见，自然和自由的关系在于，自然是自在的自由，自由是自为的自然，整个自然史包括世界史就是自然通过其本质部分人的感性实践而不断自我否定不断深入自由的过程。正是感性实践把非人自然和人的主体性连接起来，把非人自然作为人自身的一个环节而成为和主体相关的事实即成为包含着价值的事实，而不再是和价值主体无关的非存在。就是说，价值的事实根据就在于感性实践之中，这就是人性的神性扬弃物性或自由扬弃自然的实践所证明的主体性，这种主体性就是作为价值判断的根据的大前提即人性的自由完善对自然的扬弃——它同时既是事实又是价值，因此，价值判断可从这种（非命令句中的）大前提中合乎逻辑地推出，从事实判断推不出价值判断的休谟问题也就不能成立了。

这就是我们对由"是"推出"应该"的理由和说明，即对休谟问题的回答。

休谟问题的解决，至少有三个方面的重要意义：①消极意义：自然主义谬误本身也是谬误，其谬误在于把感性实践抛开，人为地把事实和价值绝对分开而无视二者的内在联系。人类中心论和生态中心论相互指责对方犯了自然主义谬误，实际上就是因为都没有搞清楚休谟问题：要么割裂存在论和价值论的关系，要么否定利益和价值的内在联系。②积极意义在于，引导我们重新认识人和自然的内在关系，把实践的主体立足于感性的实践的人而不是抽象的人或抽象的自然，进而深入把握伦理学或价值论乃至自然科学的本质，为研究生态伦理学奠定坚实的理论基础。③祛除了自然主义谬误的神秘色彩，就可以走向伦理学本身——人的存在，它既是事实（实然）的前提，又是价值（应然）的根基。因此，生态伦理学关注的生态平衡（事实）的实质是"为人"的生态平衡（价值），我们绝不应当为保护生态而保护生态。相反，应当为人而保护生态——这就是生态伦理学的根基和要义。

第二节　生态伦理学的争论和选择

有关休谟问题的争论集中扩展为生态伦理学争论的焦点：①自然是否具有内在价值，进而②自然是否具有道德主体性，最终归结到③自然是否有权进入道德共同体。这一貌似简单的问题，贯穿于人类中心论和自然中心论的论战以及各种超越论尝试的整个过程之中。要解答这些问题，必须首先把握生态伦理学的内在张力。

生态伦理学的内在张力在于人类中心论和自然中心论的尖锐冲突：人类中心论由功利论的人类中心论发展到以义务论的人类中心论为典范，它认为自然不具有内在价值、不具有道德主体性，应当被排除出道德共同体之外。与人类中心论不同，自然中心论由功利论的动物中心论发展到以义务论的自然中心论为典范，它认为由于人类中心论把人视为自然界的主宰，把自然逐出了伦理王国，才导致了生态危机。为了摆脱危机，必须确立非人存在物的道德地位并将其纳入道德共同体。生态伦理学的内在张力具体体现在如下几个方面。

一、功利论的失败

功利论的人类中心论即通常说的强人类中心论，它以近代机械论世界观为哲学基础，把人与自然机械对立起来，认为人是自然的征服者、统治者，人对自然有绝对支配的权利。只有人才具有内在价值，人之外的其他一切存在物都只有工具价值。因此，只有人才是道德主体，非人存在物都不在道德关怀的范围之内。由于它过分夸大了人的功利性，认为人的利益决定一切乃至整个自然，这就在实践上导致了生态环境问题，在理论上遭到了非人类中心论和义务论的人类中心论的双重否定。

　　功利论的非人类中心论（主要是动物中心论）反对功利论的人类中心论，它试图运用功利论的基本原理，赋予动物以内在价值，把道德关怀对象扩展到动物。功利论者（边沁、密尔等）主张人具有内在价值的根据是"对苦乐的感受性"。辛格、雷根等认为，动物也具有"对苦乐的感受性"或感受苦乐的能力，所以动物也具有内在价值和道德主体性，也应当成为道德关怀的对象。问题在于，它在扩张道德关怀范围、把道德权利赋予动物的同时，也降低了胎儿、婴儿、残疾人、植物人的道德地位，甚至否定了丧失苦乐感受能力的智障婴儿的生存权。这必然遭到义务论的非人类中心论和义务论的人类中心论的双重诘难。

二、义务论的困境

　　义务论的人类中心论即通常说的弱人类中心论，它坚持以人为目的的根本观点，一方面，否定了功利论的人类中心论；另一方面，又否定了非人类中心论以自然为目的的观点。帕斯摩尔、诺顿等认为，生态环境问题并不产生于人类中心论本身，而是由于对其做了功利性的狭隘理解。在人类中心论的基础上同样可以建立起保护环境的责任。他们明确主张保护自然，但认为关爱自然是为了人类，并不意味着自然本身是人类道德关怀的对象或者自然本身具有内在价值和道德主体性。这是义务论的自然中心论所不能容忍的。

　　义务论的自然中心论坚持以自然为目的的根本观点，一方面否定了功利论的非人类中心论，另一方面又否定了人类中心论以人为目的的观点。为了克服功利论的自相矛盾，生命中心论者（史怀泽、泰勒等）主张以康德义务论所要求的道德律的普遍性为根据，利用"生命的目的性"来确证道德关怀对象。他们认为，所有生命个体都拥有自身生命的目的性，这就是它们"自身的善"即它固有的内在价值，所以，道德关怀的对象应该扩展到所有的生命个体。生态中心论者（利奥彼德、奈斯、罗尔斯顿等）更进一步，认为自然界自身有其内在价值，人类保护环境正是出于对其内在价值的尊重。因此，道德主体和道德共同体的范围应该扩展到整个自然生态系统，使"道德共同体"和"自然生态共同体"在外延上等同起来。在个体与共同体的关系上，生态中心论主张整体价值高于个体价值，就是说，生态整体具有最高价值，个体的价值是相对的，生命共同体成员（包括人）的价值要服从共同体本身的价值。

综上所述，我们可以得出三点基本结论。

（1）两种义务论具有相同点：在形式上，两种义务论都坚持为义务而义务；在内容上，都反对把自然仅仅作为人的工具，都承认应该关爱自然。

（2）两种义务论又具有根本差异：义务论的人类中心论的基本观点是：为人的义务而义务，它要求以人为目的，而不仅仅把人作为手段，主张为人而自然，反对为自然而自然。它强调人与自然的区别而对其内在联系认识不足。其潜在的推论是：可以以非人自然为手段，这就容易导致功利论的人类中心论。从这个意义讲，它依然是抽象的义务论。与之不同，义务论的非人类中心论的基本观点是：为自然的义务而义务，它要求以自然为目的，而不仅仅把自然作为手段。它关注自然的道德地位，反对为人而自然，强调人与自然的联系而试图抹煞其区别。其潜在的推论是：为了自然，可以以人类为手段，这就容易导致功利论的非人类中心论甚至环境法西斯主义。

（3）一个不容回避的困境出现了：当两种义务论发生冲突时，以人为目的还是以自然为目的？选择自然义务论还是人类义务论？由于二者尖锐对立，无论选择哪一方都会遭到另一方的强烈反对，似乎只有开辟一条超越于二者之上的路径才能解决问题，于是就有了超越论的尝试。

三、超越论的尝试

面对困境，生态伦理学的思路由西方转向了东方，试图从古老的中国哲学中寻求出路。目前，万物一体论、无中心论和发生主体论等是具有一定影响的超越论。

首先，以"民胞物与"为基础的万物一体论、以"天人合一"为基础的无中心论比生态中心论高明之处主要在于，在承认自然和人的差异的基础上，主张整体价值高于个体价值："大我"即万物一体的价值高于"小我"即人的价值，"小我"服从"大我"。人和非人自然的整体大于部分，人和非人自然都服从于大我的整体①。但由于人和非人自然相比，在外延上人是极小部分，非人自然是极大部分，部分服从整体的实质依然是人服从于自然，这在根本价值取向上依然属于义务论的自然中心论。它启示我们不能囿于人和自然的外延，应该深入把握人和自然的内涵。其次，如果说前述超越论总体上属于静态分析的生态中心论的话，发生主体论则试图把自然和自由在生物的动态过程中结合起来②。但它只是一种对自然发生的描述，没有从哲学的角度论证人和自然如何结合，对如何解决冲突也没有提出有创见的令人信服的观点。此论的价值在于，突破了静态的分析论证模式，转向了动态把握的辩证思路，它启示我们应当从动态的自然和自由的辩证关系中探求生态伦理学的可能性。最后，总体上看，超越论本质上仍然属于生态伦理学的整体决定论，这就注定了它的失败，但它试图突破生态伦理的内部张力去寻求新的出路的努力是值得肯定的。

反思生态伦理学的内部张力，存在的主要问题在于：①中西对立的思维模式是一种误导。生态伦理问题的研究应该立足于人（自由）和自然而不是某国人和自然，即立足于伦理学而不是某类人的伦理学。②用非伦理学（尤其用自然科学）的方法研究伦理学，和伦理学无关的讨论往往淹没了伦理学自身的探讨。我们必须从伦理学自身的角度来研究伦理学，诸如生态学等非伦理学领域的讨论只能从属于这个根本原则。③尤其对伦理学的基础理论问题（自然和自由的内在关系）研究不够深入。

这些问题共同导致了各方在内在价值、道德主体、道德共同体诸方面的尖锐对立。只有回到伦理学本身，深入探究自然和自由的内在逻辑即伦理学的基础，才有可能消解各方的对立，为生态伦理学的可能寻求出路。

如前所述，休谟问题的解蔽中，我们知道，整个自然史包括世界史就是自然通过其本质部分人的感性实践而不断自我否定、不断深入自由的过程。正是感性实践把非人自然作为人自身的一个环节并成为和道德主体相关的对象。就是说，道德主体立足于感性实践的人（本质的此在的我）而不是（人类中心

---

① 张世英："人类中心论与民胞物与说"，《江海学刊》，2001 年第 4 期；曾小五："无中心论的环境伦理理念"，《自然辩证法研究》，2006 年第 10 期。

② 袁振辉、曹丽丽："发生主体论：超越人类中心论和非人类中心论"，《江南大学学报》（人文社会科学版），2007 年第 1 期。

论的）抽象的人或（自然中心论的）抽象自然。当我们把自然看作一个自然向人生成的过程或物性向神性提升的过程（同时也是神性不断扬弃物性的过程）时，自然中心论就必须提升到真正的人类中心论来理解，既然人是自然的自然（本质），真正的自然中心论就只能是人类中心论。由此把我们引向排除义务论的自然中心论、目的论的自然中心论、目的论的人类中心论和抽象义务论的人类中心论，理性地选择具体义务论的人类中心论的澄明之境。

四、生态人权论的选择

自然中心论的根本错误在于用自然科学的分析方法研究伦理学，把人和自然绝对分离，从外延的角度看待人和自然的关系，进而把人看作自然的一部分并认为自然高于人。它以自然为目的，以人作为自然的工具，强调自然的权利和尊严。这在理论上违背自然和自由的逻辑，在实践上则违背人性和自然规律。

（1）义务论的自然中心论（包括超越论）本质上是魔鬼型的人类中心论。上帝对偷吃禁果的人只能惩罚，也不能把人变为动物。义务论的自然中心论竟然要抹煞自然规律和自由规律，把精神、人等同于非人自然。这种随意摆布、重新安置自然秩序的狂妄无异于把（本来属人的）自我当作上帝的上帝。因此，它实质上是非理性的魔鬼型的人类中心论。它仅仅在为义务而义务的意义上被称为义务论，但由于缺失了为义务而义务的道德主体，它只能是"无根"的空洞的义务论，甚至是虚假的义务论。

（2）目的论的自然中心论的实质是天使型的人类中心论，它以动物的代言人自居，为动物求解放、争权利和道德地位——实质是人为自然的某一部分即动物立法，它彰显的是天使般的拯救型的人类中心意识。与义务论的自然中心论相比，其内涵要具体些，其狂妄性要弱一些，因为它仅仅把人贬低为动物，而没有把人贬低为非人自然，但二者以人性自身贬低人性的狂妄自大和自相矛盾则是一致的。

可见，非人类中心论的实质是非理性的人类中心论，它妄想通过非理性来消灭理性。诚如甘绍平所说："这些人以动植物及整个生态系统之'权益'与'尊严'的代言人自居，利用生态伦理学的讲坛，对'剥削'、'奴役'、'掠夺'大自然的人类进行声讨和审判。其言辞之激烈、声势之浩大真是令人惊异令人震颤。"① 由于非人自然本身不具有自我证明的独立性、自觉性，其目的、内在价值和道德标准只不过是非人类中心论者这个主体狂妄的强加而已，非人自然本身对这个强加的东西既不能证明也不能证伪。非人类中心论的实质是自然通过其自身的神性部分人来自我确证其自身的存在及价值——自然通过人为自己立法或人为自然立法。以自然为目的的真实含义是以人（非人类中心论者）的妄想为目的。这样一来，非人类中心论煞费苦心的论证恰好是为具体义务论的人类中心论所作的另一个角度的证明——证明非人类中心论的不可能性，以便为具体义务论的人类中心论扫清地基。这正是非人类中心论自我否定走向真正的人类中心论的必然途径，也是其（消极性的）价值所在。

（3）目的论的人类中心论比自然中心论的合理之处在于，它以人为非人自然的目的。但它片面地强调人的物性，和自然中心论一样把人和非人自然对立起来，没有从完整的自然和自由的角度把握人和非人自然的关系，没有看到真正的完整的自然是人和非人自然的有机统一。它以抽象的人为目的，以非人自然为工具。其实质是人的物性对神性的主导或者说自然的神性在人这里的非完全的体现。它因此有可能导致破坏自然环境并影响人类生存——生态伦理学最初关注的就是这个问题。

（4）抽象义务论的人类中心论最为接近具体的人类中心论，它以人为非人自然的目的，但它片面地强调人的神性，和前三类中心论一样把人和非人自然对立起来，且囿于传统理论伦理学的思路，没有从完整的自然和自由的角度把握人和非人自然的关系。

正是这四类人类中心论的矛盾——生态伦理学的内在张力的自我否定而使生态伦理学走向生态人权论。

（5）生态人权论的人类中心论（简称生态人权论），因为生态义务的根据在于作为人权的生态权利——人人都应当享有良好的有利于身心健康的生存环境（包括自然环境和人文环境）的权利，或者说生态人权是保护生态的义务的目的凯姆佩纳（Norbert Campagna）说："在人与人的关系中，证明行为正当

---

① 甘绍平：《应用伦理学前沿问题研究》，江西人民出版社 2002 年版，第 144 页。

性的理念起着至关重要的作用。如果这种人际关系中的一方不想以此理念为行为指导的话，这种关系就不再是人际关系。权利存在于保护我们免受他人伤害之处，而不是遭受动物损害之处"①。这一点无须繁琐复杂的理论阐释，因为"人的存在"这一基本事实就足以击溃任何反对者的论证和理论，并确证生态人权之合理性和正当性。

前述四类生态伦理学片面研究环境伦理，是一种无我的、无社会的残缺狭隘的环境伦理学，而不是融合自我、它我和他我于一体的生态伦理学，因为没有个人和国家政府参与的生态伦理学是不可能的——2009 年的哥本哈根世界气候峰会为此提供了实证性的有力论据。与此不同，生态人权论则要求以生态人权为价值基准，以民主商谈为伦理程序，以道德主体和伦理实体如国家、社会组织等为重要实践力量，理性地对待非人自然、他者和自我，保护和改善自然环境和人文社会环境，最终完善人性、提升人性——其实质也是完善自然、实现自然的本质。

据上所述：（1）（2）（3）（4）（5）的序列体现了作为自然本质的人的理性扬弃物性的水平的不断提升的过程，至（5）而达到了合理明确的正当的价值诉求。反之，（5）（4）（3）（2）（1）的序列则体现了作为自然本质的人的自然性动物性压制理性的强度不断增加的过程，至（1）而达到了狂妄自大的非理性的顶端。因此，生态伦理学的理性选择，应当依次排除（1）（2）（3）（4）：首先应该无条件排除（1），可有条件地根据（5）对（2）（3）（4）加以限制改造，但只能选择（5）作为生态伦理的道德法则和理论基础。至此，生态人权论已经把其他四类中心论彻底地排除出生态伦理学了。

生态人权论应当是完整的自然中心论，与上述各种中心论把自然仅仅看作非人自然不同，其自然指非人自然和人的统一。它既把理性置于人的自然性之上，也把人的理性置于非人自然之上。它要求理性地对待非人自然、他人和自我，最终完善人性、提升人性——其实质就是完善自然、实现自然的本质。它以具体的人（的权利和尊严）为目的，也就是以完整的自然为目的，它既不为非人自然而贬低人，也不为抽象的人而破坏非人自然，而是理性地通过感性

---

① Norbert Campagna, "Which Humanism? Whose Law? *About a debate in contemporary French legal and political philosophy* ", *Ethical Theory and Moral Practice* 2001 (4)：285 – 304.

实践把非人自然和人统一起来，把自然规律和自由规律统一起来，把人权作为生态伦理学的价值基准。从这个意义上讲，完整的自然中心论也就是真正的理性的人类中心论——生态人权论。

第三节　生态伦理学相关问题的回应

不容回避的生态伦理问题是：选择生态人权论，必须回答抽象义务论的人类中心论和非人类中心论互相争论的几个核心问题（自然的内在价值问题、主体和道德主体问题、道德共同体问题），以消解生态伦理学的内在张力。

一、生态伦理学相关问题的论证

生态伦理学相关问题的论证出来在论证方法上相互指责对方犯了自然主要谬误以外，主要集中在自然的内在价值问题和道德主体和道德共同体问题。

自然的内在价值问题就内在价值来讲，人类中心论者认为，"价值本来就是主观的"，它是由人赋予物或对象的，是客体对于主体的效用，是"人依据自身需求或某种标准对对象所作的评价"①。因此，自然不可能拥有内在价值，不具有主体性。非人类中心论者则认为，人类中心论者站在效用价值论的立场来反驳自然的内在价值是立不住脚的，因为根据"效用价值论"，人的价值大小也取决于他是否能够满足他人或社会的需要及其贡献大小。婴儿、老人或残疾人就只有很小的价值、甚至没有价值了。然而，现代民主社会显然不是依据人的效用价值来判断其基本价值，而是依据人是具有内在价值的目的存在物，而赋予所有的人都享有人的尊严和基本权利的②。非人类中心论者看来，"内在价值就是主体所追求或趋附的不作为任何其他目的之手段的目的，即主体的纯粹目的，如人之追求幸福，生物之保全生命"③。自然具有的内在价值就是"它能够创造出有利于有机体的差异，使生态系统丰富起来，变得更加美丽、

---

① 韩东屏："质疑非人类中心论环境伦理学的内在价值论"，《道德与文明》，2003 年第 3 期。
② 杨通进："整合与超越：中国环境伦理学的必然选择"，《哲学动态》，2005 年第 1 期。
③ 卢风：《应用伦理学——现代生活方式的哲学反思》，中央编译出版社 2004 年版，第 120 页。

和谐、复杂"①。即使没有人类,非人存在者也具有独立于人类的内在价值或固有价值。自然中心论讲的自然的内在价值的实质是指非人自然的内在价值,从完整意义的自然(人和非人自然的统一体)的角度看,它是根本不能成立的。

就道德主体和道德共同体而言,人类中心论者否认人之外的自然存在物是道德主体或道德共同体的成员。原因在于,首先,道德是赋有理性的人类为了维护自身利益并对利益之间的冲突进行调节而创造的,它源于人们之间的契约。"只有拥有理性、自我意识的人才会有对道德的要求,才能签订契约、行使道德权利和履行道德义务。"所有参与道德共同体者都必须拥有理性的能力②。其次,尽管从生态学的角度看,人和植物、动物、土地等的确组成了一个相互关联的系统,"但是,如果说成员拥有共同的利害且承认彼此间的责任是一个共同体成立的必要条件的话,那么,人和植物、动物、土地这四者并没有组成一个共同体。例如,细菌和人既没有承认对方的责任,又没有共同的利害"③。如果人类确认动植物、矿物以及荒野等具有内在价值,把它们纳入人类的道德共同体并在实践中完全按道德主体那样对待它们是荒谬的。其三,人类对自然环境的责任,并不是出于自然本身有什么道德主体性,而是出于人所具有的管理和协助自然的责任。人对自然的态度可以有两种方式:绝对的支配——类似于主人对奴隶的绝对统治;有责任的支配——在尊重自然规律基础之上的合理控制。摒弃前一种极端的态度,采取第二种相对温和的态度,人类就有希望避免或解决环境问题(帕斯摩尔)④。

非人类中心论者反驳说:首先,从契约论角度对道德所作的这种"元伦理预设",只是众多规则伦理预设中的一种,而规则伦理只是各种伦理范式之一,它并没有、也不可能穷尽理解和把握人类道德生活的所有途径。"如果真的把理性和道德自律能力当作成为道德共同体成员的必要条件,那么,那些不

---

① [美]霍尔姆斯·罗尔斯顿:《环境伦理学》,杨通进译,中国社会科学出版社2000年版,第303页。

② 甘绍平:"生态伦理与以人为本",《首届中国环境哲学年会论文集》,2003年10月。

③ John Passmore, Man's Responsibility for Nature: Ecologica Problems and Westen Traditions, New York: Charles Scribner's Sons, 1974, p. 116.

④ 参阅韩立新:《环境价值论》,云南人民出版社2005年版,第42~47页。

具备这些能力的人（如婴儿、精神病患者、植物人、深度昏迷者或高龄老人）将被排除在道德共同体之外。因此，契约并不是所有的义务和权利的惟一来源"[①]。其次，非人类中心论认为，自然的内在价值体现并证明了自然具有主体性[②]。人类中心论否认人之外的某些存在物（特别是高等动物）是追求自己的目的的主体，那就很难回应现代系统论和自组织理论的挑战：目的性和主体性并不是人类独有的特征，而是所有自组织系统普遍具有的性质，尽管它们具有高低不同的等级层次[③]。在生态中，既有以人为主体的生态和以生物为主体的生态，又有以生物圈所有生物为主体的生态[④]。"地球上不同组织层次的生命，它同人一样是生存主体，所有物种追求自己的生存，生存表示它们成功，因为它们同人一样，具有'价值评价能力'，具有智慧，具有主动性、积极性和创造性"[⑤]。所以，应当把动物、山川乃至整个自然界作为道德主体即纳入人类的道德共同体。其三，"有责任的支配"与"绝对的支配"都是人利用自然的方式，它们的界限是相对的，前者随时可能变成后者。而且，建立在尊重自然规律基础之上的、以实现自己的利益为中心的有责任的支配是以世界彻底可知为前提的。然而，对于现实的人类而言，这个前提只不过是一种理想或一个无限进行的过程。从理论上讲，人类无法确切知道其"所行"是否越出了其"所知"，无力负担起"有责任支配"的责任[⑥]。

　　针对这些问题，根据生态人权论，我们的基本观点如下。

二、自然的内在价值问题

　　首先，非人自然具有独立于人的内在价值的观点违背了最基本的哲学常识：对于独立于人的感性实践的抽象自然来说，它不对什么东西发生"关系"，而且根本没有"关系"，更谈不上有伦理"关系"，也就无所谓价值了。

---

　　① 杨通进："整合与超越：中国环境伦理学的必然选择"，《哲学动态》，2005年第1期。
　　② 余谋昌："自然内在价值的哲学论证"，《伦理学研究》，2004年第4期。
　　③ 余正荣：《生态智慧论》，中国社会科学出版社1996年版，第240页。
　　④ ［美］霍尔姆斯·罗尔斯顿：《哲学走向荒野》，叶平、刘耳译，吉林人民出版社2000年版，第93页。
　　⑤ 余谋昌："自然内在价值的哲学论证"，《伦理学研究》，2004年第4期。
　　⑥ 曾小五："无中心论的环境伦理理念——建构环境伦理学的一种新尝试"，《自然辩证法研究》，2006年第10期。

其次，非人自然的内在价值只是人（非人类中心论者）为自然立的法，它只是相对于人而言的依赖于人的外在价值或工具价值。因为内在价值只能靠价值主体独立地自我证明，而非人自然的价值却是靠人赋予的甚至是强加的，非人自然自身既不能接受也不能辩驳。这恰好证明了非人自然没有内在价值。

其三，自然中心论忽视了外在价值和内在价值的区别，直接把外在价值等同于内在价值。实际上，外在价值本身是相对于内在价值而言的。自然的外在价值是自在的内在价值，内在价值是自在自为的外在价值。外在价值向内不断深入，就是向内在价值的不断深入。自然的内在本质最终在自由和理性中得到实现，真正自然的内在价值是人的自由和理性。人这个有理性的动物不仅仅作为（外在价值的）工具而且应当作为（内在价值的）目的。从这个意义讲，非人自然的内在价值只能是人的内在价值，其外在价值就是非人自然相对于人的工具价值。

三、主体和道德主体问题

非人类中心论者把外在价值混同于内在价值，进而错误地把主体等同于道德主体：他们认为，自然的内在价值就是其目的性，而目的性加能动性就是主体性，凡有目的性和能动性的存在者皆为主体。因此，"认为仅对人才需要讲道德，只有人才是道德主体，是一种偏见。非人存在者也是道德主体，对非人存在者也应该讲道德"①。实际上，主体并不等于道德主体，它包括非道德主体和道德主体。道德主体是独立之人格、自由之思想、自主之角色的有机统一，它必须具有道德的能动性和目的性。非人自然遵循自然律，至多是自然主体，而不是自由的道德主体。和非道德主体如动物的主体性截然不同的是，道德主体的主体性体现为自由的感性实践。当我思考、实践大自然时，我不仅发生了人和自然的关系，而且本质上发生了人和人（另一个对象化了的自己，即人化自然）的关系。反过来说，人的本质是整个自然界的本质，人和人的关系才真正是人和自然的关系，即人的自我关系，亦即自然界的自我关系。人正是在人的单个的、感性的独创性活动中进行着社会的活动，人的个体性本身

---

① 卢风:《应用伦理学——现代生活方式的哲学反思》，中央编译出版社2004年版，第118～127页。

体现着社会的总体性，人的感性实践活动在否定对象的活动中肯定了对象在感性之外的独立存在。这就是道德主体的自由的实践本质。非人存在者只能在道德主体的实践中被否定、被证明，而不能自我证明，因此"非人存在者也是道德主体"的说法是无根的。对非人存在者应该讲道德并非因为它是道德主体，而是因为道德主体应当把非人存在者当作自己的另一个身体来对待它——其实质依然是对道德主体自身讲道德。

更有甚者，非人类中心论不但把主体等同于道德主体，而且还认为"人类需要再来一次伟大的'伦理学革命'，需要像解放奴隶一样，解放动植物或'大地'"①。这与其说是"伦理学革命"，不如说是"革伦理学之命"。奴隶毕竟具有道德主体的基本要素——意志自由，动植物大地则没有意志自由，不可能成为道德主体。如果硬说非人自然也有道德，这无异于取消道德和伦理学。

尽管如此，并不能否认非道德主体可以进入道德共同体，为什么呢？这就涉及道德共同体问题。

四、道德共同体问题

据前述可知，自然和自由的关系问题是伦理学的"根"，换言之，伦理学是研究自由应当扬弃自然的实践哲学：理论伦理学主要在天人相分的基础上研究作为自然的一部分的人（抽象的我、社会的我）的"应当"；应用伦理学则主要研究作为自然本质的人（本质的此在的我）的"应当"。由于完整的人性必须提升到自然的自然——自由的高度才能真正得到体现，所以理论伦理学必须提升为应用伦理学。因此，应用伦理学是包含理论伦理学于自身之内的"有根"的实践哲学。

从理论伦理学的角度看，道德共同体这一概念源于康德在《纯然理性界限内的宗教》中提出的伦理实体的思想。康德认为伦理实体"也就是按照彼此之间权利平等和共享道德上善的成果的原则的那种联合"②。黑格尔发挥了这一思想，把伦理实体提升为伦理有机体即现实的道德共同体。新康德主义者柯亨批判康德的伦理实体缺少对道德成员的交往商谈以及运行机制方面的研

---

① 卢风：《应用伦理学——现代生活方式的哲学反思》，中央编译出版社 2004 年版，第 128 页。
② ［德］康德：《康德论上帝与宗教》，中国人民大学出版社 2004 年版，第 452 页。

究，为弥补此缺陷，他在《康德的伦理学论证》中明确提出了"道德存在者的共同体"的思想①。概言之，理论伦理学范畴的道德共同体是由道德主体组成的共同体，这也是人类中心论否定非人自然进入道德共同体的理论根据。

从应用伦理学的角度看，道德共同体应当是由道德主体和道德关怀对象构成的合理性的道德秩序。不过，道德主体和道德关怀对象不同：道德关怀对象只是道德主体给予道德关怀的客体，它既可以是道德主体，也可以是非道德主体如动植物、大地等。从理论伦理学视角来看，道德关怀对象就是人，包括道德主体、自在的道德主体（如婴儿、老弱病人等）。从应用伦理学的角度讲，道德关怀对象则从人扩大到非道德主体如动植物等。道德共同体的核心是道德主体，因为道德关怀的程度和范围都取决于道德主体。若无道德主体，就不可能有道德关怀对象，也不可能有道德共同体存在。应用伦理学的道德共同体和道德主体的总体（即理论伦理学的道德共同体）不同之处在于，它是由道德主体的总体和其他道德关怀对象如婴儿、动物等非道德主体的总体共同形成的道德联合体。厘清了道德主体和道德共同体的内涵，有关道德共同体问题之争的是非就清楚了：问题主要在于，各方都把道德主体和道德关怀对象混为一谈，进而把道德共同体和道德主体的集合混为一谈。非人类中心论主张自然进入道德共同体似乎可行，但它把论证方法和理论根据建立在自然是具有内在价值的道德主体的基础上是根本错误的，这就导致了其道德共同体思想的荒谬。人类中心论否定自然进入道德共同体的观点是有问题的，但它肯定人是自然的目的则是对的——由此理论基点出发，在深入把握自然和自由关系的基础上可以改造提升为应用伦理学（生态人权论）的道德共同体。

五、有责任的支配如何可能

针对人类中心论在人和自然的关系上同意"有责任的支配"，反对"绝对的支配"的观点，非人类中心论反驳说，由于它们的界限是相对的，"有责任的支配"随时可能变成"绝对的支配"。而且，有责任的支配是以世界彻底可知为前提的，但现实的人类无法确切知道其"所行"是否越出了其"所知"，

---

① 转引自谢地坤主编：《西方哲学史·第七卷》，江苏人民出版社 2005 年版，第 231 页。

无力负担起"有责任支配"的责任。我们认为，可知都是相对的可知，彻底可知是不存在的幻象，"有责任支配"的责任也是建立在相对可知的基础上的相对责任，建立在彻底可知基础上的完全的责任是不可能的，也是不必要的。伦理责任只能建立在相对可知的基础上的相对责任，而不存在绝对的无限的伦理责任。如果伦理责任是这样的责任的话，那就等于取消了任何伦理责任，伦理学也就不复存在了。这同时也决定着"绝对的支配"是不可能的，只存在相对的有责任的支配或相对的无责任的支配，我们真正要摈除的是相对的无责任的支配——即目的论的人类中心论。更为重要的是，生态人权论把人权作为价值基准，人权就成了责任的道德底线，这就从根本上遏制了绝对支配的可能性。

可见，生态人权论的人类中心论足以把其他四类中心论彻底地排除出生态伦理学。

结　语

在生态环境日益紧迫的当今视阈中，具有神秘色彩的自然中心论已很难有立足之地。显然，生态平衡并不是自然界本身的要求，而是人为了自身的权利而为自然立的法；保护环境、维持生态平衡也不是自然界本身的要求，而是人为了自身的权利而为自己立的法。对非人自然来说，物种毁灭、宇宙爆炸、春天死寂等一切状态都不能说是违背或符合生态平衡。但同样的问题在人看来，就是生态不平衡，这无非是因为它危及到了人类的存在和权益而已。如果失去人的存在这个前提，主体、价值、责任、道德都失去了根基，也就无所谓生态平衡。就是说，生态平衡的实质是"为人"的生态平衡。因此，绝不应当为生态而保护生态，相反，应当为人权而保护生态。生态人权论的要义就在于，通过理性地利用、改造和保护生态环境和人文社会环境，为人类保持并创造良好的生存空间，进而达到保障人权、提升人性、完善人性之目的。换言之，这就是人权生态伦理学得以可能的根据。

第六章
人权工程伦理学

人权工程伦理学就是以人权为价值基准的工程伦理学。

工程活动是现代社会中一种影响深远的实践方式，它表面上体现着人与自然的关系，本质上体现的依然是人与人、人与社会的关系和人之本性，这种强烈的实践特质早已预制了工程伦理学（Engineering Ethics）诞生和发展的内在机制。

20 世纪七八十年代起，工程伦理学在欧美诞生并蓬勃发展起来，如今业已成为伦理学领域的一支劲旅。然而，关于工程伦理学相关问题的争论却愈演愈烈，极难达成伦理共识。归纳起来，学者们主要围绕如下几个密切相关的问题展开激烈争论：工程伦理学是否可能？工程伦理学为何种伦理学？工程伦理学应当选择何种伦理路径？工程伦理学的价值基准是什么？在我们看来，这些问题的争论和思考，从不同的层面共同彰显出了工程伦理学的本真特质：以人权为价值基准的应用伦理学。

第一节　工程伦理学是否可能

工程伦理学首当其冲的问题是应对"工程伦理学是否可能？"的挑战。目前对工程伦理学的质疑，可主要归结为三种类型：法律可否取代工程伦理学？传统可否取代工程伦理学？价值中立说可否否定工程伦理学？尤其是第三种类型的质疑具有哲学理据，且根深蒂固，影响甚大。

一、法律可否取代工程伦理学

著名工程作家福劳曼（Samuel C. Florman）等人强调工程法律的重要，怀疑工程伦理的必要性，他认为只要工程师及其雇主尊重法律边界，工程师就应当自由地遵循雇主的指令，沿着其创造性的道路前行。他非常担忧地强调"工程伦理标准或许会扰乱法律标准的持续发展和实施"①。

我们认为，这种担忧源自对法律和伦理关系的误解。

（1）此论是（一种无视法律作用的限度，进而夸大了法律作用的）法律万能论和（蔑视道德功能、作用的）道德无能论的混合产物。伊利诺伊州立技术学院伦理学研究中心主任维维安·韦尔（Vivian Weil）教授反驳说："这种推理思路忽视了一些重要因素。法律、规章和诉讼的作用产生于伤害和损坏发生之后。法律回应不可避免地滞后于这些情况"②。和法律的滞后不同，工程伦理能够积极地发挥作用：现场负责的有良知的工程师们能够及时采取措施避免或降低伤害，主动地解决问题。

（2）此论是把法律和道德完全隔离的机械论观点。实际上，二者具有内在的密切联系：法律是具有强制性的底线道德，道德是法律的价值基础和导向。法律应以道德为基础和目的，接受道德的批判和审视，基于此得以修正和完善。道德应以法律为坚强的底线保障，运用法律的力量实现其最低限度的道德目的。因此，强调工程伦理标准不但不会扰乱法律标准的持续发展和实施，反而会不断地促进和提升法律标准的持续发展和实施。

二、传统可否取代工程伦理学

法国是以传统否定工程伦理学的典型国家。在法国，工程伦理学完全不被重视，正规教育课程认为工程伦理学纯属多余③。诚如克瑞斯特勒·笛德（Christelle Didier.）所说："在法国，讨论工程伦理学的发展几乎是一件不可

---

①② Raymond E. Spier（ed.）*Science and Technology Ethics*, London and New York：Routledge. 2002. p. 84.

③ Gary Lee Downey, Juan C. Lucena, and Carl Mitcham., "Engineering Ethics and Identity：Emerging Initiatives in Comparative Perspective". *Science and Engineering Ethics*. 2007（13）：463–487.

能的事。……在任何一个法国的国家大学的哲学系和工程系的理论课程中都对工程伦理学完全不予关照。……在工程学课程中几乎没有伦理教育……几乎没有研究'工程伦理学'的理论计划……20 世纪 90 年代以前，'伦理'这个词竟然没有出现在任何专业组织或贸易联盟的出版物中"[①]。尽管如此，这种传统并不能否定工程伦理学自身的存在。

（1）从法国之外的工程伦理学状况来看，德、美、日等国的工程伦理思想以及当今工程伦理学的迅速发展都证明了工程伦理学的重要价值。关于这一点，盖瑞·里·多内（Gary Lee Downey）等人有专文论及[②]，兹不赘述。

（2）从法国工程师事业的发展中也可以看出工程伦理学存在的必要性。

第一，从法国传统来看，虽无工程伦理之名，却有工程伦理之实。法国轻视工程伦理的传统和法国工程师由来已久的精英（中坚）地位有关。法国新闻记者让－罗伊斯·巴绥克（Jean－Louis Barsoux）解释说："在法国，工程教育决不是给医学、法律或建筑学当第二提琴手，它被公认为是通向社会和专业高端的途径"[③]。就是说，工程师是为国家政府工作的一个特殊的行业即所谓的"国家"工程师（"state"engineers）。要成为工程师的学生必须经过最为严格的选拔和训练。他们进入工程学院不是"录取"（"admission"）而是"晋升"（"promotion"），一旦完成学业，就被永久性地作为提拔对象。换句话说："进入工程学院，就意味着进入可期望的国家工程师制度体系之内，他们有望最终成为领袖和法国社会的化身。这样，他们成了国家发展的正统的火车头"[④]。从某种意义上讲，法国国家工程师的精英地位决定着其道德素养是在极其严格的考试体系的过程中得以培育的。盖瑞·里·多内等人所说："对于法国工程师而言，证明其成为精于工程学的数学基础的能力、承诺（义务）

---

① C. Didier，Engineering ethics at the Catholic University of Lille（France）：Research and teaching in a European context. European journal of engineering education，2000（25）：325 – 335.

② See Gary Lee Downey，Juan C. Lucena，Carl Mitcham.，"Engineering Ethics and Identity：Emerging Initiatives in Comparative Perspective". *Science and Engineering Ethics* . 2007（13），pp. 463 – 487.

③ Jean－Louis Barsoux. Leaders for Every Occasion. IEE Review. 1989（1）：26.

④ See Gary Lee Downey，Juan C. Lucena，and Carl Mitcham.，"Engineering Ethics and Identity：Emerging Initiatives in Comparative Perspective"，*Science and Engineering Ethics* . 2007（13）：463 – 487.

和自制，就证明他具有了确保共和国信誉并领导它追求理想未来的道德品性"①。J. 斯密斯（J. Smith）也说："毋庸置疑的是，250 年来，他们（法国国家工程师——译者注）始终如一的公共服务的道德气质在任何地方都极为罕见"②。

第二，从法国传统的现代化而言，也经历了从无伦理之名到工程伦理学的出现的历史进程。冷战结束后，国家联系通过联合国的推动作用进一步加强。法国工程师教育作为回应，期望工程师们参与欧洲之外的国际工厂，工程学院因此开始扩展其非技术类的工程教育。在此境遇中，对工程专业的伦理反思获得了立足之地。1995 年，工程师资格任命委员会支持工程研究生的正式资格要具有非技术性的要求，包括"外语，经济，社会人文科学以及解决信息问题的具体方法途径，同样向工程专业的伦理反思提供机会（通路）"③。工程伦理学的这个立足之处否定了轻视伦理的传统，为法国工程伦理的研究活动打开了通道。

（3）传统本身包含着伦理的要素，但也不可避免地存在着违背伦理的要素，而和人密切相关的工程中的伦理问题却是充满生命力的活生生的伦理实践。传统自身的滞后和不足不但不能否定工程伦理学的存在，反而要求工程伦理学的精深发展。

三、价值中立说可否否定工程伦理学

如果说法律和传统只是外在挑战的话，价值中立说则是从哲学理论的高度对工程伦理学可否成立构成的内在挑战。

价值中立说认为真理事实与伦理价值缺乏内在联系，科学家、工程师只需尊重真理事实，对伦理价值可以不屑一顾。西方哲学史上，休谟最早明确了真理与价值、"是"和"应该"之间的划分，提出了两者间是否有内在联系的问

①　See Gary Lee Downey, Juan C. Lucena, and Carl Mitcham. , "Engineering Ethics and Identity: Emerging Initiatives in Comparative Perspective", *Science and Engineering Ethics* . 2007 (13): 463 – 487.

②　J. Smith, and O. Cecil, " The Longest Run: Public Engineers and Planning in France", The American Historical Review, 1990 (95): 657 – 692.

③　See Gary Lee Downey, Juan C. Lucena, and Carl Mitcham. , "Engineering Ethics and Identity: Emerging Initiatives in Comparative Perspective", *Science and Engineering Ethics*, 2007 (13): 463 – 487.

题。逻辑实证主义者（维特根斯坦、斯蒂文森、埃耶尔等）秉承这一思路，进而主张所有价值命题都既不能通过逻辑分析加以证明，也不能通过经验来证实，因而既不具有逻辑意义，也不具有经验意义。只有真假意义的事实命题即真理命题，才有意义——由此即可推出科学的价值中立性命题。马克斯·韦伯从科学的价值中立性出发，系统论证了经验科学与价值论、伦理学的严格界限，特别强调"'存在知识'即关于'是'什么的知识，与'规范知识'即关于'应当是'什么的知识之间的逻辑区分"①。这样一来，价值中立的工程学和价值科学的伦理学就不可能有任何关联，工程伦理学也就失去了存在的根据。而且，即使工程伦理学存在，它也是没有价值的。

我们认为，价值中立说不能否定工程伦理学，因为：

（1）从工程发展的历史和现实来看，并不存在任何"价值中立"的工程。历史上第一所授予工程学位的学校是 1794 年成立的法国巴黎综合工艺学校，当时它隶属于国防部门，出自这种具有一定军事性质的学校的工程不可能价值中立。18 世纪下半叶，英国出现了最早的民用工程，如修建运河、道路、灯塔、城市水系统等土木工程。由于修建运河沿途要跨多个行政区、涉及众多土地所有者，当时的土木工程师要到英国议会为运河修建项目作论证，陈述实施项目的理由，争取议会和政府的批准，这直接和现实中的价值密切相关②。由此可见，工程自诞生之日起，就与社会环境、社会事务联系紧密，就与现实中的价值密切相关。当代现实中的工程与价值的关系，无论从深度还是从广度上都比以往更加密切。所谓"价值中立"的工程绝不可能存在。

（2）从工程的内在特质来看，它自身是具有其内在价值的存在。

胡塞尔说："在 19 世纪后半叶，现代人的整个世界观唯一受实证科学的支配，并且唯一被科学所造成的'繁荣'所迷惑，这种唯一性意味着人们以冷漠的态度避开了对真正的人性具有决定意义的问题"③。这也适用于对工程价

---

① ［德］马克斯·韦伯：《社会科学方法论》，朱红文等译，中国人民大学出版社 1992 年版，第 48 页。

② See Robert A. Buchanan, *The Engineers：A History of the Engineering Profession in Britain*, 1750 - 1914, London：Jessica Kingsley Publishers. 1989.

③ ［德］胡塞尔：《欧洲科学的危机与超越论的现象学》，王炳文译，商务印书馆 2005 年版，第 16 页。

值中立说的批判。价值中立说从原则上排除的正是工程本身的核心问题：即关于整个工程有无价值意义的问题。

价值中立说的实质是认为对于包括工程在内的一切客观的考察都是在外部进行的考察。不过，这种考察只能把握外在性、客观性的东西。实际上，对于包括工程在内的任何对象的彻底考察，是考察主体对于自己本身在外部表现出来的主观性的系统的纯粹内在的考察，"这些问题终究是关系到人"①。人的存在，及其意识生活和其最深刻的世界问题，最终就是有关生动的内在存在和外在表现的一切问题都得到解决的场所。人的存在是目的论的应当—存在，即人是价值和事实的综合存在，这种目的论在自我的所有一切行为与意图中都起着支配作用，在缜密严谨的工程活动中尤其起着支配作用。因此，工程并非纯粹客观的、实证的、独立的，它们建立在承载着价值的人的主观性的基础之上。这也决定了工程及其诸要素如科学、技术、工程师等都是以人权为价值基准的价值主体——这一点将在后文详述。

可见，价值中立的工程确系子虚乌有，甚至可以说，工程是道德哲学的重要分支。换言之，工程伦理学不但可以成立，而且具有鲜明的现实的价值和意义。

我们既然批判了各种怀疑论，肯定了工程伦理学的内在合理性及其可能性。那么，它应当是何种伦理学呢？

第二节　何种伦理学

就工程伦理学阵营内部而言，虽然都肯定工程伦理学的可能性，但是在"工程伦理学应当是何种伦理学？"这个关乎其学科性质的基础问题上，依然争论激烈、分歧甚大。这种论争可主要归结为如下几个方面：微观伦理学、宏观伦理学还是综合（协作）伦理学？经验伦理学还是理论伦理学？实践伦理学还是应用伦理学？

---

① ［德］胡塞尔：《欧洲科学的危机与超越论的现象学》，王炳文译，商务印书馆 2005 年版，第 15~16 页。

一、微观伦理学、宏观伦理学还是综合（协作）伦理学

部分学者把工程伦理学分为微观伦理学和宏观伦理学：约翰·赖德（John Ladd）等学者比较关注微观伦理学，胡斯皮斯（R. C. Hudspith）等人比较关注宏观伦理学。

一般而言，微观伦理学（microethics），主要研究工程师个体的职业伦理：从工程学会的伦理准则出发，围绕工程师个人的责任和义务，采用案例研究的方法，重点研究工程师在工程实践中可能碰到的伦理难题和责任冲突，思考工程伦理准则如何适用于具体的现实环境，以使工程师的决定和行为符合伦理准则的要求等问题。宏观伦理学（macroethics），着眼于工程整体与社会的关系，主要研究和社会领域相关的责任问题，思考关于工程（技术）的性质和结构、工程设计的性质和做一名工程师的含义等更广泛的伦理问题。

随着研究的深入，多数学者倾向于对微观伦理学与宏观伦理学两个层面的综合研究。威廉姆·里奇（William Lynch）等人认为，工程外的知识、制度、历史、文化等对工程伦理学都具有重要作用。就飞行事故而言，制度因素和工程技术因素对于旅客的安全同等重要[1]。政治学家 E. J. 伍德豪斯（E. J. Woodhouse）主张工程伦理学应当建立在集体职业责任的基础上，并高度注重工程师作为公民的作用，认为工程师不仅应当承担工作中的职业责任，而且应当承担其作为普通公民和消费者的责任[2]。这种工程伦理学的综合研究视角，实际上是超越宏观伦理学和微观伦理学的理论诉求的体现。北卡罗来纳州立大学约瑟夫·R. 赫克特（Joseph R. Herkert）教授在此基础上，提出了超越微观伦理学和宏观伦理学的综合伦理学——协作（合作）伦理学（collaborative ethics）。他把协作工程伦理学的基本观点概括为四个方面：工程师、伦理学家和科学技术社会的学者以及老师之间的协作；工程和计算机领域的伦理学家的协作；伦理学家、工程教育者和职业工程界的协作；同一系统领域内的协作，重视工程职业

---

① W. T. Lynch, and R. Kline, "Engineering Practice and engineering ethics", *Science*, *Technology and Human Values*. 2000 (25): 195 –225.

② E. J. Woodhouse, "Overconsumption as a Challenge for Ethically Responsible Engineering", *IEEE Technology and Society*, 2001 (20): 23 –30.

界的共同作业和共同社会责任①。另外，中国学者李伯聪在《绝对命令伦理学和协调伦理学——四谈工程伦理学》中也谈到了协调伦理学（即协作工程伦理学）②。

我们认为：微观、宏观的分类是量的角度的模糊划分，如果愿意，我们甚至可从微观、中观、宏观等量的角度无穷地分割下去。所以，这种划分只是停留在工程伦理学的外在因素，并没有深入到其内在本质。应当肯定的是，协作伦理学中贯穿各领域的"协作"精神已经触及到了工程伦理学本质问题的边沿。问题是，协作的根据是什么？若不能回答此问题，协作伦理学就可能沦为无原则、无立场的道德相对主义而流于空谈。对此，可从两个层面深入讨论：经验还是理论？实践还是应用？

二、经验伦理学还是理论伦理学

比较而言，协作伦理学虽然触及到了工程伦理学的本质问题的思考，但它还是表面的，并没有从根本上摆脱量的思路，而关于"经验伦理学还是理论伦理学？"的论争已经明确地从协作伦理的根据的角度深入到了工程伦理的学科性质。

就伦理直觉和多数工程伦理学学者而言，工程伦理学应当是理论研究为主的伦理学。然而，斯坦福大学的罗伯特·E. 迈克格因（Robert E. McGinn）在《"警惕鸿沟"：工程伦理学的经验路径，1997－2001》一文中，特别提醒理论伦理和现实中的实际伦理存在着巨大的差距。他对斯坦福大学工程学学生和正在工作的工程师进行了为期 5 年的关于工程伦理问题的调查，"分析结果强烈地表明：一方面是正在接受教育的工程专业的学生面对的工程伦理问题，另一方面是当代冲程实践中的伦理现实问题，二者之间存在着严重的分离。这种鸿沟导致了两种值得重视的后果：工程专业的学生对什么使一个问题成为伦理问题的观点存在着巨大的争议，而工作的工程师们对于在当代社会中什么是能够成为有责任心的工程师的最重要的非技术方面的因素存在着重大分歧。这些分

---

① Joseph R. Herkert, "Ways of Thinking about and Teaching Ethical Problem Solving: Microethics and Macroethics in Engineering", *Science and Engineering Ethics*. 2005（11）：373－385.

② 李伯聪："绝对命令伦理学和协调伦理学——四谈工程伦理学"，《伦理学研究》，2008 年第 5 期。

歧阻止（妨碍）了对具体职业实践中的工程师的明确的道德责任和伦理问题的达成共识。这证明对工程专业的学生和工作工程师关于工程伦理问题进行适宜精确的研究调查非常重要，尽管工程伦理研究忽视了经验的方法途径。这种途径可以提升占主流地位的个案研究方法，并对极其有条不紊的理论分析的方法途径构成挑战"①。

显然，工程伦理学决不可忽视其经验性的研究路径，强烈的实践和应用精神是其应有之义。同样，忽视其理论研究，停留在零碎的经验思维水平上，就不会对工程经验有深刻的思考和指导作用，也不会有工程伦理学。工程伦理学应当把工程经验和理论融为一体，而不是二者取一。

三、实践伦理学还是应用伦理学

融经验和理论融为一体的工程伦理学应当是何种伦理学呢？基于这种思路，就有了工程伦理学是实践伦理学还是应用伦理学的争论。当前，工程伦理学的主流思想家们主张它应当是实践伦理学而不是应用伦理学。

R. L. 皮克斯（R. L. Pinkus）等人明确主张，工程伦理学是实践伦理学（practical Ethics），而不是应用伦理学（applied Ethics）②。李伯聪也说："工程伦理学应该定性和命名为'实践伦理学'而不是'应用伦理学'"③。支撑此论的主要论据在于：①工程伦理学要批判地反思工程师的道德观念和行为，揭示其背后的道德依据，这种推理过程所参考的一般道德原则明显或不明显地与伦理理论直接有关。但是，如同工程不是科学的简单应用，工程伦理学也并非将一般伦理理论简单、机械地应用于实际问题。②为了避免对"应用"的误解。诚如朱葆伟所说："我们宁愿把工程伦理学称为一门'实践伦理学'，以区别流行的'应用伦理学'。因为在这里，'应用'是一个容易引起误解的说法。近代以来流行的理论与实践关系的二元论以及重理论、轻实践的观念往往

---

① Robert E. McGinn, "'Mind the Gaps': An Empirical Approach to Engineering Ethics, 1997–2001".，Science and Engineering Ethics. 2003 (9): 517–542.

② Rosa Lynn etc., *Engineering Ethics: Balancing Cost, Schedule, and Risk*, Cambridge: Cambridge University Press. 1997, p. 20.

③ 李伯聪："工程伦理学的若干理论问题——兼论为'实践伦理学'正名"，《哲学研究》，2006年第4期。

把应用理解为首先获得一种纯理论的知识，或者从这种知识中制定出一个普遍有效的行为原则，然后把它现成地搬用到一个特殊的情境中去。这种看法没有正确把握理论和实践的关系，尤其是没有把握实践的特征和丰富内涵"①。这种看法从总体上讲，是深入到了伦理学自身的逻辑，较之量的区分（微观、宏观、综合），更贴近工程伦理学的本质。

不过，此论认为工程伦理学是实践伦理学，把工程伦理学排除在应用伦理学之外。这是值得商榷的。因为：

（1）伦理学的实质就是实践伦理学，而不是简单地把伦理理论运用于实际问题。实际上，伦理理论的应用需要明智的道德判断力和坚强的道德意志，绝不是一个理论和实际的简单的结合运用。严格说来，这种运用并不存在，那种（把伦理原理应用于现实问题的）"应用"伦理学是不可能的。这是因为应用和实践本质上是一致的。

（2）应用和实践本质上是一致的。对"应用伦理学"而言，"应用的"（applied，angewandte）首要含义就是"实践的"，这种强烈的"实践"指向是批判性道德思维的根本功能。伽达默尔在《真理与方法》中对"应用"概念进行了实践的解释。他认为理解、解释和应用都是解释学的要素。理解是在具体境况中的理解，解释是对理解的再理解，理解就是解释，解释是深层次的理解，而"理解在这里总已经是一种应用"②。"应用"绝不是对某一意义理解之后的移植性运用，即把先有的一个基本原理应用于实践。伽达默尔认为，对于伦理学这样的"实践的学问"而言，"实践"就是"应用"。"应用"就是特定目的和意图在特定范围和时机中的实践性"行为"。实践性"行为"是基于某个特定事物的"内在目的"，而"内在目的"又必然包含其现实化的根据，这样的实践性行为就是"事物"成其自身的自我实现活动。因此，"应用"就是事物朝向自身目的（内在的"好"——善）的生成活动或者说是一种自在到自在自为的活动。就是说，"应用"是善本身的实践—实现—生成活动（自在—自为—自在自为的过程）。这直接体现为应用是一个不断自我否定的实践过程。

---

① 朱葆伟："工程活动的伦理问题"，《哲学动态》，2006 年第 9 期。
② ［德］伽达默尔：《真理与方法》上卷，洪汉鼎译，上海译文出版社 2004 年版，第 400 页。

（3）如果把应用伦理学和实践伦理学分开，那么，二者的区别和联系是什么？二者和理论伦理学的关系分别是什么？伦理学的实践特质在理论伦理学、实践伦理学、应用伦理学中如何体现？它们有何内在联系和区别？等等一系列诸如此类的基础伦理问题就会随之出现。然而，由于当今（实践意义上的）"应用伦理学"术语业已得到普遍公认，这些问题实际上已经没有任何意义。

综合考虑这些要素，尽管实践伦理学的提法并没有学理上的大问题，我们还是主张工程伦理学是应用伦理学。

据前所论，如果说微观伦理学、宏观伦理学、综合（协作）伦理学的讨论主要是从外延的视角对其学科地位的研究，其二、其三则主要从工程伦理的内在性质来讨论其学科地位。这样一来，工程伦理学可从三个层面来把握：①从其外延来看，它可相对地归结为微观伦理学、宏观伦理学、协作工程伦理学三种基本形态；②从其内涵来看，它是以工程师为道德主体的融经验、理论为实践之中的应用伦理学。③从逻辑上讲，内涵是外延之根基，是不依赖于后者的自在存在；外延则是派生于、依赖于内涵的存在。据此，工程伦理学的第2个层面可以容纳第1个层面，反之则不然。所以，简言之，工程伦理学是应用伦理学。

接下来要追问的是：作为应用伦理学的工程伦理学的道德目的是什么？这就进入到了"人权如何成为工程伦理学的价值基准？"的伦理视阈。

第三节　何种价值基准

工程不是科学的简单应用，也不是技术的机械叠加，而是工程师以科学知识为依据，以技术的综合运用为具体操作途径，所进行的合目的的创造性伦理实践。可见，科学、技术、工程、工程师是工程伦理学的四大要素。这里直觉的回答是工程实践的价值目的是以人权为价值基准的伦理活动。要回答人权如何成为工程伦理学的价值基准？就要分别回答人权如何成为科学、技术、工程、工程师等要素的价值基准？

一、人权如何成为科学的价值基准

Science 源自拉丁文 scientia，其本意仅仅指"知识"（knowledge）。胡塞尔解释说："科学的起源以及它从未放弃过的意图就是，通过阐明最后的意义源泉，获得有关现实地被理解的，另外也是在其最终意义上被理解的东西的知识"①。科学知识是人们通过科学方法获得的：观察自然的几种状态或很多次观察同一状态，并对观察的对象或各对象之间的关系形成一种假设或猜想，再通过经验或考验来决定这种假设的可信度。如果这种假设（hypotheses）通过了具有多种偶然性的、非常困难的检验，其结果尽管和一个经过微弱的或未加批评的检验完全一致，我们也会对前者更有信心。"当我们的假设经过了良好的检验以致我们实际上一贯地认为它具有完全的可靠性时，我们就把它称为知识（knowledge）"②。可见，科学的本质是其可靠性而非通常所说的客观性。

实际上，并不存在和人无关的客观性。没有人这个主体，科学就是无根之物。所谓科学真理的客观性，其本质就是人这个主体所确认的可靠性。用雅斯贝尔斯的话说，就科学而言，居于首位的不是上帝，也不是自然界，"居于首位的是人"③。既然可靠性和人这个价值主体密不可分，科学成果就有可能被人用来行善或作恶。诚如《科学与工程伦理学》副主编斯蒂芬.J. 博德（Stephanie J. Bird）所说："科学是充满激情的人类活动，其本身体现着人类的力量和脆弱的全部领域。它奠基于我们对周围世界的好奇，以及我们渴求知晓和理解包括从宇宙的外部界限到人类思想深处的每一事物。科学研究也是以各种形式的人类创造性应用来满足我们的好奇心的典范。与此同时，科学研究也提供了表达人类脆弱性和易错性的机遇：傲慢、情欲、贪财、迟钝、固执、无知、残酷和滥用权力等"④。虽然科学提供了践踏伦理和人权的机遇和可能，

---

① ［德］胡塞尔：《欧洲科学的危机与超越论的现象学》，王炳文译. 商务印书馆 2005 年版，第 234 页。

② Raymond E. Spier（ed.）*Science and Technology Ethics*，London and New York：Routledge. 2002. p. 3.

③ ［德］卡尔·雅斯贝尔斯：《时代的精神状况》，王德峰译，上海译文出版社 2008 年版，第 121 页。

④ Raymond E. Spier（ed.）*Science and Technology Ethics*，London and New York：Routledge. 2002. p. 22.

但"真正的科学,是那些自愿献身于科学研究的人的一项高贵的事业"①。这种高贵主要体现为科学研究所蕴含的伦理实践精神,因为"伦理关怀内在于各个阶段的研究行动和研究报告之中,同样也植根于解决现实世界问题的研究的应用之中"②。真正的科学,是把人居于首位的可靠性知识,是尊重和保障人权的道德实践,也是坚定地反对傲慢、贪欲、残酷和其他侮辱、践踏人权的伦理活动。

二、人权如何成为技术的价值基准

亚里士多德在其《物理学》中曾把技术看作工具性的技艺。笛卡儿进一步把技术和自然科学尤其是数学联系起来,认为技术是应用的自然科学,是万能普遍的中性工具系统。近代以来,这种笛卡儿式的工具技术观一直占据主导地位。在现代境遇中,此论遭到了诸多哲学家的质疑。海德格尔说:"所到之处,我们都不情愿地受缚于技术,无论我们是痛苦地肯定它或者否定它。而如果我们把技术当作某种中性的东西来考察,我们便最恶劣地被交付给技术了;因为这种现在人们特别愿意采纳的观念,尤其使得我们对技术之本质盲然无知"③。技术的工具性规定既没有把我们带入一种自由的关系中,也没有向我们显示出技术的本质。

不幸的是,与笛卡儿时代相比,当代技术工具论获得了更加强有力的支撑。对此,德国著名技术哲学家伦科(H. Lenk)指出,如今技术已远非简单的工具,而是已经成为改造世界、塑造世界、创造世界的重要因素。有史以来,人类从来没有像现在这样借助技术进步拥有如此巨大的力量和能量。他认为,当代技术呈现出和人密切相关的六大新趋势:①受技术措施及其副作用影响的人数剧增;②人类技术活动开始干扰甚至支配自然系统;③技术开始控制人本身:它不仅通过药理作用、大众媒体影响潜意识,而且通过基因工程潜在地影响控制人的身心;④信息技术领域的技术统治趋势日益加强;⑤"能够

---

① [德] 卡尔·雅斯贝尔斯:《时代的精神状况》,王德峰译,上海译文出版社 2008 年版,第 115 页。

② Raymond E. Spier (ed.) *Science and Technology Ethics*, London and New York: Routledge. 2002. p. 23.

③ 《海德格尔选集》下,孙周兴选编,三联书店 1996 年版,第 925 页。

意味着应当"的"技术命令"甚嚣尘上；⑥技术尤其高新技术对人类和自然系统的未来具有重大影响能力①。这种技术至上论的趋向把工具技术论推向了登峰造极的地步，尤其是把"应当意味着能够"颠倒为"能够意味着应当"的技术工具主义的祛伦理化倾向，使技术伦理问题日益尖锐。

我们知道，从词源学讲，希腊词 techné 主要指一种偶然发明的技艺和技能。techné 后来发展为可以传授训练的工艺方法 technique。17 世纪，人们把 techné（技艺）和 logos（讨论、演讲、理性等）结合为 technology，指关于技艺的讨论、演讲或理性本质。从这个意义看，把 technology 翻译为"技术"是不准确的，倒不如翻译为"技道"或"技理"。这个"道"或"理"（logos）主要有两层意思：一是指技艺所遵循的规则或知识。换句话说技术是一种（如何制造东西或如何去做工作的）知识；二是指技艺的理性目的即道德目的。因此，古德曼（Paul Goodman）说："不论技术利用新的科学研究与否，它都是道德哲学的一个分支，而不仅仅是科学的一个分支"②。可见，工具技术论的实质是固执地停留在 technique 的 techné 的层面，而抛弃了其根基性的 logos。海德格尔明确反对这种观点，他把技术看作一种自由的解蔽方式，"技术乃是在解蔽和无蔽状态的发生领域中，在真理的发生领域中成其本质的"③。技术的本质是自由，自由正是道德哲学的本体根据。工具技术论恰好是暴力霸权扼杀自由和人性的借口，甚至可以成为肆意践踏人权的"道德"借口。真正的技术（technology）是为了达到理性的道德目的而运用知识的技艺或技能，是"应当意味着能够"的自由实践而不是"能够意味着应当"的强制暴力性的工具。

当今技术每个变化趋势都和人这个主体密切相关，自由技术论的底线只能是普遍人权，即不得侵害人权的"应当"决定着技术"能够"的限度和范围。

---

① See Hans Lenk, "Introduction：The General Situation of the Philosophy of Technology and A Tribute to the Tradition and Genii Loci", on Hans Lenk & Matthias Maring（eds.）, *Advance and Problems in the Philosophy of Technology*, Munster：LIT. 2001. p. 1.

② Schinzinger, Roland and Mike W. Martin. *Ethics in Engineering*（3rd edition）. Boston：McGraw – Hill Companies, Inc., 1996. p. 1.

③ 《海德格尔选集》下，孙周兴选编，三联书店 1996 年版，第 932 页。

可见，尽管"技术并不是科学"①，但它们也有着内在的联系：科学和技术都是以人权为价值基准的知识和道德实践活动，都属于道德哲学的重要实践领域。

三、人权如何成为工程的价值基准

18 世纪，Engineering 这个词在欧洲出现时，专指作战兵器的制造和执行服务于军事目的的工作。随着科学技术的发展，人们可以建造出比单一产品更精密、更复杂的作品，即各种各样的所谓"人造系统"（比如建筑物、轮船、飞机等等）。工程概念应运而生，并且逐渐发展为一门独立的学科和技艺。

和科学技术相比，工程活动的本质与工程"设计"（design）的本质密切相关。"它（design）源自 16 世纪的法语词'disseihne'，其清晰的内涵是目的、意图或者决定。它（design）具有算计、密谋以便达到其目的的期望，并因而成为连接目的和现实的关键点。一个为了达成特定目的而形成的物质实体即一项工程可以看作以设计（design）开始的一个过程的作品"②。融科学、技术于一体的工程设计的目的，和科学技术的目的本质上是一致的：以人为目的。它一旦在创造性的设计和实体性的作品中把这个目的实践出来，就具体体现为对人权的尊重和促进。

"工程"一词在现代语境中，有广义和狭义之分。就广义而言，工程是由以工程师为主体的团体为达到某种目的，在一个较长时间周期内进行协作活动的实践过程。就狭义而言，工程可从三个角度理解：①从动态的过程看，工程是以工程师为主体，以某种设计目标为依据，应用相关的科学技术知识和技能，通过团体的有组织的活动将某个（或某些）现有实体（自然的或人造的）转化为具有预期使用价值的人造产品的过程。②从静态的角度看，指具体的基本建设项目的理念或结果，如信息工程、基因工程、生物工程等。③从学科的角度看，工程是将自然科学的知识创造性地应用到工农业生产部门或军事领域

---

① ［德］胡塞尔：《欧洲科学的危机与超越论的现象学》，王炳文译．商务印书馆 2005 年版，第 234 页。

② Raymond E. Spier（ed.）*Science and Technology Ethics*，London and New York：Routledge. 2002. p. 7.

中去而形成的各学科的总称。这些学科是应用数学、物理学、化学等基础学科的知识，结合在生产实践中所积累的技术经验创造性地发展而来的，如土木建筑工程、水利工程、冶金工程、机电工程、桥梁工程、生态工程等。显然，无论从广义或狭义的角度看，工程都应当以人为目的，都应当以人权为价值基准。

工程作为把科学和技术的共同目的——人权落实到实践的过程和产品，其真正的价值基准就在于把科学和技术的人权基准在落实为工程实体的现实路径中，比科学更加切实、比技术更加广泛深刻地尊重和保障人权为价值基准的道德目的。这也是对前述工程价值中立说的有力回击。不过，这一切都必须通过工程师这个伦理主体来具体实践。工程师是工程伦理学的道德主体，没有工程师的价值基准，科学、技术、工程的价值基准就丧失了其主体性和最终根据。

四、人权如何成为工程师的价值基准

费希特曾在《伦理学体系》中详尽探讨了责任（职责）的分类问题，他把实现道德规律的范围作为各类道德职责的标准之一。据此，每个人必须亲自完成而不得转交别人的事情，是普遍的职责；每个人可以分工合作，可以转交给别人的事情，是特殊的职责①。我们借用并改造这种思想：以履行责任的范围作为责任的分类标准，把应当对每个人负责的责任称为普遍责任，把只对某些人或某些团体负责的责任称为特殊责任。

工程师不仅要承担其作为一个工程师的特殊责任，同时也要承担其作为一个人的普遍责任——前述维维安·韦尔等人的责任论偏重于特殊责任的不同层面，相对忽略了普遍责任。工程师的特殊责任源自其作为工程师应当享有的特殊权利如工程决策和实施权利等，其普遍责任则源自人人应当普遍享有的人权。换句话说，工程师的普遍责任和特殊责任的根据在于其特殊权利和人权。如果工程师放弃了对其人权和特殊权利的尊重，他就必须为此承担相应的责任（普遍责任或特殊责任）——责任正是由权利而来的。根据前述特殊权利和人权的内在关系，工程师的特殊权利必须是以不损害人权为底线的合道德的权

---

① ［德］费希特：《伦理学体系》，梁志学、李理译，商务印书馆2007年版，第277～397页。

利。所以，人权是工程师特殊权利的价值基准，也是其责任的价值基准。

前面我们已经论证了人权是功利、道义的价值基准，同理，人权也是工程师追求的功利、道义的价值基准。因此，人权有资格成为工程师的价值基准。

下面，我们以人权范畴的生命权为例进一步具体明确这个观点。

从消极方面看，20世纪的军事工程是有史以来对人权影响最大的工程历史事件。当时，为破坏性战争而制造的精良武器和运输系统均出自精于此道的工程师之手。虽然军人运用这些工程产品对于生命权的践踏负有直接的罪责，但这些工程师们也难辞其咎，他们至少应当承担相应的普遍责任。"工程师们应该集中精力关注那些具有和平前景的工程，而摒弃那些鼓动战争的工程"①。支撑这种观点的价值基准正是生命权。

从积极方面看，与某些工程师滥用其特殊权利践踏人权不同，著名工程师柯尤尼（Fred Cuny）多次在其工程建设中尽力避免工程可能危及人权的后果。他总是责问政府为什么不预先考虑加固工程设施系统，却总是被动地试图减缓或降低工程设施坍塌后的灾难后果。他生前最后一次保障人权的工程行为，是1993年通过修复水利工程来降低由轰炸和狙击手给萨拉热窝的人们带来的生命灾难。事前，他首先考虑的是饮水问题。在当地人的帮助下，他和其助手们预先修复了古老的供水系统。当轰炸导致断电，进而导致现代化的水利系统停止运行之时，因为有了古老的供水系统，三分之一的人没有冒险到外地取水，而幸免于狙击手的射杀②。他利用其作为工程师所享有的特殊权利（设计修复工程的权利）进行行为选择的价值基准，也正是基本的人权——生命权。

行文至此，工程伦理学的本真特质已明晰可鉴：它是以人权为价值基准的应用伦理学。

结　语

康德说："在人借以形成自己的学术的文化中，一切进步都以把这些获得

---

① Raymond E. Spier （ ed. ） *Science and Technology Ethics*, London and New York：Routledge. 2002. p. 86.

② Raymond E. Spier （ ed. ） *Science and Technology Ethics*, London and New York：Routledge. 2002. p. 85.

的知识和技巧用于世界为目标；但在世界上，人能够把那些知识和技巧用于其上的最重要的对象就是人，因为人是他自己的最终目的。"① 其实，科学、技术、工程和工程师等要素综合形成的工程伦理学自身的为人目的并非单一的，而是一个包括功利、道义、责任、权利等不同层面的综合目的，正是它们才导致功利、道义、责任、权利等基本伦理路径的差别。如前所述，功利、道义是责任、权利要实践的对象：功利目的的冲突，求助于道义目的，道义目的的空洞求助于责任，责任目的的根据奠基于权利，权利的基准在于人权。换言之，人权是它们共同的价值基准，即人权是工程伦理学的价值基准。工程伦理学作为以人权为价值基准的应用伦理学，不但应该努力深化对人、社会和自然的知识，而且更应该基此把这些学科的理论知识转化成为践行功利、道义、责任、权利等价值的强劲的伦理能力，并使自己成为保障和促进人权伟业的现实力量。

当前，工程伦理学面临的最为突出而尖锐的问题是：工程师既对雇主、公司、国家有责任，又对自己、家庭也有责任，当他坚持人权底线时，很可能与自己、雇主、公司乃至国家利益相互冲突。换言之，功利、权利、责任与职业道德发生冲突的具体处理方式是和人权密切相关的一个突出的现实问题。据前所论，应对此类问题的基本思路如下：首先，确定工程伦理学的价值序列：人权、特殊权利、责任、道义、功利。换言之，工程伦理学实践路径的基本程序可归结为：以人权为价值基准，明确工程伦理的特殊权利和相应责任，并具体判断工程实践的特殊权利、责任、道义和功利的正当与否。其二，据此价值序列，确立积极合理的民主商谈途径，以有效缓和、化解日常的人权冲突和伦理矛盾。民主商谈应当在一个由工程师、科学家、法学家、伦理学家、政治家、社会组织代表组成的专门的"工程伦理委员会"中进行。工程伦理委员会应当是人们通过民主对话与协商应对和解决工程问题中涌现出的伦理悖论与道德冲突，从而形成道德共识的重要场所。它是一个不仅仅从工程设计、科学研究、经济商业、社会政治的角度，而且主要是从人权、道德和工程伦理学价值序列的角度，来分析某一个工程难题的利害关系，从而求得符合人权价值基准

---

① 《康德著作全集》第7卷，李秋零主编，中国人民大学出版社2008年版，第114页。

的解答方案的专门的工程伦理实践平台。其三，在遇到非常的工程伦理难题的情况下，即现行的法律条款和工程伦理基本规范均无法对之提供指导而丧失效力的情况下，最后就必然归结到以人权为价值基准的制度设计：以价值序列为基本依据，通过建构合道德的制度来化解工程伦理中的各种矛盾冲突，从而推动相应法规的形成或更新。需要强调的是，工程师不但要承担责任，其自身的权利也必须得到法律制度的充分保障。我们应当以人权为基准，用法律制度的形式明确工程师的权利以及其相应的责任。否则，法律制度就无权追究工程师的责任，至少这种追究是不正当的。

显然，这还只是一个原则性的构想，如何设计出更加具有可操作性的具体应对程序应当是今后有待进一步深入探讨研究的具有重要实践价值的工程伦理问题和人权致思方向。

应用篇（II）
人权人理应用伦理学

如前所论，领域（I）的价值取向最终指向领域（II）即人权人理应用伦理学，并在后者之中得以深化和完善。

领域（II）主要研究与人文社会科学领域密切相关的人权应用伦理学诸分支，它主要包括人权政治伦理学、人权法律伦理学、人权宗教伦理学、人权管理伦理学、人权经济伦理学、人权企业伦理学、人权媒体伦理学、人权国际关系伦理学等。

我们以人权宗教伦理学、人权法律伦理学、人权政治伦理学作为领域（II）的主要研究对象。如果说人权宗教伦理学应当通过内在信仰去追求对人权之自律的话，人权法律伦理学则通过他律的强制性的力量保障人权基准，人权政治伦理学则通过伦理共同体把人权基准渗透到社会结构和政治制度之中，建构起人权之自律和他律的桥梁。领域（II）的所有分支都可大致归结到这三大类型之中，这也是选择它们作为研究对象的根据所在。这里需要特别说明的是，这三种类型的区分只是相对的，因为其各分支之间并非绝对对立、互不相容，而是有着内在的联系，它们的根本目的（人权）是一致的。这就是人权应用伦理学领域（II）的基本思路。

第七章
人权宗教伦理学

人权宗教伦理学就是以人权为价值基准的宗教伦理学。

宗教与人权之间的冲突是人类历史上极其复杂难解、不容忽视的国际性问题。目前，宗教引发的国际人权问题日益突出。诚如宗教和人权关系研究专家麦高德里克（Dominic McGoldrick）所言："当代宗教呈现出一种令人关注的现象，它对人权提出了挑战"①。

21世纪以来最著名的宗教挑战人权的案例是2001年9月11日穆罕默德·阿塔（Mohamed Atta）发起的对纽约世贸大厦中心的恐怖袭击。这和圣经中的参孙（Samson）攻击腓力斯人神庙，导致三千多无辜之人死于非命极其相似。尽管参孙和阿塔一样是恐怖分子，人们却常常盲从《圣经》把参孙吹捧为英雄——善的化身，把阿塔贬斥为罪犯——恶的化身。这种善恶混淆、自相矛盾的宗教价值观念，自然引出了一个令人困惑的宗教道德问题：是否存在判断宗教行为的价值（善恶）基准？如果有，它应当是什么？

与此暴力恐怖的袭击形式不同，但同样涉及宗教和人权关系的另一著名案例是：2003～2004年间，经法国总统雅克·希拉克（Jacques Chilac）提议，法国国会通过了一项立法：禁止在国立学校披戴宗教标志的伊斯兰头巾（headscarf－hijab）。与9·11事件相比，2004年的法国禁戴头巾令在欧洲重新点燃了关于多样性文化和人权冲突的更为广泛激烈的争论，也引发了一个更为重大的国际伦理问题："如果一个国家禁止在国立学校披戴女性穆斯林头巾，

---

① Dominic McGoldrick. Human Rights and Religions：the Islamic Headscarf Debate. Oxford：Hart Publishing，2006. p. 23.

这侵犯了国际人权法么?"① 其实质是：如何解决多样性文化境遇中的多样性宗教价值和人权的价值冲突？

诸如此类的宗教和人权的矛盾冲突，进一步引发了人们对宗教是否是人权的积极动力的问题的反思和争论。对此有两种不同观点：一种观点认为，宗教自由和宗教宽容能够鼓励人们接受共同体的法律，尊重共同体的制度和生气勃勃的公共辩论，从而可以稳固民主政府，强化人权文化②；与此相反，另一种观点认为，宗教种下了极不谐和的种子，应该为许多世纪以来的压迫、冲突和暴力承担责任，因为"在支持权力和特权的现有分配方面，诉求于宗教的圣洁是相当便捷的途径。"③ 换言之，源自古典人权的宗教自由权的效力和内涵受到人们的质疑，因为宗教可能通过"支持权力和特权的现有的分配"等途径对人权构成威胁。这就提出了两个紧迫而现实的重大问题：如何正确理解作为人权的宗教自由权？如何真正把握宗教和人权的内在关系？

面对上述宗教神学和人权面临的纠缠不清的道德困境。人们不禁要问：既然宗教不断对人权提出挑战，人权是否可以抛弃宗教？或者宗教可否抛弃人权？若能，问题就变得简单了。

从宗教和人权的现实处境来看：其一，正如缪勒（Denis Müller）说："如今，神学发现其自身处在一种非常艰难的境地：在近几十年中，她失去了要求作为基础科学的垄断地位的权利，现在她甚至面临着被完全排除出探讨伦理学基础问题的威胁"④。这就意味着宗教面临被人权完全抛弃的危险，因为人权作为道德权利构成了伦理学的价值基础。其二，某些宗教怀疑论者否定宗教却不能提出更有效的途径取代宗教，某些无神论者试图消除宗教却无能为力。因为不容忽视的是，宗教常常在社会教化中具有巨大的文化作用，尤其在贫困区、居民区、医院、军队、监狱、国家纪念地等具有较大的社会影响。宗教的

---

① Dominic McGoldrick. Human Rights and Religions: the Islamic Headscarf Debate. Oxford: Hart Publishing, 2006. p. 1.

② J. Clifford Wallace. "Challenges and Opportunities: Facing Religious Freedom in the Public Square", Brigham Young University Law Review, 2005 (1): 597 –610.

③ Dominic McGoldrick. Human Rights and Religions: The Islamic Headscarf Debate. Oxford: Hart Publishing, 2006, pp. 24 –25.

④ Denis Müller, "Why and how can religions and traditions be plausible and credible in public ethics today?" Ethical Theory and Moral Practice 2001 (4): 329 –348.

政治影响和社会影响，都能够比任何形式的法律制度的影响巨大得多，"宗教依然能够成为社会制度和政治党派的基础"①。这就意味着人权不可能完全抛弃宗教。无论人们对宗教和人权的关系持何种观点，"事实是，在世界的许多地方，面对现代化和世俗的理由，宗教并没有因此而凋零淡出"②。其三，任何宗教都是人的宗教，不存在无人的宗教领地。抛弃人权的宗教就等于抛弃宗教自身。因此，在宗教和人权的关系问题上，人权和宗教的冲突不可能通过消除宗教或人权的途径实现。换言之："人权事业别无选择，只有寻求与宗教携手；宗教也别无选择，只有寻求与人权同行"③。

既然如此，我们自然要问：宗教与人权携手同行的基础是什么？直觉的回答是：其基础是人权而不是宗教。确证这个命题的关键在于回答：人权可否成为宗教的价值基准？这个大问题可分解为如下四个密切相关的分支问题：宗教不应当为何？宗教应当为何？宗教人权何以可能？何为宗教人权？回答了这些问题，判断宗教行为的价值（善恶）基准等前述诸问题自然也就迎刃而解了。

第一节　宗教不应当为何

各种实存的宗教的本质体现为不同的信仰对象，如佛教的释迦牟尼、基督教的上帝等。由于信仰对象的特质决定着宗教的根本性质，因此，宗教问题的关键是对信仰对象的把握。为简明起见，我们把各种宗教的信仰对象统称为上帝。

上帝的设定并非是某种既定的事实，而是人们试图追求的超越于既定事实之上的具有普遍性的应当。尽管经验的各种宗教都宣称自己的价值是普遍价值，但其实质只不过是各宗教魁首如耶稣、释迦牟尼、安拉等所断定并通过其宗教徒持之以恒的布道宣传和一系列强化程序如宗教仪式等而为该教教徒所认同信仰并严格奉行的宗教教义和伦理规范。各宗教所宣称或信奉的善恶观和价

---

① Dominic McGoldrick. Human Rights and Religions: the Islamic Headscarf Debate. Oxford: Hart Publishing, 2006. p. 23.

②③ Dominic McGoldrick. Human Rights and Religions: the Islamic Headscarf Debate. Oxford: Hart Publishing, 2006. p. 25.

值取向都是各个宗教团体的伦理观念的神秘化、至圣化、强制化的产品，它们各不相同，甚至相互冲突，不可能具有普遍性。不过，它们也有一个共同的特点：善就是上帝的意志或上帝的意志就是善。哲学家们通常把这种典型的宗教价值观归结为神圣命令的道德形而上学（Divine – Command Metaethics，以下简称为 DCM），有时又称之为"神圣—命令道德"或者"神学唯意志论"。DCM 虽然遭到了很多哲学家的批评，但也为一些杰出学者所认同。近二十年来，对它的哲学辩护者中最杰出的有亚当斯（Robert Adams）、奎因（Philip Quinn）等。

关于 DCM 的内涵，阿卡迪亚大学哲学系麦茨恩（Stephen Maitzen）精当地解释说："像任何道德形而上学一样，DCM 试图解释伦理判断如何具有真理价值，客体（如行为，形体或实践）如何拥有道德特性——如果它可以拥有道德特性的话。DCM 断言，在任何其他事物之中，道德特性——尤其是道德善恶、正当和不正当——只能完全依赖上帝的意志。特别强调的是，DCM 认为必须坚持如下的主张：对于任何主体 X，X 是（道德上）善的，因为且仅仅因为 x 所意志的是上帝的意志"①。DCM 虽然被其辩护者当作宗教应当的经典表达，其内涵却蕴含着如下四个方面的宗教价值问题，这些问题直接使它逆转为宗教的不应当。

一、DCM 体现为 A = A 的同义反复

根据 DCM，宗教之善的含义是，"对于任何主体 X，X 是（道德上）善的，因为且仅仅因为 X 所意志的是上帝的意志。"同理，宗教之恶的含义是，"对于任何主体 X，X 是（道德上）恶的，因为且仅仅因为 X 所意志的不是上帝的意志。"就是说，上帝的意志是判断善恶的绝对的唯一的价值基准：同上帝意志者为善，异上帝意志者为恶。

既然善就是上帝的意志，上帝的意志就是善，由此自然可以得出"善就是善"这种模糊不清的呓语。同理，可以得出"恶就是恶"的空洞结论。它们本质上只是 A = A 的谢林式的同一哲学的同义反复而已。因此，麦凯

---

① Stephen Maitzen, "A Semantic Attack on DivineI – Command Metaethics", Sophia, 2004（2）：15 – 28.

（J. L. Mackie）说，DCM "把上帝本身的描述等同于将善降格为极其琐碎、毫无价值的陈述：上帝爱他自身，或者喜欢其自身的他所是的方式"①。对于宗教信徒来讲，至为重要的是，上帝不仅是全能和全知的，而且他也是善的。如果我们接受了 DCM，这种观念就没有任何意义了，因为 "'上帝的命令是善'将会仅仅意味着'上帝的命令是上帝发布的命令'"②。这只不过是一种空无的自明之理。就是说，作为宗教核心的上帝之善不可能依赖一个 DCM 的制定者的未经证明的断言而获得普遍认同。无独有偶，英国著名分析哲学家摩尔在《伦理学法则》一书中从逻辑学的角度主张，善是不可定义的，由此提出 "善就是善" 的命题③。这和宗教的善就是上帝的意志一样模糊空洞。不过，这也从逻辑的角度暴露了宗教伦理的实质：它独断地认定 "上帝的意志是善恶的价值基准" 是一种自明的真理，而上帝的意志凭什么是善恶的标准的问题却不能追问，也无须回答，这是导致 "善就是善"、"恶就是恶" 的空洞无物而又歧义繁多的宗教价值的混乱和自相矛盾的重要根源。

　　宗教之恶的逻辑和善的逻辑完全相同，它很难回应 "为什么上帝就是善" 的这一问题的诘难。根据 DCM 的这种逻辑，任何人都可以说，同我就是善，非我就是恶。我或上帝的意志只是一个独断的可以任意阐释的空无，善恶也可借此游刃有余地相互转化。于是，善就是恶、恶就是善的结论便可水到渠成了。倘若如此，恶就具备了以上帝意志的名义宣称自己为善的资格。事实上，各种宗教之恶正是利用这种伎俩玩弄善和宗教于股掌之中的。对此，骞德勒（John Chandler）严肃地告诫说："如果善和正当的标准只能是上帝的意志，'上帝是善的'的说法就降格到无甚价值的地步：上帝所意志的总是和上帝所意志的自相一致，无论他意志什么，这都是真实的。结果，就不可能把上帝和全能但邪恶的存在区别开来，或者就不可能显示他值得崇拜"④。就是说，

---

①　J. L. Mackie. Ethics：Inventing Right and Wrong . Harmondsworth：Penguin Books，1977. pp. 230 － 231.

②　James Rachels, The Elements of Moral Philosophy. New York：McGraw － Hill, 2nd ed. , 1993, p. 48.

③　G. E. Moore, Principia Ethica. Beijing：China Social Sciences Publishing House，1992. p. 58.

④　John Chandler，"Is the Divine Command Theory Defensible?" Religious Studies，1984（20）：443 － 452.

DCM 否定了宗教信仰的价值基础,因此成了一个巨大空无的不应当。

二、DCM 根源于其形而上学的机械的思维方式

以宗教的应当自居的 DCM 之所以转化为宗教的不应当,根源于其形而上学的机械的思维方式。

DCM 机械地把善恶截然分开,实际上它认为上帝是和恶无关的纯善,信仰上帝也相应地是纯善;撒旦是和善无关的纯恶,怀疑上帝或不信仰上帝也是纯恶。整个世界由此组成两大阵营——上帝和撒旦,纯善和纯恶,我们和他们。上帝和我们组成纯善的阵营,撒旦和我们的敌人勾结为纯恶的联盟。这样一来,我们反对敌人的政治斗争就可转化为整个宇宙中善恶大搏斗的组成部分。

在这种形而上学的机械的思维方式的支配下,圣经已经成功地运用正义的语言和欺骗的手段把恐怖分子(参孙)包装成一个英雄,把恶包装成善。许多宗教的邪恶行径常常凭藉上帝和善之名,以正义的名义大行其道,恐怖袭击就是这类以善的名义实践恶的现实途径之一。如前所述,对穆罕默德·阿塔(Mohamed Atta)和圣经中参孙(Samson)极其相似的两起宗教恐怖事件的价值判断就是 DCM 得以实践的典型的宗教实例。问题是,"和暴君不同,恐怖分子是双刃剑。可以把他们看作上帝惩罚人类的工具,但是也可以把他们看作'公众的复仇者'(用加尔文的术语来讲)——他们把人们从不公正之处拯救出来。信奉正统派基督教者把阿塔看作上帝反对美国的愤怒显现,信奉伊斯兰教者同意此论。可是,从伊斯兰的视角看,阿塔也是将要把他们拯救出全球暴君钳制的复仇者"[①]。不可忽视的是,犹太人、基督教徒和穆斯林的上帝是同一个圣经的上帝。如果我们接受了参孙(Samson)是上帝的工具的观点,我们就必须接受阿塔(Atta)亦是上帝的工具的观点。因此,"参孙和阿塔一样是恐怖分子"[②]。然而,人们却追随圣经把参孙吹捧为英雄——纯善的化身,把阿塔谴责为恶棍——纯恶的化身。由此可以轻易地推出纯善就是纯恶、英雄就是罪犯的荒谬结论——这正是 DCM 的道德空无本质的最好诠释。

---

①② Shadia B. Drury, Terror and Civilization: Christianity, Politics, and the Western Psyche. New York: Palgrave Macmillan, 2004. p. 149.

我们不禁要问：这样的荒谬结论是从何而来的呢？其实，如果用 DCM 的机械的善恶两极对立的方式理解世界，人们对同样性质的宗教事实的价值判断为什么截然相反，即同为恐怖分子的阿塔和参孙为什么前者是恶棍而后者是英雄的原因，也就顺理成章了：阿塔没有站在我们这边，而"参孙站在我们这边。这就是一切"①。据此，如下结论便呼之欲出了：DCM 的权威和地位不可能依靠理性和信仰的力量，只有在教义和伦理上依靠信仰扼杀理性的伪装以蒙蔽教徒和他者——这是信仰独断论，在实践上则依靠独裁、权力控制扼杀他者以保持其宗教的绝对权威——这是道德专制论。

三、DCM 是扼杀理性精神的信仰独断论

宗教欲实现把信仰置于至高无上、不容置疑的绝对神圣地位的企图，它就必须扼杀理性的怀疑能力、反思和批判能力，进而绝对割断信仰和理性的联系。这是典型的信仰独断论。

首先，DCM 的信仰独断论的根本特质在于不容质疑地绝对信仰唯我独善、他者皆恶：以自己宗教教义所宣称的善为绝对信仰对象，把和自己不同或相异的对象及其价值称为魔鬼、异教和恶，即把自信仰等同于善的价值，把非信仰或他信仰等同于恶的价值。上帝的正义标准极其简单：信仰上帝者就是正义和善的英雄，怀疑和不信仰上帝者就是不正义和恶的魔鬼。因此，"对于怀疑者，上帝狂怒而残暴，但对于信仰者，他却是正义"②。在约翰福音书中，耶稣明确地把正义（righteousness）等同于自信仰，把邪恶看作非信仰或他信仰，"因为如果你不相信我是他（上帝——译者注），你将会死于你的原罪"（John 8：24）在马太福音书中，耶稣说："无论是谁在人们面前否认拒绝我，我就会在天国的父那里否认拒绝他。"（Matthew 10：33）耶稣认为人们必须毫无条件、毫不怀疑地信仰他是人们唯一通达上帝、得到拯救的路径。不信仰耶稣，不相信他是通向上帝的唯一之路经，就是应当得到诅咒的原罪③。信仰是救赎

---

①② Shadia B. Drury, Terror and Civilization：Christianity, Politics, and the Western Psyche. New York：Palgrave Macmillan，2004. p. 150.

③ Shadia B. Drury, Terror and Civilization：Christianity, Politics, and the Western Psyche. New York：Palgrave Macmillan，2004. p. 8.

的要津，怀疑者和不信仰者就是原罪（sin）。正因如此，圣·奥古斯丁和托马斯·阿奎那断然宣称"非信仰者既没有真正的纯洁，也没有任何其他的德性"①。德性是通过其目的（信仰对象：上帝）而不是通过行动本身来加以区分辨别的。如果不顺从作为目的的上帝，任何事物都没有资格成为真正的德性。德性不在于你做了什么，而在于你是谁和你信仰什么。换言之，如果你不是信徒，你的德性将一文不值，你的善业只不过是卑鄙低劣的罪恶而已。这里，理性完全被信仰扼杀了。

宗教试图绝对割断信仰和理性，自然也不可避免地体现在宗教语言上。为了表达上帝之善的神圣性和绝对性，宗教语言常用类比和隐喻割断信仰和理性的联系，"神学宗教的典型用语是拟人化和政治化的类比：'上帝圣父'，'万主之主'，'万王之王'，'真主阿拉的意志'。在非神学宗教的佛教中，机械性的隐喻'生死轮回'占据其核心地位"②。这些类比和隐喻式的表达模糊空洞，且缺乏逻辑性和合理性，成为可以为信仰宣扬辩护的随意解释、武断蒙蔽的语词工具。然而，宗教伦理始料不及的是，用世俗的术语描述上帝，这本身就证明了上帝对世俗的完全依赖或者世俗对上帝的绝对掌控。宗教之善的实质无非是"王"、"主"、"父"的极端的颠倒而已，这种极端的颠倒企图诱惑我们摆脱真正的道德命令，"其逻辑前提是'这个世界是一个令人惊慌失措、危险重重的地方'。这样，如下结论便唾手可得：'我有权利竭尽所能地获得对世界最大可能的控制'。一旦我们识别出敌人，我们马上着手碾碎他"③。正是用这种姿态，宗教以上帝之善的名义在某种程度上赢得了碾碎道德命令的大捷，其实质则是信仰（伪善或恶）对出自实践理性的道德命令（真正善）的大捷。

四、DCM 是扼杀民主精神的道德专制论

信仰和理性绝对断裂的结果是，宗教之善的相对性、封闭性、虚伪性及其

---

① Saint Thomas Aquinas, Summa Theologica, translated by the Fathers of the English Dominican Province. Maryland：Christian Classics, 1911. Pt. II – II, Q. 151, Art. 3. Aquinas is here quoting Augustine approvingly.

② A. J. M. Milne. Human Rights and Human Diversity：An Essay in the Philosophy of Human Rights. London：The Macmillan Press Ltd. , 1986. p. 64.

③ Joseph P. Lawrence. Radical Evil and Kant's Turn to Religion, The Journal of value Inquiry, 2002 （36）：319 – 335.

专制独裁性，预制催生了宗教之恶的种子如宗教和人权的敌对冲突等，结果，DCM 就成为和民主商谈伦理精神背道而驰的专制独白的道德专制论。

DCM 的道德专制精神经典地体现在《圣经》中的上帝和上帝之子耶稣的各种行径之中。为简明起见，我们这里主要以《圣经》作为考察对象。

在《圣经》的参孙故事里，作者毫无根据地武断地假定没有无辜清白的腓力斯人（Philistines）：腓力斯人是恶的，是因为存在着腓力斯人，这就是其荒谬的逻辑：价值（恶）就是事实（存在）——用摩尔（G. E. Moore）的道德术语说，这是经典的自然主义谬误[1]。上帝对这些清白无辜的个体冷酷无情，为了惩罚某些人的邪恶，他却惩罚腓力斯人的整个民族以泄其恨，更有甚者，"上帝并不否认这的确就是其正义的标记"[2]。不幸但却顺理成章的是，上帝之子耶稣（Jesus）不折不扣地秉承了上帝的这种顺我者昌、逆我者亡的道德专制论。

为了满足奴役他人的疯狂欲望，耶稣威逼利诱、不择手段地企图煽动教徒对他本人和其教义的狂热效忠。他许诺给予教徒此世的特殊回报以诱惑之："他们将收到一百个信徒，并将获得永生。"同时，他无情地要求人们为他抛家弃口，放弃一切家庭义务，以威逼之：当一个崇拜者要求埋葬其父亲后再跟随耶稣走时，耶稣冷酷地说："跟我走；让那些死者埋葬他们的死者。"他甚至身体力行地把自己打造成一个冷酷无情、六亲不认的恶毒典范：当其母亲和兄弟去犹太教堂看望他时，耶稣非但拒不相认，反而厚颜无耻地说只有信徒们才是他真正的家庭[3]。众所周知，禽兽如乌鸦、老牛等尚有反哺、舐犊之举，相比之下，耶稣对怀疑者、家人和其信徒的冷酷恶毒、禽兽不如的行径足以令上帝蒙羞。

更有甚者，耶稣连无辜的自然物也不放过，他竟然恶毒诅咒、肆意践踏生灵万物之尊严。在福音书中，饥肠辘辘的耶稣看到远处有一棵无花果树。当他走进时，却失望地发现树上并无果实。他恶毒地诅咒说："让此树永不结果，

---

① G. E. Moore. Principia Ethica. Cambridge：Cambridge University Press，1993. p. 61.

② Shadia B. Drury. Terror and Civilization：Christianity, Politics, and the Western Psyche. New York：Palgrave Macmillan，2004. p. 150.

③ Shadia B. Drury, Terror and Civilization：Christianity Politics, and the Western Psyche. New York：Palgrave Macmillan，2004. p. 6.

这个无花果实即刻枯萎凋零"[1]。或许，那时并非无花果结果的季节，耶稣对它的诅咒毫无道理，只是狭隘地发泄一时之愤而已。福音书本意是要显示基督的力量，却无意中泄漏了天机：耶稣难以自控的暴虐脾气及其滥用权力的残酷刻毒的本性。

耶稣的专制、恶毒、冷酷、虚伪、残暴、无耻等把他的无能、无知、无善暴露无遗！如此令人厌恶的恶毒行径和怪异刻薄的性格早已铁定地铸就了耶稣暴死的厄运。对此，德鲁瑞（Shadia B. Drury）说得好："耶稣之死是古典意义上的悲剧。他忍受了不值得忍受的苦难命运。但是和每一个悲剧英雄一样，他并非没有自己的缺陷；正是这些瑕疵导致了这个悲剧。他亵渎神明的言论，粗野的威胁，刚愎自用的伪善，以及对他者尤其是对怀疑者的道德谴责，使追随他的犹太人对他恨之入骨，乃至他们宁可释放巴拉巴斯（Barabbas）这样的普通罪犯使之获得自由，也不愿再忍受耶稣吹毛求疵的布道。那些反驳、拒斥了他（耶稣）的犹太人比耶稣做得更好。他们把耶稣钉死在十字架上，却又把这个古板怪异的狂热之徒打造成为在世界宗教中享有不朽盛誉的典范"[2]。以单一怪异、专制独裁为要旨、以报复诅咒为能事的耶稣之死，与其说是一个宗教独裁者的自我毁灭，不如说是典型的道德专制论 DCM 的必然命运。

不可否认，现实的宗教善在一定程度上包含着善的某些因素，但其相对性、流动性和绝对专制的唯我独尊的整体性、同一性，排斥异己的残酷无情等无疑是"开放社会的敌人"（借用波普尔的术语）。宗教的神圣命令直接引发的是对恶的恐惧，结果宗教组织的合理性依靠畸形的恐惧而存在，宗教似乎仅仅是提升恶的确定形式，甚至成了恶的隐身之地和强大后盾。

如此一来，集空寂虚无、形而上学的思维方式和信仰独断、道德专制于一体的 DCM 实际上竟是深度潜伏的谋杀上帝的真正凶手。所以，它正是上帝的"不应当"。这同时也从否定的层面确证了宗教不能成为人权的基础。鉴此，钱德勒（John Chandler）说："只有一种独立于上帝的善和正当的基准才能够

---

① Shadia B. Drury, Terror and Civilization: Christianity, Politics, and the Western Psyche. New York: Palgrave Macmillan, 2004. p. 6.

② Shadia B. Drury, Terror and Civilization: Christianity, Politics, and the Western Psyche. New York: Palgrave Macmillan, 2004. p. 8.

使'上帝是善的'变成一个意义重大而非无足轻重的主张"①。换言之，拯救上帝的路径不是对 DCM 的肯定和辩护，而是对 DCM 的否定和拒斥。这就涉及宗教应当为何的问题。

第二节　宗教应当为何

众所周知，形而上学是有关最高和终极问题的学问。胡塞尔说："只有形而上学的精神才赋予一切认识，一切其他学问提供的认识以终极的意义。"②道德形而上学就是研究道德终极问题和意义的学问。DCM 非但没有完成这个使命，反而奉行宗教道德的专制独断并为宗教冲突提供了神学依据，因而成为宗教的不应当。拒斥这种不应当只是宗教前行的消极一步，人们自然要问：宗教应当为何？对这一问题的直觉回答是：上帝应当是祛恶求善的普遍形式。此命题可从祛恶求善的经验根据、存在根据和价值根据等三个层面得到确证。

一、祛恶求善的经验根据——宗教自我普遍化的冲动

宗教的善本质上都是对本宗教信仰者的善，它实际上是一种自以为是的封闭性伪善。这就是列维纳斯批判的宗教伦理的整体性（totality）或同一性（the same）问题。换言之，各种宗教伦理从总体上讲是一种独断的专制的道德相对主义：每一种宗教都独断地宣称自我宗教为善，其他宗教为恶。宗教教义不同，传授和接受教义的人不同，与之相应的宗教善恶观念也随之混乱多样、模糊不明甚至相互冲突。多元化的宗教伦理的相对性、狭隘性、虚伪性遮蔽了其普遍性的价值追求。问题是，多种多样的权威陈述（教义、教导）是否可能都是真的呢？米尔恩（A. J. M. Milne）认为，对此可能会有两种互相排斥的答案："第一种是只有一个确实是真的，而所有其他的都是假的。第二种是每一个都是对同一个基础性真理的不同角度的丰富多样性的表达"③。事实

---

① John Chandler, "Is the Divine Command Theory Defensible?" Religious Studies, 1984 (20): 443–452.

② ［德］胡塞尔:《欧洲科学的危机与超越论的现象学》，王炳文译. 商务印书馆 2005 年版，第 20 页。

③ A. J. M. Milne. Human Rights and Human Diversity: An Essay in the Philosophy of Human Rights. London: The Macmillan Press Ltd. , 1986. p. 63.

上，多元化的宗教价值恰好属于第三种：每一个答案都是假的——都是对基础性真理的歪曲。那么，这个"基础性真理"是什么呢？

尽管各宗教对善、恶的理解不同，但各宗教都具有自我普遍化的直觉冲动和现实诉求——体现为都宣扬自己宗教教义的普遍性和祛恶求善的价值取向。在上帝和善恶的关系方面，尽管多种多样的宗教善恶观念相互冲突，甚至可能颠倒善恶，但没有哪个宗教包括人们认同的邪教公然宣称自己的上帝奉行祛善求恶的价值观念。任何宗教都宣称自己是全人类的普遍性宗教，都承认祛恶求善的普遍性价值形式。即使一些恶名昭著的宗教罪恶行径如十字军东征造成的杀戮等都是借着自我普遍化和宗教一统的善的名义进行的。所有宗教都声称自己是人类的救世主和普遍善，而不是人类的恶魔。

诚若如此，普遍性宗教就不应当是某个宗教（如基督教、佛教、伊斯兰教等），而应当是为每个人和所有人共有的普遍性宗教，其价值基准也只能是每个人和所有人所共有的普遍性的祛恶求善的价值形式——这就是其基础性真理。寻求普遍性宗教或上帝的普遍价值只能从祛恶求善的普遍形式入手，只有它"确实是真的"。只有寻求到了这个普遍价值，建立在此普遍价值基础上的其他宗教价值才可能是对同一个基础性真理的不同角度的丰富多样性的表达。换言之，有关最高和终极问题的学问的宗教或上帝既不是纯粹的善，也不是纯粹的恶，它应当是也只能是祛恶求善的普遍形式。

我们一旦追问"这是为什么"，就涉及这种抽象的经验现象背后的存在根据（上帝自身的规定）和价值根据（善恶的辩证关系）。

二、祛恶求善的存在根据——上帝自身的规定

DCM 推崇的"上帝意志是纯善的"的观念的错误在于，它仅仅停留在肯定的纯善上，即在其意志根源上就是善的。这是抽象片面的空虚规定，它无法回应意志何以也可能是恶的这一致命问题的挑战。实际上，上帝是善的，那只是因为它也可能是恶的，它是因恶而存在，反之亦然。这可以从如下三个层面得到确证。

其一，从否定层面看。就现象而言，各种宗教的上帝自身规定千差万别，但其典型体现可归结为它是集全知（Omniscience）、全能（omnipotence）、至

善（highest goodness）于一体的有的大全——这是 DCM 的本体根据。阿奎那曾解释说，圣父、圣子、圣灵是上帝的三个方面和特性，有区别但不可分离。圣父象征上帝的强力（power），圣子象征上帝的智慧（wisdom），圣灵象征上帝的慈善（goodness）①。遗憾的是，如果上帝是超越时空的大全，它就不可能仅仅是全知、全能、至善的大全，因为这样的上帝会导致自相矛盾和自我取消。比如，《圣经》中的上帝与以色列人定约保证其国土，结果以色列人国土沦丧，居无定所，其复国历经艰辛，且国土狭少。相反，没有与《圣经》中的上帝定约者如中国、美国、印度、加拿大等则幅员辽阔。这证明了上帝的无能。若上帝不知其无能和这样的后果，则为无知，若知此结果而定约却又违约，则是欺骗，此为邪恶。这样的上帝就非常可疑了，DCM 的不应当正是从这样的上帝的存在规定中直接引发出来的。因为这种大全的上帝其实是"大缺"。这也可从宗教自身的经验事实得到验证：宗教与人相始终，与人的发展相应发展，从理论到形态都是如此。如当代的神像、修道院、宗教工作者能够享受到空调、网络、飞机等现代待遇，这是古代宗教魁首们如耶稣、弥赛亚、释迦牟尼、通天教主（它们其实是古代人类的一个象征性符号）等都不能享受到的，甚至也不可能知道的——这同时也实证性地确证了全知、全能、至善的上帝的无知、无能、不善的"大缺"的另一本质。

其二，从肯定层面看。如果我们可以说用"愚、弱、恶"作为"知、能、善"的对立要素的话，那么，上帝的全知理应包括对知愚、善恶的全知，全能理应包括对能弱、善恶的全能，至善理应是在全知（愚）、全能（弱）基础上对至恶的扬弃，但并非根除，因为根除了（至）恶，也就没有（至）善可言即也就同时根除了至善。可见，全知、全能、至善的古典上帝的实质是不全知、不全能、不至善的非大全即"大缺"。就是说，上帝不仅是集全知（Omniscience）、全能（omnipotence）、至善（highest goodness）于一体的有的大全，而且也是集无知、无能、无善（非恶、邪恶）于一体的无的大全。简言之，真正大全的上帝的自身规定是容纳知愚之全、能弱之全的价值之全（善恶之全）。

---

① Saint Thomas Aquinas, Summa Theologica, translated by the Fathers of the English Dominican Province, Maryland: Christian Classics, 1911. Pt. II – II, Q. 14, Art. 1.

有缺正是大全得以可能和具有生命力的否定根据，丧失了或者说根本拒斥无缺的大全只不过是毫无生命力的 DCM 式的死寂和空无。因此，祛恶求善之大全只能是一个过程，而不是传统宗教神学认为的静态的神秘性存在——如柏拉图以来的分有说、理念论、佛教的万川印月的比喻等，它不是有一个逻辑在先的大全悬在时空之外作为万物之大全，而是在人类历史的进程中不断展现自身的一个整体性的过程。这个开放性的大全本身永远是朝着永远达不到的、永远不可知的、永远不能完善的大全理念不断进展的"不全"，换言之，它是一种绵延连续地无限敞开的有缺的大全。这个过程体现的恰好正是实践哲学的内在逻辑。

其三，从实践哲学的视角来看，意志自由是善恶的本体根据。意志的本质是自由的，意味着它可能是善的，同时也可能是恶的，或者说，它并非必然是善的或必然是恶的。否则，这样的意志只能是必然的"意志"而非自由的意志，但必然的"意志"实际上已经不再是意志了。上帝的意志如果只选择善不选择恶，它就不是自由意志。既然不是自由意志，它就不可能具有选择善的能力，当然也不具有选择恶的能力。因为上帝的意志如果不是自由的，它就是遵循必然规律的自然事实，这是和善恶或价值毫无关系的机械必然性。上帝如果是善的，其意志就是自由的，既然其意志是自由的，就不可能是必然善的，只能是应当善的，但也可能是恶的。可见，上帝自身的规定绝对不是纯善或纯恶，而是有着内在差别的以善恶矛盾为动力的动态变化着的应当。DCM 式的纯粹善的上帝只不过是和价值（善恶）无关的遵循必然规律的机械事实而已，它既无恶可祛，也无善可求，也就更谈不上祛恶求善了。惟有集善恶于一体的上帝才有可能成为祛恶求善的普遍形式。

问题是，集善恶于一体的上帝既有可能成为祛恶求善的普遍形式，也有可能成为祛善求恶的普遍形式，为什么它应当是前者而不应当是后者？这就深入到了善恶的辩证关系。

三、祛恶求善的价值根据——善恶的辩证关系

DCM 的逻辑 A = A 及其各种变式（主要有：善就是善，恶就是恶，善就是上帝的意志等命题）的表面的同义反复，实际上却蕴含更深层的内涵：前

一个 A 和后一个 A 是不同的。A＝A 已经体现着一种有生命的运动和变化：后一个 A 其实是 –（–A），或者说，A＝A 是一个对 A 的否定之否定的过程。同理，善和上帝的意志恰好体现着善是上帝的意志的发动和运用的价值结果。这同时也透露出另外一个信息：上帝意志的发动和运用也可能不是善而是恶。因为如果上帝的意志必然是善的，它就不必运用，善是上帝的意志的命题也就毫无意义可言。

善和恶是相对而言的，没有善无所谓恶，没有恶也无所谓善。恶是善的否定，没有善的存在，恶就不可能存在，反之亦然。善恶相互依存，构成价值范畴的基本矛盾，决不存在 DCM 所推崇的和恶无关的纯粹善或和善无关的纯粹恶。纯善或纯恶的根本错误在于它们从外在于意志的概念或事物中去寻求其内在的矛盾，却从来不认为意志自身就包含有差别和矛盾，其结果必然走向善和恶的外在对立。这就割裂了善恶的辩证关系。因为即使存在无恶的纯粹善或无善的纯粹恶，也不是道德价值的善恶，其实质是和"价值"（善恶）无关的"事实"。可见，恶是上帝得以可能的必要条件，善也是上帝得以可能的必要条件。缺少了善恶的任何一方，上帝就不复存在，祛恶求善也就失去了根据。因此，否定了上帝是祛恶求善的形式，就等于取消了上帝。传统宗教观（如奥古斯丁、阿奎那等的宗教观）试图把上帝看作纯粹善，把与之对立的魔鬼看作纯粹恶，本意是为了确证上帝之伟大，为信仰宗教奠定一个神圣的根基，实质上正是这种狂妄扼杀了没有任何发言权的可怜的上帝：把上帝和魔鬼置于和价值无关的事实范畴的同等地位，纯粹善的上帝和纯粹恶的魔鬼因相互转化而相互消解，最终同化为"是"的虚无：上帝即是魔鬼，魔鬼即是上帝。谋杀上帝的真正凶手正是那些把上帝等同于绝对的纯粹善的上帝捍卫者，那种试图根除恶的所谓至善的上帝其实是典型的自杀狂，这也是 DCM 的根本失误之处。

如果把作为人类的知愚、能弱、善恶称之为全，那么作为个体的人或处在某一时空阶段的人类群体，相对于人类的大全来说就是大缺。大缺对大全的理想追求和信仰就成为宗教或上帝的原初根源和前进动力。没有大缺，就不会有追求大全的目的和动力，大全就不会存在。因此，上帝不过是人类的大全的神学表达而已，上帝的意志也不过是人类的意志的神学阐释而已，善恶实质上是和人的意志密切相关的价值范畴。善恶的地位和价值也因此并不相同。

从根本上来看，善是人类存在发展的主导方面和根本规定，恶则是不利于人类发展进步的否定因素。恶为善而在，没有善这个根本指向，恶就毫无价值可言。恶的存在意义仅仅在于它能刺激、促进、迫使人类不断向善，用黑格尔的话说就是："假如恶不存在，人类便不能领略善；假如他不知道恶，人类便不能真正行善"①。但恶自身绝不是目的，它只能以善为依归才有其存在的合理性。如果人类一直处在恶强于善的状态，人类终将自我毁灭。但这种状态几乎是不可能的，因为人类的伟大就在于人的精神、智慧、理性能够把恶遏制在总体上不能危害人类的限度内。与恶不同，善自身就是目的，它和恶斗争并在不断地遏制恶或祛除恶（消极善）的基础上，获得前进的动力而不断展开并实现自身（积极善）。

因此，应该存在的东西是善，不应该存在的东西是恶。人的使命在于不断否定不应该存在的东西（祛恶），基此追求并实现应该存在的东西（求善）。所以，遏制"不应当如何"、追求"应当如何"以达到应该存在的总体要求和根本方向只能是祛恶（消极善）求善（积极善）而不能是祛善（消极恶）求恶（积极恶），其意义就在于应当自觉地防止并抵制意志趋恶的发展方向，进而朝着应当的善的境界进取。

可见，相对于 DCM（上帝的不应当）这个否定层面而言，祛恶求善这个普遍性形式从肯定的层面（上帝的应当）确证了宗教不能成为人权的基础。

当我们揭开上帝的神秘面纱时，被它遮蔽的人就脱颖而出了：人才是上帝或祛恶求善的存在根据。实际上，这已经为宗教人权何以可能的问题开辟了出路。

第三节　宗教人权何以可能

既然上帝应当是祛恶求善的普遍形式，那么这种普遍形式的具体内涵或价值基准是什么呢？这里直觉的回答是：宗教人权。

---

① ［德］黑格尔：《历史哲学》，王造时译，上海书店出版社 2003 年版，第 176 页。

表面看来，以神为目的的宗教和以人为目的的人权不但无甚关联，甚至相互冲突。于是，宗教人权何以可能的疑问立刻凸现出来。这个问题可以分解为两个层面：①宗教和人是否具有内在联系？如果答案是肯定的，那么，②宗教和人权是否具有内在联系？如果答案也是肯定的，宗教人权何以可能的问题就迎刃而解，确证宗教人权是祛恶求善这种普遍形式的具体内涵的任务自然也水到渠成。

一、宗教和人是否具有内在联系

宗教神学一直认为，研究上帝超出了人类能力的范围之外。如果这是真的，相同的说法对于人和自然也同样有效。对于人"是"什么或自然"是"什么，我们根本就没有找到答案，或者至多找到了谬误的答案。研究自然的主要是自然科学，它并不能完全解释自然的秘密，更不能完全揭开自然的秘密的秘密；研究人的主要是人文社会科学，它同样不能完全解示人的秘密，也不能完全揭开人的秘密的秘密。对自然的秘密的秘密和对人的秘密的秘密的神秘化，就会趋向宗教神学：所有秘密的终极秘密就是上帝。换言之，人、自然作为人的研究对象，一旦追问其中任何一方的终极答案，它就成为神秘的不可知而通向宗教。因此，任何宗教都是人（研究或实践）的宗教，这就奠定了宗教和人内在联系的基础。宗教和人的内在联系主要体现在如下三个方面。

1. 从静态逻辑的角度看，人是宗教存在的充要条件

从宗教和上帝的存在条件分析，人足以构成上帝和宗教存在的充要条件。对此，英国达姆勒大学教授米尔恩（A. J. M. Milne.）在《人权与人性的多样性》一书中作了精深的研究。他把一种宗教的充要条件归结为如下六个方面：（a）信仰超自然的真实性；（b）信仰自然对超自然的依赖；（c）信仰生活的可靠命令和教育指导的超自然的起源；（d）信仰以书面或口头相传的权威性的陈述的真理性，不仅信仰（c）中的教导的真理性，而且信仰超自然的特性的真理性，以及信仰自然依赖超自然的特性的真理性；（e）一群人坚定信仰（d）性质的真理教导；（f）建立在（d）基础上的联系和得到（e）中的一群人的支持，以便使其成员能够对他们在（c）（d）中的承诺得以实际的表达和

体现。"当所有这些条件得以满足时,就有了一种宗教和一种宗教道德"①。可以肯定的是,神学和宗教不可能在无人区域传承下去。诚如法国哲学家勒维纳斯(Emmannuel Levinas)所说:"不会有任何与人的关系相分离的上帝的'知识'"②。任何宗教团体、宗教教导和宗教道德都依附于人,宗教的一切包括上帝都因人而出现、发展和实践的。所有这些条件的最终条件和根据都是人,没有人这个宗教主体,任何一个条件都不可能成立,宗教和上帝的充要条件也就成了空中楼阁。

这种静态的逻辑关系更加深刻鲜活地体现在动态的宗教历史的展现过程之中。

2. 从动态历史的角度看,人是宗教的创造者和决定者

从宗教起源的角度看,并非宗教创世说所认为的上帝创造了人,而是人创造了上帝和宗教。作为人的创造性产品的宗教或上帝,其现实样态如佛教或基督教等及其存在与否和存在状态如何皆决定于人。

著名历史学家菲舍尔(H. A. L. Fisher)经过深入研究基督教的起源后,正确地指出:"宗教是由门外汉创立,并由牧师们组织起来的"③。第一个创造宗教的绝不是宗教徒,而是非宗教徒或宗教的门外汉——他是上帝的重要创造者之一。因此,伟大的宗教改革家如摩西、耶稣、穆罕默德、乔达摩·悉达多等都不是白手起家,而是从改造某种业已存在的非宗教徒创立的宗教入手的。其共同特点是:每一位宗教改革家都坚信他所倡导的特殊的权威性的教导是唯一真实的,而所有其他的教导都是错误的④。这也是 DCM 存在的历史根据之一。显然,每一位宗教改革家和宗教思想家如奥古斯丁、阿奎那、马里坦、尼布尔等也都是上帝的创造者和捍卫者的中流砥柱。而宗教徒则构成宗教的巨大

① A. J. M. Milne. Human Rights and Human Diversity: An Essay in the Philosophy of Human Rights. London: The Macmillan Press Ltd., 1986. p. 62.

② Emmannuel Levinas, "The ego and the Totality" in Collected Philosophical Papers. Translated by Alphonso Lingis. Pittsburgh: Duquesne University Press, 1998. p. 78.

③ H. A. L. Fisher. A History of Europe, vol. I: Ancient and Medieval. London: Edward Arnold, 1943. p. 170.

④ A. J. M. Milne. Human Rights and Human Diversity: An Essay in the Philosophy of Human Rights. London: The Macmillan Press Ltd., 1986. p. 67.

团体，使宗教得以存在，他们也是宗教的创造者和捍卫者。宗教门外汉、宗教改革家思想家、宗教徒都是宗教的直接创立者或捍卫者。非宗教人士所创造的物质和精神资源为宗教的创立奠定了世俗的经验基础，就此而论，可以说他们是宗教的间接创立者。

从宗教的发展历程来看，启蒙运动之前，宗教得到了空前的发展。启蒙运动则是对宗教的严重挑战。随着自然科学和社会科学的产生和发展，许多人发现他们对上帝或神圣者的信仰和遵奉衰退了，尤其衰退的是对神圣的天意和神圣的代理者对自然和历史的直接运作的信仰。启蒙运动的观点是，自然科学是每一个事物的全部真理，是其自身可理解性的基础，它试图以自然科学取代宗教信仰。但自然科学不能提出一个自然主义的理由，也不能自我证明。不但这种自然科学至上论不可信，社会科学至上论也同样不可信。"社会科学至上论并不比自然科学至上论根更有根据，它也将要求涉及人性结构。涉及人性结构并认识到它不能以自然主义的方式加以处理是一种致使启蒙谋划崩溃的挑战"①。自然科学和社会科学只能在某种程度上对宗教信仰发起冲击、质疑和批判，但都不能完全取代宗教信仰。因此，宗教并没有彻底失败。

这种宗教命运的起伏变化在一定程度上反映在西方哲学史的进程中。人们可以把亚里士多德的《形而上学》Λ卷和《物理学》θ卷看作为自然解释预留空间的战略部分，它坚持自然和超越性的联系，并把二者连结为一体。许多中世纪和现代早期的亚里士多德的后继者们，继承这种模式并把它运用于科学研究（包括笛卡儿、霍布斯、斯宾诺莎到洛克、莱布尼茨和牛顿）。启蒙运动以来，"当对上帝或神的理论上的重要性的需求衰退，继而完全消失之时，哲学家们要么寻求（上帝或神的）其他依然必要的作用，要么连神学一起抛弃了。例如，康德和黑格尔走的是前一条路线，……马克思、尼采和弗洛伊德的思想各有不同，他们走的是后一种方式"②。不过，即使是怀疑论者和无神论者也都从相反的角度刺激着宗教的发展和深入研究，并不能取而代之。20世纪以来，随着逻辑实证主义的崛起及其在英美的巨大影响，宗教被边缘化并在很大

---

① Nicholas Capaldi, "Philosophy vs. Religion in Bioethics: Scofield vs. Engelhardt", H E C Foru. 2002 (4): 367–370.

② Michael L. Morgen. Dicovering Levinas. Combridge : Combridge University Press, 2007. p. 175.

程度上被排除出严肃的哲学讨论之外，这种情况一直持续到 20 世纪下半叶。20 世纪 50 年代和随后的几十年里，随着后期维特根斯坦哲学和语言哲学的影响，不同的宗教现象得以净化和检验。在 20 世纪晚期的几十年里，情况开始变化，"甚至在盎格鲁—美国哲学界里，宗教和神学以新的方式变得兴趣盎然，而得以复苏"①。其典范哲学家主要有尼布尔、马里坦、勒维纳斯等。

另外，本文开头所讲的宗教和人权的冲突问题，也正是宗教兴衰存亡的命运在现实生活中的切实体现。

无论是静态的分析，还是动态的历史过程，都已彰显出宗教的兴衰存亡是完全由人决定和掌控的，这是因为宗教与人性具有内在的联系。

3. 从原初根据的角度看，人性是宗教肇始之根基

宗教既不是科学（人文社会科学或自然科学），也不是科学之科学，而是神秘的不可知、不可把握、不可实践的终极秘密，其始作俑者正是人。上帝本质上不过是人性自由的绝对神秘化和高度抽象化而已。

特别值得注意的是，"宗教是否植根于人性之中"涉及宗教或上帝是否可以完全根除的重大问题。因为如果（像怀疑论尤其是无神论者所认为的）宗教或上帝可以完全根除的话，宗教和人权就没有必然的联系。我们只需根除宗教，就可以解决宗教和人权的冲突，但问题绝非如此简单——本文开头已经对此提出了经验的现实根据。

怀疑论和无神论是宗教信仰的劲敌。如果说怀疑论的质疑是对宗教的间接否定，无神论则直接地断然否定宗教存在的可能性。但无神论和怀疑论者并没有也不能根除宗教。康德作为怀疑论者把上帝赶出了现象界，作为道德论者又用道德取代了上帝。继之，黑格尔又用哲学取代了上帝，用国家取代了地上行进的上帝，发出上帝死了的预言。后来，叔本华断然宣称无神论，尼采的铁榔头哲学以超人的激情把上帝逼上了断头台。出乎这些追杀上帝的勇士们意料的是，上帝死了也就意味着（福柯继之所宣布的）人也死了。福柯说："尼采指出，上帝之死不意味着人的出现而意味着人的消亡；人和上帝有着奇特的亲缘关系，他们是双生兄弟同时又彼此为父子；上帝死了，人不可能不同时消亡，

---

① Michael L. Morgen. Dicovering Levinas. Cambridge：Combridge University Press，2007. p. 176.

而只有丑陋的侏儒留在世上"①。怀疑论和无神论者联手也未能根除宗教，原因何在呢？

显然，对于多数人来讲，他们对宗教的理性探究不感兴趣，他们关注的是宗教的教义和教导对其经验生活的意义和价值。实际上，"无论宗教如何起源，其历史性的普遍存在的原因在于它能够给人们在此世界中的居家之感。"②居家之感是一种超越于物质之上的精神追求，它是植根于人性之中的神性所体现出的存在—目的。"和宗教不同，怀疑论者不能为人们提供在世的居家之感。它不提供生活教导。它对终极问题的回答简单粗糙。处在神秘世界中的人们丧失了超自然的保护和引导后，只能靠他们自己。他们的命运只能是死亡"③。居家之感是终将走向流浪者命运的怀疑论和试图以有形经验之家完全取代神性之家的无神论所不能解决的一个存在—目的问题。因此，怀疑论和无神论既不能彻底摧毁宗教和上帝，更不能取而代之。

更深层的原因是，人的存在是应当的目的论存在，这种目的论在自我的所有一切行为与意图中都起支配作用。胡塞尔认为，生命攸关的重大问题在于整个的人的生存有无意义。这些对所有的人都具有普遍性和必然性的问题要求进行总体上的思考并以理性的洞察给予回答，宗教和上帝正是人对其生存有无价值的总体思考的一种回答方式。上帝虽然也是人的创造物，但它与那些可以和人自身分离的人造物如汽车、电脑等不同，它是人自我形象的外化，是人本质的拓展的自我创造物。每一个人都是上帝的一个有限存在形态，上帝是追求超越每一个人有限存在的无限目的。人与上帝是同一存在的两个层面：人是有限经验的上帝，"'上帝是无限遥远的人'"④。欲杀上帝这个无限遥远的人，就必须把有限经验的上帝（人）完全消除。上帝不可杀，正是因为人性不可灭。宗教深深植根于人性之中，不可从人性和社会文化中完全根除。

但这绝不意味着宗教可以抱残守缺，恰好相反，植根于人性的宗教应当积极地自我反思、自我改造，敢于直面其自身存在的严重问题，在寻求普世价值

① 《福柯集》，杜小真编选．远东出版社1998年版，第80页。
②③ A. J. M. Milne. Human Rights and Human Diversity: An Essay in the Philosophy of Human Rights. London: The Macmillan Press Ltd., 1986. p. 67.
④ ［德］胡塞尔：《欧洲科学的危机与超越论的现象学》，王炳文译，商务印书馆2005年版，第84页。

的进程中脱胎换骨，重新建构自我。鉴此，缪勒（Denis Müller）要求神学摒弃伪善，接受并如实地看待事情本身，具有承认自身不足和失败并能纠正和完成自身评价的自我批判能力，不得排外性地指责其他人包括信仰者和非信仰者的道德水平。其中，最关键的要素是，"神学伦理学阐明人性需求（needs）和愿望（desires）的能力"①。这是因为人、人性正是一切宗教的终极根据。当前祛魔化、世俗化的境遇中，挽救孤苦可怜的上帝和拯救失去了上帝的人成为宗教神学的双重使命。

二、宗教和人权是否具有内在联系

宗教和人权的内在联系肇始于宗教和人之间的内在联系。既然宗教的基础是人，人权的基础也是人，人就是宗教和人权的共同基础。这就预制了宗教和人权内在联系的实证根据、理论基础和主体根据。

1. 宗教自由权是宗教与人权内在联系的实证根据

尽管关于宗教和人权的问题争论颇多，但对作为人权的宗教自由这个核心理念并无异议。对此，麦高德里克（Dominic McGoldrick）说："宗教自由是一种古典人权。16 世纪以前的早期条约中对宗教自由的保护只是象征性的，事实却是宗教自由普遍受到压制。在现代，宗教自由的特征体现在国家宪法、人权法案和范围宽广的国际人权法律文件中"②。1948 年，《世界人权宣言》第18 款明确规定了宗教自由权利，"每个人都享有思想自由、良心和宗教自由的权利。此项权利应当包括拥有或选定某一种宗教的自由或信仰选择的自由，以及个体或团体公开或私下地表达其宗教或信仰崇拜、仪式、执业和教义的自由。"（Universal Declaration of Human Rights Preamble，Article 18.）1966 年，《公民权利和政治权利国际公约》第 18 款再度重申宗教自由权利，并补充解释为："二、任何人不得遭受足以损害他维持或改变其宗教自由或信仰自由的强迫。三、表示自己的宗教或信仰的自由，仅只受法律所规定的以及为保障公

① Denis Müller，"Why and how can religions and traditions be plausible and credible in public ethics today?" *Ethical Theory and Moral Practice* 2001（4）：329 – 348.

② Dominic McGoldrick. *Human Rights and Religions*：*The Islamic Headscarf Debate*. Oxford：Hart Publishing，2006. p. 25.

共安全、秩序、卫生或道德、他人的基本权利和自由所必需的限制。四、本公约缔约各国承担，尊重父母和法定监护人保证他们的孩子能按照他们自己的信仰接受宗教和道德教育的自由"①。需要特别强调的是，宗教自由权是个人权利不是团体权利，人们应当持有法律人权以拥有其受尊重的私人生活，自由地支持或者不支持宗教信仰。

不过，宗教自由权决不仅仅是选定、拥有、脱离某种宗教或表达宗教信仰的自由，因为宗教问题仅仅在选择信仰自由的范围内是不能得到解决的。面对各种宗教和人权的冲突，宗教自由权无力做出有力的论证和相应的保障，不能起到宗教人权的应有作用。因此，宗教自由权本身也必须在宗教人权的限度内获得合法性。尽管如此，宗教自由权依然是由国际文献公认的宗教与人权内在的联系的实证性根据。

2. 自然法理论是宗教与人权内在联系的理论基础

我们知道，人权的理论基础是自然法理论。既然宗教自由权属于人权范畴，其理论基础也应当是自然法理论。换言之，自然法理论是宗教与人权内在联系的理论基础。

自然法首先是人权的理论基础。在亚里士多德等古典法学家那里，每一类事物的本性都有一种特有的必须遵守的规律或原则，这就是自然法（nature law）。亚里士多德以来，阿奎那、格老秀斯、霍布斯、康德等都从不同的层面发挥了自然法和人权理论。格老秀斯曾说，"自然权利乃是正当理性的命令，它依据行为是否与合理的自然相谐和，而断定为道德上的卑鄙，或道德上的必要"②。英国哲学家洛克认为，根据自然法，自然状态中的最重要的道德共同权利即人权是：每一个人，仅仅由于其存在的缘故，就享有继续存在下去的自然权利，它包括生命、自由、健康、财富或私有财产等。质言之，人的自然法和其他事物的自然法不同，如果说后者的自然法是必须遵守的自然规律，人的自然法则是人的本性具有的应当遵守的自由法则。就是说，人作为一种道德性、社会性存在，是超越自然法的事实层面而指向自然法的应当层面的自由存

---

① Dominic McGoldrick. Human Rights and Religions：The Islamic Headscarf Debate. Oxford：Hart Publishing，2006. p. 26.

② 周辅成主编：《西方伦理学名著选辑》（上卷），商务印书馆 1964 年版，第 582 页。

在。人权正是出自自由法则的普遍价值即基于人性的自然权利。

如今，自然法理论业已成为和实证主义法学并驾齐驱的重要法学流派。当代德国自然法学家海因里希·罗门（Heinrich A. Rommen）认为，自然法是法律哲学的研究对象。法律哲学是某种关于法律的应然的普遍规范的学说，"这种法律哲学不能与伦理学相分离，因为它是后者的一部分。而且，其所以能够存在，就是因为它作为应然和规范，扎根于本质性存在、扎根于社会性存在的自然中。它的最重要的原理和进一步的推论就构成了自然法的内容"①。每个人都同样享有自然法的自由和平等，由此形成人权的观念和世界共同体的观念。自然法作为伦理学的一部分，其重要地位就在于奠定了人权的哲学基础。

自然法不仅是人权的理论基础，也是宗教的理论基础。这一点早已为一些著名的宗教学家所认可。新正教派伦理学家尼布尔（Reinhold Niebuhr）、新托马斯主义者马里坦（Jacques Maritain）等已经自觉地把上帝、自然法和人性在古典自然法理论的基础上连接起来，从人性的角度不同程度地解释了自然法和神学的关系问题。21 世纪以来，自然法神学伦理的重要阐释者之一是丹麦奥胡斯大学神学院的安德森（Svend Andersen）教授。安德森认为，宗教伦理应当理解为源自宗教信仰的人的行为的正当与否的知识或理念，世俗伦理是不以任何宗教信仰（基督教或其他宗教）为前提的行为正当与否的知识或理念，自然法则是连接宗教伦理和世俗伦理的基础②。宗教律法其实是一个从自然法推出的结论及推论的规范体系，因为宗教律法立法者预设的不是现实的立法者，而是一位理想的立法者，即一位只选择公道规范的立法者。这位立法者就是上帝。宗教律法即上帝的法，其实质就是祛恶求善的价值形式。由于上帝是人的创作品，因此，上帝立法的实质是：人借上帝之名为人自身立法。所以，自然法也是宗教律法的根据，又由于自然法追求的普遍价值是人权，自然法就成了宗教和人权的共同理论基础。

---

① ［德］海因里希·罗门：《自然法的观念史和哲学》，姚中秋译，三联书店 2007 年版，第 169～170 页。

② Svend Andersen. "The Ological Ethics, Moral Philosophy, and Natural Law", Ethical Theory and Moral Practice, 2001（4）：349－364.

3. 人的"应当—存在"是宗教与人权内在联系的主体根据

宗教自由权，以及自然法理论所蕴含的宗教和人权的内在联系，集中体现为上帝的祛恶求善的普遍形式和人权如何在人这个基础上具有一致性的问题。

人是综合事实和价值于一体的应当—存在。人最终理解"人的存在是目的论的存在，是应当—存在，这种目的论在自我的所有一切行为与意图中都起支配作用"①。因此，摩根（Michael L. Morgen）认为，"人的存在既不绝对地发生在事实世界中，也不绝对地发生在价值世界中，而是发生在二者相互渗透贯通的世界中"②。善与恶就是植根于人的目的性存在性中的普遍性价值形式。祛恶求善是人类普遍的、永恒的价值追求，正是为了这个超出了个人能力和限度的无限性追求，人创造了上帝，并企图把上帝作为完成此使命的工具——DCM 的错误在于颠倒了这种关系：把上帝作为目的，把人作为工具。

可见，上帝的正当与否甚至存在与否都决定于人的目的和意图。相对而言，人是主体，上帝是客体；不是人向上帝生成，而是上帝向人生成；不是上帝创造了人，而是人创造了上帝。简言之，人是本，上帝是本之末。正是有了人这个道德主体，上帝和万物才可能享有被保护的权利，对上帝和万物的伦理关怀才得以可能。所谓上帝对万物和人的伦理关怀，其本质正是人借信仰或上帝之形式对人自身的伦理关怀的抽象化、信仰化的神学表达。"应当—存在"的人是宗教伦理和世俗伦理的普遍的、共同的道德主体和价值根基，是宗教与人权携手同行的主体根据。

至此，宗教人权何以可能的问题已经得以解决。

接下来的问题是：上帝这种祛恶求善的普遍形式的具体内涵或要求是什么呢？既然人是上帝的创造者，祛恶求善是上帝的普遍价值形式，人就是祛恶求善的主体根据，上帝就是以主体性的人为根据的祛恶求善的价值形式。上帝的祛恶求善的价值形式就是人的祛恶求善的价值形式或人的存在的应当的普遍性形式。由于人权是人的普遍性道德权利，是人之为人的普遍性确证，是人之为人的第一要义，所以人权是祛恶求善的实体价值或人的存在的应当的普遍性内

---

① ［德］胡塞尔：《欧洲科学的危机与超越论的现象学》，王炳文译，商务印书馆 2001 年版，第 324 页。

② Michael L. Morgen. Dicovering Levinas. Cambridge : Combridge University Press, 2007. p. 197.

涵。从宗教的角度看，上帝是神圣的大我即人类的普遍性，它在地上的行进就是人权或者说人权就是世俗的上帝。简言之，人权是上帝这种祛恶求善的普遍形式的普遍性价值基准或伦理命令——这种和宗教密切相关的人权就是宗教人权。

综上所述，如果说 DCM 从否定的层面（上帝的不应当）回答了宗教不能成为人权的基础，祛恶求善这个普遍性形式则从肯定的层面（上帝的应当）回答了宗教不能成为人权的基础，人权作为祛恶求善这个普遍性形式的价值基准则直接确证了人权是宗教和人权携手同行的基础。至此，宗教成为宗教和人权携手同行的基础的可能性已经被完全排除了。宗教人权何以可能的问题也随之转化为何为宗教人权的问题。

第四节　何为宗教人权

如前所论，任何宗教都不可能在没有人的地方存在，其正当与否或宗教之善、恶的价值基础决定于人。换言之，人是上帝的创造者，上帝只不过是人的创造物，上帝的祛恶求善的普遍性价值形式正是人的普遍性祛恶求善的价值形式，其明确的内涵就是人权，即人人应当享有的普遍性权利。

从宗教的视角看，人权是宗教或上帝（祛恶求善的形式）的价值基准：任何践踏人权的教义和宗教行为都是恶，任何尊重人权、保障人权的宗教行为都是善。这就是宗教人权的要义或上帝（祛恶求善的形式）的基本内涵——宗教自由权应当改造为这样的宗教人权。宗教人权的基本要求或底线的伦理命令是：人人应当享有祛除苦难的权利。此命令体现为①尊重平等的伦理精神，②把这种伦理精神一以贯之地融入商谈理解的基本程序之中，③切实依靠以伦理责任为要义的法律制度，以便有效保障其具体实践和应用。

一、祛除苦难——宗教人权的基本要求

祛恶求善就是抵制践踏人权、保障和尊重人权的价值追求。就祛恶和求善的关系来看，祛恶是消极性的求善——只有在此基础上，求善才能体现出其积极作用。可见，祛恶是求善的基础，作为道德底线和价值基准的人权只能从祛

恶中寻求。

　　一般而论，无论一种思想体系多么透彻和详尽，它从来都不能理解上帝。上帝的唯一的真相总是在那个体系之外。从这个意义上讲，我们不得不承认上帝在事实中是思想或理念从来都不能把握的，然而"事实（reality）却是我们作为唯一的个体都能够遇到的"①。我们面对的最基本的事实（reality）就是普遍性的苦难。从终极意义上讲，普遍存在的苦难是人的有限性、脆弱性所蕴含的不可避免的宿命，正是它构成了恶的普遍性的基本内涵。

　　苦难包括两个基本层面：自我的苦难和他者的苦难。勒维纳斯说，如果苦难是一种迫害，我似乎是被选中遭受迫害的靶子。苦难找到并拥有我，我无可逃逸地处在苦难之网中。但是我绝不仅仅是一个无动于衷的苦难的接收器或一块白板。在这种针对我并把我作为靶子的被迫害的恶的经历中，我感到伤痛和苦难，苦难"唤醒了自我"②。在遭到痛苦之时，我对它恐惧地做出反应，我抵制并排除它，力图把它从我这里消除殆尽。我也因此对他者的苦难感同身受，它激起我的同样感受（类似康德说的共通感）而产生苦难感应，他者对我的苦难也会同样产生苦难感应，我和他者即每个人都会因此对苦难做出反应，力图抵制和消除它。消解苦难成为人的普遍性的内在要求和自由冲动，同时也是人们需要上帝或神的基本动机。救苦救难、普度众生正是宗教和上帝得以存在的原初动因。相对而言，宗教的根基不在于快乐幸福，因为快乐幸福并非最强烈的宗教动机，也不具有普遍性，它只是一种信仰的附加品或安慰剂。因此，宗教人权的基本要求是：祛除苦难是人人应当享有的权利，或每个人都有祛除苦难的权利诉求。

　　恶毒专制的耶稣正是利用了苦难的普遍性，对人们极尽威逼利诱之能事。耶稣预言世界末日到来时，所有的死者都会复活，天使将会前来把邪恶和正义斩断。信仰他的人将会得到永生，不信他的人将会被投到外部的无尽黑暗中，并将被投进熊熊燃烧的火炉中，他们的苦难将永世不得超生③。耶稣不但不能

　　① Michael L. Morgen. Dicovering Levinas. Combridge：Combridge University Press，2007. p. 177.
　　② Levinas，Emmannuel．"Transcendence and Evil" in Collected Philosophical Papers，Translated by AlphonsoLingis. Pittsburgh：Duquesne University Press，1998. pp. 181－182.
　　③ Shadia B. Drury. Terror and Civilization：Christianity，Politics，and the Western Psyche. New York：PalgraveMacmillan，2004. p. 16.

祛恶求善，反而用无尽的恐惧和酷刑增强了苦难。难怪愤怒的教徒毫不畏惧地钉死了这个卑鄙之徒。耶稣之死的真正价值在于，它实际上预示着 DCM 式的宗教所宣扬的救苦救难的虚假性，以及由此进入至善的千年王国、天国乐土的极乐至福之类的种种谋求幸福的方式和追求不过是一个试图通过遮蔽恶和苦难来通向善的无根的虚假途径。

从道德哲学的角度看，DCM 式的宗教道德观是典型的苦乐目的论。但是，一个人的苦与乐不可互相折算，痛苦不可能被快乐抵消平衡，一个人的痛苦更不可能被其他人的快乐所抵消平衡。既然无情的普遍性苦难一直伴随着我们，我们就应该此时此地就同一个个最急迫的、现实的罪恶苦难作斗争，而不是去为一个遥远的、也许永远不能实现的至善或福乐的千年王国去做一代又一代的无谓牺牲。鉴此，波普尔（Karl Popper）明确主张，处于痛苦或灾难之中的任何人都应该有权利要求得到救助，决不应当以任何人的痛苦为代价去换取另一些人的幸福和快乐①。可是，某些宗教却假借救苦救难之名把人们推进新的苦难并进一步加剧苦难如以宗教善之名所鼓动的宗教自杀或恐怖事件等。这正是宗教和人权尖锐冲突，进而导致宗教遭到怀疑和批判的根本原因。

宗教伦理应该是一种较谦逊、较现实的人权诉求：尽最大努力消除可避免的苦难，把可避免的苦难降到最低，并尽可能平等地分担不可避免的苦难。而且，祛除苦难作为宗教人权，绝不向任何权势、利益、暴力、罪恶妥协。宗教人权否认为了一些人分享更大利益而剥夺另一些人的宗教自由是正当的，秉持"多数人享受的较大利益能补偿强加于少数人的牺牲"是违背人权、绝不容许的基本法则。

二、平等尊重——宗教人权的道德精神

祛除苦难是每个人平等享有的宗教人权，因此，它应当具体体现为尊重平等的道德精神。在宗教人权中，人人生而平等的思想（卢梭）就具体化为宗教徒之间、宗教徒和非宗教徒之间人人平等、相互尊重的道德精神。只有把祛除苦难的基本要求奠定在这个基础上，才能有效地抵制那些专制独断的教义教

---

① Karl R. Popper. The Open Society and Its Enemies, Vol. 1. New Jersey: Princeton university Press, 1977. pp. 284 - 285.

规对教徒和非教徒的戕害，至少不至于以善的名义冠冕堂皇地再增加新的或更大的苦难。

从道德哲学的角度看，宗教人权的人人平等、相互尊重是正当优先于善、人权优先于功利的人权伦理诉求的具体化。鉴此，安德森教授认为，神学伦理学的理论前提不能是纯粹功利主义的，"理由是邻人之爱关涉把每一个他者看作一个具有内在价值的存在者，以致绝不可以证明为了提高非道德的善的总量而牺牲他者是正当的"[1]。每个人不仅作为类和伦理共同体的一员而存在，而且还作为具有独特个性的个体而存在。宗教人权必须把人权理念的普遍性和宗教伦理规范的多样性统一起来，并落实为具体的个体权利。平等尊重的人权思想绝非抹煞差异，而是平等地相互尊重多样性和差异性，不得以某种善的价值或某种宗教教义凌驾于他者之上。诸如基督教邻里之爱之类的金规则应当建立在相互期望、相互尊重和相互平等的基础上。此规则要求我应当根据他者的期望和我对他者的期望相一致的方式对待他者。我们应当放弃那种以符合某种单一、统一的宗教标准为基础的平等观，承认并尊重每个人平等拥有其自己身份的平等权利和个性差异。任何宗教形式的金规则的真正意义都应当理解为平等尊重。

平等尊重是自我和他者伦理关系的人权诉求。在这个问题上，萨特的他人是地狱的思想常被误解。萨特辩解说这是对他在德国战俘营中的感受，那时，时刻处在他人的注视之下，他人自然就成了地狱。这是站在弱者角度对强者侵犯践踏人权尤其是弱者的人权的反思和控诉。萨特要说的是，如果与他人的关系被扭曲了，被破坏了，那么他人只能够是地狱。其实，对于认识自己来说，"他人是我们身上最为重要的因素"[2]。有史以来的各种宗教迫害、宗教冲突和流血，都是违背了平等尊重的道德精神所导致的他人是地狱的可怕的宗教人权灾难。和萨特不同，列维纳斯把他者（the other）推向上帝般的绝对优先地位[3]。在列维纳斯这里，尊重他者成了宗教般的信仰。这是对自我（the I）扩

---

① Svend Andersen. "The Ological Ethics, Moral Philosophy, and Natural Law", Ethical Theory and Moral Practice, 2001 (4): 349 –364.

② ［法］萨特：《他人就是地狱》，周煦良等译，陕西师范大学出版社2003年版，第9~10页。

③ Michael L. Morgen. Dicovering Levinas. Cambridge: Cambridge University Press, 2007. p. 176.

张到整体或试图把整体纳入自我麾下的惨痛教训的批判，尤其是对两次世界大战中纳粹自我给人类、他者造成的不可磨灭、痛入骨髓的人类记忆的理论反思，更是对希特勒等独裁者践踏人权的严正控诉。勒维纳斯试图站在平等的角度思考人性和人权，尊重他者是一种矫枉过正式的对他者的绝对尊重。不过，勒维纳斯的自我其实是一种强者，否则它就没有能力认识和承担具有上帝信仰地位的绝对责任。因此，勒维纳斯的自我和他者其实是不平等的。

我们认为，他者和自我应当是平等享有人权的主体。无论是谁，包括基督、安拉、释迦牟尼等宗教魁首在内，都不得希求任何凌驾于平等尊重之上的特权。谁希求这种特权，谁就拒绝了尊重平等的宗教道德精神，谁就成了宗教和他者的"地狱"，谁就不配享有宗教人权，谁就应当为此承担破坏宗教人权的责任和罪过。追求平等尊重的著名的现实运动是：在欧洲，继 1995 年追求平等的运动之后，21 世纪初又发起了一场"所有人都不同——所有人都平等"（All Different – All Equal）的运动，其目标是以平等为基本精神，突出多样性——赞美丰富多彩的差异性人生，"允许每个人在建立一个更加美好的欧洲的过程中发挥作用，在那美好的欧洲里，每个人都有权利成为他们自己——成为差异和平等的他们自己"[①]。当然，局限在欧洲范围内的平等，不可能是真正的平等。平等应该扩展到全人类：宗教徒之间是平等的，宗教徒和非宗教徒之间是平等的，前者没有任何特权凌驾于后者之上，反之亦然。

一旦违背了尊重平等的道德精神，宗教问题就会出现。在前述是否禁止伊斯兰女性在公共场合戴头巾的宗教人权案件中，"一开始就必须和他者一起认真考虑和倾听个体女性的个人决定。这是尊重她为一个平等人——一个是她自身目的的主体，因为她有能力为她自己创造一种生活并有能力成为她想成就的存在"[②]。只有相互尊重，我和他者才可能不相互是对方地狱，而是同心协力地维护人权、砸碎地狱的人权伦理的守卫者、承担者。

对于千差万别的作为个体的权利主体来讲，宗教人权的普遍平等必然呈现出个体主观性的巨大差异。上帝面前人人平等，就是人权面前人人权等，在普遍平等宗教人权的原则下，通过民主商谈的程序和宗教责任保障体系，切实尊

---

①② Jill Marshall, "Women's Right to Autonomy and Identity in European Human Rights Law: Manifesting One's Religion", Res Publica, 2008（14）: 177 – 192.

重权利主体独立思考、选择、践行或放弃其宗教生活的权利，保障个体主观性权利的实现及其生活水平、生命质量、人生责任等在公正的社会制度保障下所呈现出的差异和个性。就是说，尊重平等的宗教道德精神绝不是一句空话，它需要落实到商谈理解的民主程序和法律制度的人权保障的伦理实践之中。

三、对话商谈——宗教人权的民主程序

宗教和人权的冲突绝不可能靠以绝对信仰为背景的恐怖活动或相互攻击加以解决，因为它是建立在误解隔绝基础上的以暴力手段武断地加剧宗教和人权冲突的主要途径。宗教和人权的携手应当以人类沟通理解、互相尊重为前提。合理化解和正当处理宗教和人权的冲突的可能途径在于：把平等尊重的道德精神具体化为对话商谈的伦理程序。

当阿奎那宣称"不信教是最大的原罪"① 时，是符合 DCM 式的宗教规范的，但与宗教人权的理念却是背道而驰的。因为它违背了基本的平等尊重的道德精神，套用哈贝马斯的话说，它是典型的独白式宗教伦理。独白式宗教伦理基本上是单向理解模式，是以思考作为一个宗教徒"我应当怎样做？我应当做什么？"或"我将会成为何种类型的宗教徒？"这一宗教问题为核心的。

在特殊性的经验的宗教道德触及普遍性宗教人权的边界之处，整个问题本身发生了一种根本性变化：宗教道德从独白式思维的内在性转向对话商谈的公开性。从行为者的多样性状况，从一种意志的现实性与其他意志的现实性同时发生这样的双重不确定性之条件中，产生了对宗教人权目标的共同追求的核心问题——"我们将如何共同应对和我们每个人息息相关的各种现实性的宗教伦理问题？"即面对各种现实性的宗教伦理问题，"我们应当怎样做？我们应当做什么？"这类问题是独白式宗教伦理无能为力的，它们需要在宗教伦理的商谈程序中加以解决。

尽管宗教人权是宗教的唯一合法化的价值基准，但在具体的宗教事务中对于如何正确理解和诠释宗教人权却不可能达到完全一致。原因在于，一方面，各种宗教的教义和信仰对象千差万别，神学的教导能力极度依赖相同体验和相

---

① Saint Thomas Aquinas. Summa Theologica, translated by the Fathers of the English Dominican Province, Maryland: Christian Classics, 1911. Pt. II‑II, Q. 13, Art. 3.

异体验之间的脆弱性的平衡。这种平衡极难达成，却极易破坏。另一方面，虽然法律、制度、习俗、传统等在同一个国家地区或民族具有一定的普适性，但在国际范围内则具有多样性、相对性。只有在尊重人权的基础上，通过对话商谈，在相互理解、相互尊重的基础上才有望逐步得以消解宗教人权问题的各种冲突和对立。

宗教人权的现实内涵及其宗教价值基准的地位，主要是在和他人的对话中通过理解（understanding）来确认的。理解既是商谈可能的前提，也是商谈的过程和结果。安德森教授认为，"理解就是把握人际的关系传达和交互作用的重要意义。这些要素不仅仅是语言表达，而且还包括行为和境遇等"①。理解是人际生活的基本认识能力，因为每个个体的理性资质及其宗教观念都是在实践中生成并在语言对话、主体之间构成的世界里逐步形成和发展的。在作为宗教人权前提的人类生活中，在宗教和世俗、各宗教之间、同一宗教内部等三个基本层面的对话商谈中，我理解我应当如何对待他者和自我，他者也同样理解应当如何对待我和其他的他者，宗教人权的交往实践在此理解的基础上得以可能。

宗教人权的交往实践是交际主体相互展示自我的一个变动系列，是一种理解的相互性。在一个宗教人际关系交往的共同体中，每一个人际间的信息传达和相互作用都从诸如关注、肯定、承认等他者的期望中得到回应。在宗教交往结构中，当他者通过其期望而展示自身、去蔽自身时，我就获得了道德自我、道德本体的地位。这种方式构成的自我——在我具有选择肯定其期望或使之失望的意义上—实际上是他者的期望赋予我的道德力量。这种选择构成了道德上正当与否的对抗。显然，他者是相对于我而言的，我相对于对他者，又是他者的他者；他者相对于我，又是我的我。任何个体都是集我和他者为一身的互为主客体的目的－存在。这种力量的赋予和拥有，是相互的而不是单向的，是对话式的而不是独白式的，是平等的而不是专制的。正是宗教和世俗、各宗教之间、同一宗教内部三个基本层面之间这种相互平等的道德力量的赋予和拥有，才使得宗教人权具有了坚实的主体根据和实体保障。

① Svend Andersen, "The Ological Ethics, Moral Philosophy, and Natural Law", Ethical Theory and Moral Practice, 2001 (4): 349－364.

四、伦理责任——宗教人权的有效保障

宗教人权的具体问题应当通过一定的民主程序和对话平台如由宗教和世俗、各宗教之间、同一宗教内部三个基本方面的成员所组成的宗教联合体或国际宗教伦理委员会等，在对话商谈、相互理解的基础上，确立当时的世界宗教人权的原则要求和基本内容，并尽可能地落实到伦理责任之中。否则，商谈的结果就会仅仅停留在口头空洞的条文上，甚至会立刻化为乌有。

伦理责任就是对他者和自我的宗教人权的责任。勒维纳斯曾从他者和上帝的角度思考了伦理责任。他认为，他者是无限性的上帝，上帝在他者的面容中向我们显现，把我们指引向他人，孤儿、寡妇、苦难者等都向我发出责任的伦理命令。因而，他者是责任的根源。在面面相对和责任中，我的责任－为他在他的责任得以确证。证实不是讨论，而是接受他者的命令，把他者的命令转化为责任并遵守践行即为此负责①。勒维纳斯说："我的生命有意义的确是因为我遇到需要我并要求我给予帮助的他者，我因此支持他们，对他们负责，在我的欠缺和回应中，仁善和圣洁进入了我的生命"②。德里达（Jacques Derrida）不同意勒维纳斯的观点，他认为伦理和伦理秩序、道德领地和日常道德名目繁多却自相矛盾，结果，"伦理的多样性导致的是无责任"③。德里达指出责任伦理暗中破坏了责任的决定性，使纯粹责任或无条件的责任成为不可能。这种指责很有道理。如果我们考虑到我是他者的他者，而且我和他者不可避免地时刻处在苦难的可能之中，那么我和他者或每一个人就成了责任的接受和承担者。在此前提下，每一个人对自己的宗教选择和活动是否正当负有主要责任。就是说，伦理责任的原初根据应当是以祛除苦难为基础的宗教人权，而不是勒维纳斯的无限性他者或上帝。

伦理责任不仅包括对他者的责任，更重要的是对自我的责任："人最终将

---

① Levinas, Emmannuel. Otherwise Than Being. Translated by AlphonsoLingis. Pittsburgh：Duquesne University Press，1998. pp. 147 – 149.

② Levinas, Emmannuel. "God and Philosophy" in Basic Philosophical Writings, Adriaan T. Peperzak, Simon Critchley, and Robert Bernasconi（eds.）. Bloomington：Indiana University Press，1996. pp. 140.

③ Derrida, Jacques. The Gift of Death. translated by David Wills. Chicago：University of Chicago Press，1999. p. 61.

自己理解为对他自己的人的存在负责的人"①。我们有责任选择好的宗教信仰或脱离宗教团体或不信仰任何宗教。质言之，信仰宗教与否、信仰何种宗教以及如何从事宗教活动等问题，我们有责任自由选择，有责任拒绝任何人、任何宗教组织剥夺我们的自由而强行地或虚伪地替我们做出决定。我们有责任独立于任何宗教或自主地融入某种宗教以成就自我，而不是成为一个个被宗教限制和浪费的工具性个体。

值得重视的是，作为个体的宗教人权只有在公民的交往形式及实践网络中才会清晰明确地发挥效力。在这种交往形式及实践网络中，宗教人权的民主程序促使尊重人权的道德命令转向法律制度。在涉及生死攸关的宗教人权的伦理责任时，法律制度应当把宗教人权明确为伦理责任，为宗教人权提供稳固的后盾和强有力的保障。首先，国际性的法律机构应自觉承担起建构普适性的公正的国际宗教人权法作为各宗教人权意识的最高法律依据的伦理责任，尽管它并不能保证绝对的宗教人权的普遍性，但它比个别宗教的价值善恶观念更具有普遍性和权威性。相应地，各宗教派别应当自觉恪守国际宗教人权法，相互尊重各宗教自身的多样性选择而不得妄加指责干涉其他宗教的人权选择，更不得以本宗教的善恶理念冒充普遍的人权而强制推行到其他宗教乃至整个世俗世界。其次，伦理共同体（主要是国家）应当承担起把国际宗教人权法纳入到公正的法律制度之中的伦理责任，切实有效地解决自身范围内的宗教人权问题。在伦理共同体中，社会法律制度有责任保障每个人都拥有一种不可侵犯的宗教人权，这种普遍权利即使以宗教或社会整体利益或幸福之名也不得僭越。

一般情况下，法律制度对于宗教事务应当保持中立的态度或不干预的态度，但这有一个底线：任何宗教事务不得侵犯人权。一旦突破这个底线，就违背了宗教人权法则和相应的法律制度，国家或国际组织就有权阻止任何践踏人权的宗教行为，强制任何践踏了宗教人权的人或组织承担相应的法律责任。但也仅以此为限，不得以此为借口干涉、侵犯或剥夺宗教徒和非宗教徒的人权。

特别需要强调的是，尊重人权是宗教和世俗必须共同遵守的普遍性的绝对命令。尊重以人权为价值基准的法律和制度，是任何宗教组织和宗教徒们不可

---

① ［德］胡塞尔：《欧洲科学的危机与超越论的现象学》，王炳文译，商务印书馆 2005 年版，第 324 页。

回避、必须承担的重要伦理责任和法律责任。只要侵犯了人权，无论他是多么至高无上的宗教徒、宗教组织或神圣的上帝，都必须为此承担不可逃避的责任，都没有任何借口和特权逍遥法外。阿塔和参孙之流绝不是什么英雄，他们只不过是借宗教之名践踏人权，戕害生命、屠杀平民的暴徒而已。这类恶魔必须为此承担不可逃避的法律责任和道德责任。

行文至此，"人权可否成为宗教的价值基准"的问题已经得到了肯定的明确应答，前文诸问题即是否存在判断宗教行为的价值（善恶）基准？如果有，它应当是什么？如何解决多样性文化境遇中的多样性宗教价值和人权的价值冲突？如何正确理解作为人权的宗教自由权？如何真正把握宗教和人权的内在关系？宗教与人权携手同行的基础是什么？等等问题也相应地随之得以解决。

结　语

自从宗教信仰诞生以来，我们总是奢望宗教和上帝赐予我们普遍繁荣的极乐天堂和世界秩序的金色未来。然而，历史与现实却源源不断地提供与此奢望相反的证据。如今，"我们实际上面对的未来却是全球变暖，一种对地狱的似是而非的隐喻。"① 然而，我们的时代，诚如雅斯贝尔斯（Karl Jaspers）所说，"居于首位的不再是那个一切事物都依存于他的天启上帝，也不再是在我们周围存在的世界。居于首位的是人"②。我们有足够的信心和根据断言：人权神圣不可践踏，它高于一切信仰、宗教和组织，或者说，人权才是最高的普遍信仰。罗博斯（F. Robles）说，人权理念作为理性主义的自然法的产品，缺少宗教路径。但"这个理念（人权——译者注）作为社会生活一体化的要素蕴含着宗教生活的'延续'"③。甚至可以说，普遍性的宗教是由所有的参与者享有共同的道德精神时所形成的一个全球共同体。我们可以在地球的人类中期望它

① Joseph P. Lawrence, "Radical Evil and Kant's Turn to Religion", The Journal of Value Inquiry, 2002 (36): 319 –335.
② ［德］卡尔·雅斯贝尔斯：《时代的精神状况》，王德峰译，上海译文出版社 2008 年版，第 121 页。
③ José Antonio Marina, "Genealogy of Morality And Law", *Ethical Theory and Moral Practice*, 2000 (3): 305 –327.

奠基在人权信仰的基础上，或者说每个人都应当以人权为信仰对象，因为人权是所有宗教的普遍价值基准，也是所有道德价值的基准——它是上帝之城和世俗社会共同奉行的价值基准。可见，上帝的法则就是神圣的人权法则，任何个人和组织包括国家和宗教组织都应当奉若神明，而绝对无任何权利侵犯之。

不过，我们决不能指望良心、信仰之类的道德途径或教徒歼灭恶徒的暴力途径实现普遍人权信仰，这正是古典宗教失败的重要原因，也是 DCM 的不治之症。良心之类的个体道德素质随时可能被恶吞噬，绝不可作为杜绝人性趋恶的坚固屏障，因为妒忌，权力欲，贪婪以及和它们密切相关的其他恶的倾向，就植根于人的本性之中。更为关键的是，恶和善一样不可根除。因为恶和善一样是人自身的自由意志的规定性，根除了恶，也就根除了善，消灭恶就等于消灭人自身及其自由意志，也就等于谋杀了上帝、宗教和人权。

由于恶的不可根除，尊重人权必须依靠法律制度；由于善的不可根除，尊重人权也能够依靠法律制度。质言之，在人权面前，绝没有所谓的法外施恩或法外之徒。宗教组织或教徒必须承担相应的法律责任而不得逍遥法外——教徒和宗教组织毕竟是属人的存在，既有其人权受保障的权利，也要承担尊重和保障人权的责任和义务。任何以宗教信仰的名义践踏人权的行为如恐怖行为、暴力行为等都是违背宗教人权的，都是和宗教本身的普遍性和人道性相背离的，都应当承担伦理责任尤其必须承担法律责任，即使他是宗教魁首或上帝也绝不例外——上帝、宗教组织及其教徒没有任何特权侵犯人权、践踏法律。

确立以人权为价值基准的普遍宗教，并非奢望黄金灿然的天堂和至善至福的未来，而是为了守住道德底线，防止人类借宗教之名沦入恶或伪善的恶性循环的魔咒之中。宗教与人权携手同行在善恶相搏的崎岖险径上，通向的却是光明冲破黑暗的人间正道！

第八章
人权法律伦理学

人权法律伦理学就是以人权为价值基准的法律伦理学。

法律和伦理关系的争论是一个由来已久的实践哲学问题和法理学问题。总体上看，实证主义法学否定法律和道德之间的联系，自然法学坚持法律和道德之间的联系，习惯法传统则倾向于在经验的个别的层面上肯定法律和道德之间的有限性联系。在此问题上，历经无数哲人的穷思极辩，至今依然是（或许今后也同样是）"没有任何人能够说服所有人"①。法律和伦理之间的关系似乎处在剪不断、理还乱的纠缠不清的境地。

不过，无论法德关系多么错综复杂，也并非无路可走。诚如玛瑞娜（José Antonio Marina）所言，出路的关键在于必须面对两个基础问题："一是关注过去：法律论证和道德论证的联系是什么？一是聚焦未来：它们应当是什么？"②具体而言，我们应当在反思法学历史，追问法律本质的基础上，研究法律和道德是否具有内在联系。如果它们有内在联系，二者就可以相互转化。这就逼近了三个至关重要的问题：哪些道德要求具备上升到法律的条件？哪些法律条文应当返回到道德要求？法律和道德相互转化的价值基准是什么？这里直觉的回答是：人权是其价值基准。

---

① ② José Antonio Marina, "Genealogy of Morality And Law", Ethical Theory and Moral Practice, 2000 (3): 305 – 327.

第一节 法律本质的追问

法律本质充分地展现在法律现象论、法律价值论、法律主体论、法律方法论和法律真理论等各个层面之中。不过，这种区分不是绝对的，因为各个层面都是同一法律本质的不同体现，它们之间有着不可分离的内在联系。

一、法律现象论

这里首先需要说明的是，法律现象论的"现象"是指黑格尔"精神现象学"意义上的经验现象，而不是胡塞尔"现象学"意义上的"现象"。换言之，法律现象论的"现象"仅指法律所体现出来的各种经验现象，如法律条文、法律体系、法律实践等。

从法律现象论的角度看，法律是一套依靠强力和权力指导、规范并限制人们行为的规则命令。这种法律概念主要涉及成文法（statute law），它把立法或法规描述成为一套具有公认的权威形式的、规范人们行为的控制技术，其主要理论形态是实证主义法学。用魁恩（Peter Cane）的话说，"法律是一套人们的行为规范"[1]。纯粹的实证主义主张只有那些确实可以强制执行的规范才是法律。德国法学家罗门（Heinrich A. Rommen）概括说，法律实证主义只有一个法律标准，"按照宪法所规定的立法程序所公布的主权者的意志"[2]。这一形式化标准就是一切，也就是遵守宪法的技术性规则所规定的立法方法和程式。实证法完全是国家甚至是元首意志创造的，国家"毋宁是各种社会力量发展变化的产物。它是名副其实的自然产物。这样，法律就是、实际上仅仅是事实上占据优势的那个阶级、即统治阶级的东西"[3]。既有的实证法律是人为建构的服务于特定社会团体（主要是国家和民族）的强制性社会秩序技术之一。

法律实证主义既然认定法律只能是被颁布的法律，也就对法律应当是什么

---

[1] Peter Cane, "Taking Law Seriously: Starting Points Of The Hart/Devlin Debate", The Journal of Ethics, 2006 (10): 21-51.

[2] ［德］海因里希·罗门：《自然法的观念史和哲学》，姚中秋译，三联书店2007年版，第125页。

[3] ［德］海因里希·罗门：《自然法的观念史和哲学》，姚中秋译，三联书店2007年版，第115页。

（这是法律价值论关注的焦点）不感兴趣。其唯一的兴趣是，以建构科学法律
理论为追求目标，而不被任何可疑的客观性的意识形态所限制。著名实证法学
家凯尔森（Hans Kelsen）甚至在 1963 年还坚持其 40 年前（1925 年）的实证
主义法学观点。他说："从法律科学的观点看，纳粹统治期间的所有法律都是
法律。我们可以为此遗憾悔恨，但却不能否定它是法律"①。实证法学的内容
和研究对象是从其实证效力和实际应用于司法调节的角度来观察其对象——法
律条文的，它考察它们的历史演变、逻辑连贯性和相容性解释，以及它们实证
地建立的法定机构。实证法学揭示了法律和其他规范如道德风俗习惯的本质区
别：法律是一种强制性的、客观性的行为规范。法律是人际关系调节系统的一
部分，它强制性地把某些规则和程序的遵循作为解决矛盾冲突的唯一的法律
途径。

　　值得肯定的是，实证主义法学把握了法律实效性的根本特征。不可否认，
在特定的境遇中，真正有效的法律只能是实证性法律。法律的一个重要特点是
要真正能够有效解决现实中的各种价值冲突、人际矛盾问题。因此，法律必须
明确具体，不可含糊不清，也不可以古废今或以后废今，它只能直面当下的各
种实践问题和矛盾冲突。法律必须具有高效和权威，不得任意篡改和违背，更
不允许践踏。法律规范是公共实践理性的公开的固定的体系。任何个人和团体
都不得轻易挑战法律的权威地位。即使要触动法律条文，也应该通过一定的合
法程序慎重进行。这是法律成为法律的最根本性的一个标注。没有实证法对社
会基本秩序的保障，没有实证法律的强力实施和对实证法律的权威的尊重，法
律就等于一般的道德要求或风俗习惯，也就不存在所谓的法律实践，这实际上
也就退回到一种无法无天的自然状态。实证法律的权威和地位，正是人类实践
理性高度发达的重要成果的标志之一。实证主义法学也因此大行其道，当其胜
利之时，大多数大学教授和大多数从事实务的法学家和法律工作者，都把自然
法当成一个已死的东西予以摒弃。但这绝不等于说，实证主义法学就是法学的
全部或法学的绝对真理。

　　实证主义只承认形式的合法性和法律是这种机制产品的纯粹事实，固守道

　　① José Antonio Marina, "Genealogy of Morality And Law", Ethical Theory and Moral Practice, 2000
(3): 305 – 327.

德和法律的分离，根本否定实体正当性——法律要合乎国家的伦理目标、合乎客观的共同善和道德律。然而，实证法律不是从来就有的，也不是永恒不变的，它是人们根据特定的价值目的（如主权意志或阶级利益）设立的强制性行为规范，同样也会随着特定目的的转变而转化或废止。凯尔森所承认的纳粹统治期间的实有法律，既不是从来都有的，也不是永恒有效的。它不过是纳粹集权及其利益的产物而已，此前不曾出现，此后已被废除。即使在纳粹期间，也不能得到当时所有人们的公认。固守实证法律关于法律和道德相悖的观点既违背理论逻辑，也和法律实践相悖。即使在实证主义法学阵营内部，对此也存在不同观点。著名实证主义法学家哈特就明确地批判奥斯丁（J. L. Austin）和边沁（Jeremy Bentham），认为坚持区分法律是什么和应当是什么是首要的理性追求。它"能够使人们从容坚定地看到道德上恶的法律的存在所造成的显明问题"①。

事实上，纯粹的实证主义从来都没有也不可能完全付诸实施，即使在那些让法官完全依赖形式化法律的国家也是如此。究其本质，实证法境遇中的法官体现的只是一架归类机器的观念，是与真正的法官的自由实践主体的观念完全矛盾的。对此，澳大利亚国立大学的剀恩（Peter Cane）在《重视法律》（Taking Law Seriously）一文中认为，怀疑法律尤其是成文法的规范性，是因为它是政治冲突和妥协的结果，这种情况使它显得平庸混乱。实现社会生活福祉的基本的绝对重要的机制是应对分歧以便达到利益冲突之间的可以广泛接受的让步妥协。"至关重要的是这个机制应当是善的，它能够成为一个人们普遍或大体上能够接受并遵守的运行机制和产品"②。法治社会应当容忍甚至鼓励价值观念的分歧。即使坚持实证主义的解释，认为立法者恰恰产生了这样的符合正义等的意志，依然难以自圆其说，"因为这样一种解释预设的不是现实的立法者，而是一位理想的立法者，即一位只选择公道规范的立法者"③。这恰好证明了自然法。立法者没有想到，法律其实是一个从自然法基础理念中引出的

① H. L. A. Hart, Essays in Jurisprudence and Philosophy, Oxford: Clarendon Press, 1983, p. 53.
② Peter Cane, "Taking Law Seriously: Starting Points Of The Hart/Devlin Debate", The Journal of Ethics, 2006 (10): 21–51.
③ ［德］海因里希·罗门:《自然法的观念史和哲学》，姚中秋译，三联书店2007年版，第120页。

结论及推论，并且适用它们的法律实践过程。因此，实证法也不得不一次又一次地诉诸道德，诉诸自然法规范即法律价值论。

二、法律价值论

如果法律不求助于法律之外的观念，就不能诠释其目的，更谈不上真正实现其目的。即使是对权威性的法定规范或成文法规范的应用和诠释也经常需要把它们看着一个关于价值、意图和目的的推理过程。实际上，道德价值、道德理性渗透于整个法律体系之中。在法律体系的所有领域都不可避免地求助于道德法则。这就是法律价值论存在的根据。

从法律价值论的视角来看，法律规范根植于价值本体，法律是由价值本体发展而来的强制性规范体系或要求。法律价值论的主要理论形态就是自然法学。自然法学主张法律不仅是实证性的法律条文，而且是源自特定的正义或道德法则等价值基础的具有合法性的强制性规则的典范。因为如果不以正义或道德法则为价值依据，法律就不可能把自身和武力或暴力区别开，由此甚至可能导致貌似合法实则非法的政治体制。难怪圣·奥古斯丁写道："没有正义的国家除了是一帮巨型强盗，还能是什么呢？"① 或许正是基于法律价值基础的考虑，自然法学坚持把特定的道德价值主要是正义作为判定法律正当与否的根据。

如果说实证法学是关于法律的实然的学说，自然法学就是关于法律的应然的学说。自然法所以能够存在，就是因为它作为应然和规范，植根于本质性、社会性存在的自然中，其基础法则和进一步的推论就构成了自然法的内容。对此，罗门论证说："在人的心灵中就有一种根深蒂固的需求：法律必须活于道德中。所有的法律必须是公道的；只有那时，它才能获得最初组织每个共同体、随后不断地更新共同体的那种力量，尤其是在政治共同体中，获得人们从良心上接受其约束的那种力量"② 。这一事实确实应当已经展示了，一个公平正直、没有偏见的人，即作为一种道德性、社会性存在的本质是指向自然法

① José Antonio Marina, "Genealogy of Morality And Law", Ethical Theory and Moral Practice, 2000 (3): 305 – 327.

② ［德］海因里希·罗门：《自然法的观念史和哲学》，姚中秋译，三联书店2007年版，第171页。

的，或者说，所有人天生都具有自然法的法学家的禀赋和潜质。法律应当是一个特定的应然的伦理秩序构成要素，以达到协调各种人际社会关系，实践公正的价值目的，它不应当仅仅是僵化固定的法律条文。自然法学追求的目标是普遍规范，它试图为既有实证法提供一个评判性规范价值基础和立法理想，其研究对象就是许多世纪以来称之为"ius naturale"（自然法）的理念。

毋庸讳言，和实证法相比，自然法的"阿喀琉斯之踵"在于其本身存在着操作性、权威性不强的重大实践缺陷。固守自然法的终极法则而否认实证法的权威，只能停留在抽象的法的形而上学层面，必因缺失强制性力量的根本保证而不能具有真正法律的有效实践力量，这是导致自然法在某些历史时期内尤其在二战期间被摒弃的根本原因。因此，自然法的理念必须转化为实证法，才具有法律的效力权威。但这并不意味着实证法就是法律的真理，因为摒弃自然法，固守特定的实证法学就会使实证法丧失其理论根据和批判能力而走向僵化，甚至极有可能成为专制独裁的工具。纳粹的实证性法律无疑是实证法的长鸣警钟。实证法应当作为自然法之实现的实证途径，每一实证法规的正当性就在于它体现了实现普遍规范的一种努力。

问题是，自然法和实证法如何在法律实践中交织重叠、相得益彰地融为一体？或法律现象和本体是如何统一综合的？从法律主体论的角度看，正是法律主体通过动态的商谈和实践完成这个综合任务的。习惯法在一定程度展现了二者之间的这种内在联系。

三、法律主体论

从法律主体论看，法律是一个法律主体"通过运用政治权力解决利益冲突的过程的产品"[1]。法律本质上是一项由法律主体认定、颁布、履行和不断重新修订以期达到完善、精确的法律理念的工程。或者说，法律规范和法律价值都是一个由法律主体不断论证和适当修正的动态的创造性过程。法律规范和法律价值都是法律主体的主体性的重要体现，法律主体性的主要理论形态体现为习惯法学。

---

[1] Peter Cane，"Taking Law Seriously：Starting Points Of The Hart/Devlin Debate"，The Journal of Ethics，2006（10）：21 – 51.

　　法律主体性的必要性在于人之脆弱性。霍布斯的法律秩序的基本确证的理念是所有人在他者毫无节制的强力面前最终都是脆弱无奈的存在者①。西蒙德斯（Nigel Simmonds）说，屈从法律而非他者的强力（power）在如下意义上保证了我们的自由：法律建立了一个我们能够和他者自主地相互影响的领地或范围，也就是说，为了保护我们自己的目的不受他者的强力的侵害的有效规则②。人之脆弱性成为诉求法律以保证人之基本权利和社会基本秩序的内在要求。

　　法律主体性的可能性在于人的自由和创造性对人之脆弱性的扬弃。某种意义上讲，17 世纪英国古典习惯法的著作者（如 Edward Coke，Matthew Hale 等）和法官，被看作社区的代言人。法官根据古典的习惯法观念，表达社区的道德经验的本质，并以明智的判决形式对之加以抽象、提炼和总结。对此，赫尔曼（S. Herman）写道："至少自爱德华·库克（Edward Coke）时代以来，英国习惯法没有怀疑法官的重要传统。因此，也就没有特别强调对法官作用的限制。相反，法官的判决成了发展法律的主要途径"③。传统习惯法部分任务是把特定社区的道德经验转化为法律形式。这样一来，法官就成为在习惯法概念中把法律和道德连接起来的首要的基本缔造者和法律主体。

　　习惯法实践是在特殊性的敏感度和普遍性与通用性的愿望之间，寻求具体和抽象、非体系化和体系化、柔韧性和固定性之间的平衡，寻求在每一个案例中更加接近前者而远离后者的法律实践。习惯法实践的基本任务就是从诉诸法院之前的不可预知和各种各样变化无穷的案例中所反映出来的道德和社会经验中创造出法律准则。可见，习惯法更适宜于理解为理性追求或反对特定后果，而不是理解为精确语言表达的规范命题的一览表。

　　值得注意的是，古典习惯法的方法必须和现代颁布的实证法律在许多方面共存才能更具有力量。在习惯法体系中，某些领域已经以一种法典式的形式得到广泛的体系化，尽管它还强调一些细节性的技术问题。"古老的习惯法观念

---

　　①　Thomas Hobbes, Leviathan, London: Penguin Classics, 1986, p. 183.

　　②　Nigel Simmonds, Law as a Moral Idea, Oxford: Oxford University Press, 2007, pp. 141 – 143; pp. 182 – 189.

　　③　S. Herman, "Quot judices tot sententiae: A Study of the English Reaction to Continental Interpretive Techniques", Legal Studies, 1981（1）: 165 – 189.

作为具有自下而来的道德经验——就是说，通过诉讼人的请求和关注法庭的经验，和作为自上而来的，即置于各种各样的道德要求和经验的各个层次之上的立法而成的现代法律观念共存"①。不同之处不过是，以前旧的关于道德问题的法律选择被歧视为实践或先例的认识，现在新的概念通常用法定成文法的语词加以表达而已。

在英国法律史上，实证法和习惯法曾有一场长期的冷战。著名的是，17世纪在柯克（Edward Coke）、首席平衡法官霍尔（Chief Justice Hale）和霍布斯（Thomas Hobbes）之间关涉法律视域的习惯、理性和君主权威的公开论战。随之而来的杰瑞米·边沁（Jeremy Bentham）对习惯法方法的尖刻辛辣的抨击和他不成功的对理性的法典编撰的反对，以及由杰瑞米·边沁（Jeremy Bentham）的后继者奥斯丁（John Austin）在19世纪中叶挑起的对习惯法的论战，把习惯法作为"混乱和黑暗的帝国"，并把它和现代罗马法传统代表的"秩序和光明"形成鲜明对比。现代法律实证主义作为颁布制定的法律理念已经侵入并殖民了习惯法的思想，以致在英国境遇中的总法（all law），包括法官制定的习惯法，都被自明地看作在某地方的规则。在美国，古典习惯法的思想依然在某种程度上在法哲学中得到反思，并出现和自然法理论相融合的趋势。这可以在20世纪上半叶的庞德（Roscoe Pound）的著作中看到，他非常赞许习惯法的方法。如今，其著作影响甚小，或许因为它忽视了法律平衡利益和应用发展价值的推理过程。从某个角度看，福勒（Lon Fuller）、德沃金秉承了庞德的衣钵，重视道德和法律的不可分割性，开始更多地把法律看做一个解释价值、表达规则和法则的过程或活动。在我们看来，这个历史性争论和论证过程暴露了习惯法的问题，也昭示了其实际性出路。

其一，习惯法存在的主要问题是法律主体的经验性、偶然性乃至随意性。韦伯（Max Weber）曾对比习惯法和源于罗马法的欧洲大陆法系，认为习惯法从根本上是实用主义的、经验性的法律裁决的实践，它紧紧地盯住实际案例的特殊性以寻求和这些事实相联系的直觉公平，是一种非理性的不能成为体系化

---

① Roger Cotterre, "Common Law Approaches To The Relationship Between Law And Moraliy", Ethical Theory and Moral Practice, 2000 (3): 9 – 26.

的有机规则的法律实践①。习惯法正是因为缺乏抽象的体系化的法律理性而不得不允许欧洲大陆法系最终成为理性政府机构的工具，以适合政治的和组织化的目的。

其二，法律的经验性不完整性及其开放性是其自身不可避免的特质，因为法律是敞开的自由实践理性，而不是封闭的理论体系。伦敦大学法学系考特若（Roger Cotterre）正确地指出："法律条文很难最终编撰成法典因为其任务是法律原则在特殊案例中具有举足轻重的作用。所以，每一个新的案例都有在某种程度上改变法律条文的可能性。法律之网不可能完全精准地打破，因其柔韧性和弹性以及法律内的千丝万缕的联系持续不断地被取代或修正"②。法律体系不能仅仅靠经验性的习惯法加以维系。

其三，法律主体不能仅仅局限在法官的范围内，因为法律的实施和每个人密切相关，就此而论，每个人都应当是法律主体。当然，并不是说，每个人都必须参与法律的讨论和制定。至少儿童、精神病人等显然不具有或不完全具有法律主体性者，很难真正参与到法律的实践过程之中。但是，法律主体的范围必须通过一定的程序扩展到法官以外，法律主体性的体现更是如此——如法律权威的认同、法律的遵守和维护等等。

如果说法律现象、法律价值和法律主体共同形成法律建构论的话，更深层次的问题则是：这种法律建构是如何可能的。这就涉及深层的法律方法论和法律真理论。

四、法律方法论

方法是主体性的体现，是主体对客体和存在的理解和把握方式。自然科学的研究方法体现的主要是一种实证中立性即马克斯·韦伯在《社会科学方法论》中所说的客观性。法律方法和自然科学方法虽有联系，但有其自身的独特个性——它是法律主体对法律的理解、诠释的自由实践方式。

---

① M. Weber, *Economy and Society*: *An Outline of Interpretive Sociology*, translated by E. Fischoff et al. Berkeley: University of California Press, 1978. p. 87.

② Roger Cotterre, "Common Law Approaches To The Relationship Between Law And Moraliy", Ethical Theory and Moral Practice, 2000 (3): 9 – 26.

　　表面看，实证主义随着惟科学化或自然科学主义的思想方法模式的胜利，似乎获得了牢固的理论基础和发展的强劲力量。以几何学方法看待现实的理路成了所有科学思想的标准方法论模式，实证法学就是始终以几何学方法构想和研究伦理规范和法律的。其实，从推理方法看，实证主义法学和自然法学坚持的主要是演绎方法：都是以一个既定的标准（既定的法律或自然法则）为大前提而进行的演绎推理。实证法学和自然法学家把其信念建立在三段论的基础上，其思维方法主要是从原则到实例、从一般到特殊的演绎推理。这个演绎推理的大前提，无论在实证法还是在自然法那里，都是通过归纳方法得来的。归纳方法则是习惯法的主要方法。

　　一般而论，传统习惯法强调的是运用归纳法来制定法律规则，并在一定程度上抵制体系化和普遍化，尤其抵制理性法典的形式。习惯法技术致力于对当下实际存在问题的切实可行方案的认真讨论，更偏重于运用具体的历史的术语而不是体系化的思考或抽象术语。习惯法学家信奉前例，如此一来，"习惯法学家的推理思考则理所当然地从实例到原则"①。在法官的审判中，习惯法从特殊到共相、从实例到原则的归纳方法占据优先地位。这种归纳而来的原则，在某种程度上正是实证法学和自然法学演绎所根据的大前提。实证法学和自然法学的大前提其实也是通过归纳方法而来的。二者的本性于此暴露无遗：实证主义的本质特征是将精神的视野局限于经验和殊相，赋予关于个别事物的经验知识以至高无上的绝对真理位置即作为其逻辑推理的大前提。自然法学的推理过程亦是如此，只不过它试图寻求的是具有普遍性的大前提——自然法。

　　归纳和演绎之间的内在关系，早已蕴涵着习惯法、自然法和实证法之间不可分割的内在关系。习惯法基本上停留在经验的个别案例的研究上，没有形成体系化的法律理论。我们应当借助实证法学和自然法学把理论和实践、归纳和演绎、实证和价值综合起来，直面具体案例，在商谈和程序中不断地归纳演绎论证法律的法则，走出一条价值真理观为基础的法学之路。

　　这里不可回避的是：休谟对归纳法和价值论的质疑——可统称为"休谟问题"，它有两个层面：其一是逻辑上的休谟问题。所谓归纳推理就是从个别

---

　　① K. Zweigert, and H. Kötz, *Introduction to Comparative Law*, 3rd edn., translated by T. Weir. Vol. 1. Oxford: Clarendon Press, 1998. p. 181.

前提推出一般性结论的推理形式。休谟是从因果关系的陈述，质疑归纳方法的有效性问题的：归纳推理从单称陈述到全称陈述的推论如何得到证明？从个别事例如何引出普遍性结论？即归纳的合理性问题，在逻辑上是得不到证明的。与此相关的演绎的有效性合理性同样得到质疑①。归纳和演绎都是不确定的，由之而来的法律大前提都是需要更高的标准进一步加以检验的。就是说，归纳法的可靠性是相对的可靠性，且需要法律实践的不断检验，故而任何一方也不能说服对方。其二是价值论或伦理学领域的休谟问题。归纳和演绎的根据都是主体实践，而主体实践都是有目的的。此目的本质上已经指向了价值领域，这就预制了价值论领域的休谟问题。休谟以前或同时代的不少哲学家（如斯宾诺莎的《伦理学》）认为，道德可以如几何学或代数学那样论证其确实性。然而，休谟在论述道德并非理性的对象时却有一个惊人的发现："在我所遇到的每一个道德学体系中，我一向注意到，作者在一个时期中是照平常的推理方式进行的，确定了上帝的存在，或是对人事作了一番议论；可是突然之间，我却大吃一惊地发现，我所遇到的不再是命题中通常的'是'（is）与'不是'（is not）等连系词，而是没有一个命题不是由一个'应该'（ought）或一个'不应该'（ought not）联系起来的。这个变化虽是不知不觉的，却是有极其重大的关系的。因为这个应该与不应该既然表示一种新的关系或肯定，所以就必须加以论述和说明；同时对于这种似乎完全不可思议的事情，即这个新关系如何能由完全不同的另外一些关系推出来的，也应该举出理由加以说明"②。法律不仅仅是实证法命题的通常的'是'与'不是'等关联词，超越于实证法之上的习惯法尤其是自然法的命题主要是由一个'应该'或一个'不应该'联系起来的命题。这是由法律的学科性质所决定的。古希腊哲学家把哲学分为逻辑学、物理学和伦理学，这得到了诸如康德、黑格尔等哲学家的认可。就经验科学而言，与物理学相关的是以物为主要研究对象的自然科学，与伦理学相关的是以人为主要研究对象的自由科学。从根本上讲，法律是实践哲学和实践人学的范畴或伦理学范畴，是自由科学的重要领域之一。因此，规定法律不像规定一个三角形或一朵兰花一样，其方法不仅仅是自然科学的方法，而是涵纳自

① ［英］休谟：《人性论》（上册），关文运译，商务印书馆2005年版，第206～214页。
② ［英］休谟：《人性论》（上册），关文运译，商务印书馆2005年版，第509～510页。

然科学方法于自身的自由科学的方法。它应该把自由意志贯通于方法论之中，使之成为一个自由的有生命力的方法论。不过，与道德规范相比，法律必须具有明确实用的可操作性，这也是实证法学的力量所在。

归纳和演绎的不可靠性说明：实证法、自然法、习惯法只是相对可靠的，其合理性需要相互论证和相互支撑。换言之，法律的"是（is）"（主要形态是实证法）和法律的"应该（ought）"（主要形态是自然法）应当通过法律主体的实践过程（主要形态是习惯法）联接论证。不过，方法从根本上讲是蕴含着目的性的探究事物真理的途径和工具，作为方法所追求的目的的真理则是具有终极意义的探究。

五、法律真理论

休谟在《人性论》中对归纳、演绎的怀疑以及对事实和价值的逻辑关系的质疑，打破了哲学独断论和符合真理观的迷梦，也打破了法学独断论的迷梦。法学不仅研究法律经验事实本身（实证法），而且研究法律的先天根据（自然法）和实践路径（习惯法）。或者说，法律是法律方法论精神体现出来的实证法、自然法和习惯法等诸法律范式的综合。法律方法论所追求的法律真理论无疑是解开法律之谜的关键一环，法律真理观的反思是法律本质最终的判断基准和必经途径。

从真理观的视角来看，最易接受、最为流行、最具影响力的真理观是亚里士多德以来的符合真理观。符合真理观认为真理就是符合某个设定的标准如概念、理智、公理、规范等。康德率先对符合真理观提出了挑战，他在《道德形而上学基础》中提出了合乎道德法则和出自道德法则的思想。康德把出自道德法则作为合乎道德法则的基础，其中蕴含着从符合真理观（合乎道德法则）深入到价值真理观（出自道德法则）的深刻洞察。至关重要的是，符合真理观是如何提升到价值真理观的？康德从前者跳跃到后者，并没有对此从真理观的角度做详尽的论证。这个问题在海德格尔提出的去蔽真理观中得到了深刻的反思和论证。

海德格尔认为，"αληθεια"（真理）并不是有效命题或正确命题的标志。亚里士多德把真理同事情、现象相提并论，这个真理就意味着事情本身，意味着自身显现的东西，意味着这样那样得到了揭示的存在者。符合来自于此在，符合是第二位的，此在才是真理之根基。"真理的存在源始地同此在相联系"①。从词源上看，"αληθεια"的本意是去蔽，希腊人使用"αληθεια"时，是不言而喻地把它作为基础的。对于无所领会的存在者，其所行之事处在晦蔽状态中。αληθεια（真理）把存在者从晦蔽状态中揭示出来而让人在其无弊（解释状态）中来看，即是对存在者的解蔽。把"αληθεια"翻译为"真理"，尤其从理论上对此词进行概念规定，就会遮蔽希腊人先于哲学而领会到的解蔽的意义②。"αληθεια"（真理）正是在去蔽的过程中成其本质的，"真理（αληθεια）的本质解释自身为自由"③。这就是第三个层面的价值真理观或自由真理观。就是说，自由的存在或存在的自由才是真理之终极的初始根据。因此，真理就是奠定在自由基础上的不断解蔽的探求自由本质的呈现过程。作为符合真理观的标准的公理、规范、法则等只不过是解蔽过程中所呈现的阶段性的相对的自由本质的不同表达而已，只有自由才是终极的真理，一切违背、践踏自由的所谓真理都是伪真理。或者说，自由是价值真理观的本质所在。

法律真理观同样具有一般真理观的三个基本层面。坚持符合真理观的主要理论形态是实证主义法学。道德和政治是法律的双重权威，法律实证主义试图驱除法律的道德权威，"它仅仅追求政治权威的需要"④。实证主义法学注重法律事实，把合乎事实性法律看作真理，坚持的是符合实证法律的真理观。

自然法摒弃政治权威，重视前法律、前政治的道德权威，坚持的价值真理观。自然法学认为，国家或城邦起源于人的决定即某种自愿的契约，而不是某种必然性。因此，在政治组织出现之前，必定存在着某种纯粹的自然法发挥作用的自然状态，自然法的内容不能由国家改变，它是法律真理的最高检验标准。

特别值得重视的是，习惯法学是坚持去蔽真理观的主要法学形态——尽管它或许是无意的。习惯法学注重实际案例和断案传统，以及法官之间的讨论和

① ［德］海德格尔：《存在与时间》，陈嘉映、王庆节译，三联书店1999年版，第264页。
② ［德］海德格尔：《存在与时间》，陈嘉映、王庆节译，三联书店1999年版，第219~253页。
③ ［德］海德格尔：《路标》，孙周兴译，商务印书馆2007年版，第221页。
④ Roger Cotterre, "Common Law Approaches To The Relationship Between Law And Moraliy", Ethical Theory and Moral Practice, 2000 (3): 9–26.

创造性，秉持的是动态的去蔽真理观。习惯法注重特殊性和经验性以及道德判断和道德实践的复杂性。一种经验的案案相连的方法、可以认识到价值范围的多样性而不必被它们之间案的相互冲突所困扰。正因如此，"习惯法的经验主义方法或许可以帮助我们拒斥单一的道德真理的理念——编纂成法典的永恒有效的——不会陷入一种无能为力的相对主义"①。习惯法植根于文化传统和道德价值之中，它本质上是一种全体成员共有的产品和财富。

既然法律真理观不能仅仅停留在符合真理观的水平上，而应当上升到去蔽真理观基础上的价值真理观，那么法律规则的有效性就不能仅仅是源自事实性的境遇和实有的法律规范，它必须源自必要的特别的法律评价标准。可见，通过去蔽的过程，探求其价值真理的根据和标准或法律目的是揭开法律神秘之幕的必经途径。

法律目的以及引导其历史展示的理性解释了审判和过失、传统、成功和失败，一言以蔽之，它解释了其价值意义。"法律历史呈现出一种目的论，一种趋势，其中包含着法的本质"②。社会心理学证明任何群体都有自发地建构行为规则的趋向。每种冲突都有其财富或价值根源，每种文化都设置了一套规则如风俗习惯、道德规则和法律规则等，以便阻止冲突和解决问题。设置运用这些规则的目的或价值根据是为了保护某些必要的价值，使行为具有可预见性，并允许公共目标的履行和完成。法律体系是在风俗、宗教规则，道德格言以及由领袖强制的规则的基础上，通过成千上万次的修正改进慢慢建构起来的一种具有强制性的伦理秩序。

有史以来，解决冲突的强有力的最为原始的基本途径是武力。在受到攻击和伤害的事件中，最直接的生理反应就是通过暴力进攻，以图发泄愤怒，并重建被破坏的秩序平衡。复仇于是就成了从伤害中恢复的自发的令人信服的途径。20世纪的一些刑法学史家认为复仇是一种前社会的、前调整的状态，这是一种极其简单化的观点。在原始权限中，复仇并不遵守野蛮的冲突而是遵循

---

① Roger Cotterre, "Common Law Approaches To The Relationship Between Law And Moraliy", Ethical Theory and Moral Practice, 2000 (3): 9 – 26.

② José Antonio Marina, "Genealogy of Morality And Law", Ethical Theory and Moral Practice, 2000 (3): 305 – 327.

一定的伦理规范。它建立在一系列清楚规定的价值之上。这些价值是一个社会化的要素，因此和解决冲突的伟大工程综合在一起。不过，武力强迫至多是一种临时性解决办法。准确地说，它根本不是一种解决办法。同样，单纯的自然法和风俗习惯道德规范也不能有效解决现实问题。对此，哈特（H. L. A. Hart）解释说，小型社会能够没有任何官方结构而只是生活在道德规则中。这存在着严重的问题：道德规则因没有人可以商榷而缺少确定性，因没有程序改变它们而基本上处在一种静态的自然状态，结果到处弥漫着社会道德规则的无效性和软弱性①。就是说，只有强有力的社会力量才具备有效解决问题的可能性。把这种强有力的社会力量转化为实有的法律，并把实有的法律规范推向维护社会秩序的最高位置时，就会导向实证主义法学的解决路径。这也诠释了为什么在传统的法律范式尤其是实证法中，法律的作用主要是保护性的和工具性的。

实际上，法律表达、维系着社会共同体的基本价值并试图沟通传达这些基本价值，正是社会共同体的公民自身通过深思熟虑在公共范围内使这些价值变得人人皆知。所以，法律需要一种以道德共识为根据的新的立法形式和不同的执行法律和强化法律的程序。这就要求单一独白式的法律范式转向一种交互式的法律范式，后者把立法进程和伦理问题理解成为一个相互交织的过程，把立法理解为一种重叠共识基础上的交往形式。这是一种超越了习惯性、实证法和自然法的道德和法律相互接近新的方式。当被看作共存基础的一些价值的保护得以实现时，一种冲突或许才可以被看作解决了。这种本质就是什么规定和诠释了法律这种文化创造物的展示和改善序列。在形而上学的层面，法律和道德相遇于终极的自由意志——二者共同的本体根据。

至此，法律的本质也就脱颖而出了：法律是综合并超越于实证法、自然法和习惯法基本范式之上的，坚持商谈伦理程序的自由真理观的实践性、强制性、操作性极强的伦理实践。于是，伦理学视域中的法律与道德的关系问题立刻凸显出来。

---

① H. L. A. Hart, *The Concept of Law*. Oxford: Oxford University Press, 1961, pp. 181–207.

第二节　法律还是道德

如果说实证主义是关于法律实然的学说，自然法学是关于法律应然的学说，习惯法学则是连接法律实然和应然的经验的实践商谈学说的雏形。三种基本法律途径和法律方法、法律真理观共同昭示着实践法律的本质和路径：真正的法律就是通过一定的民主商谈程序，依据终极的普遍的道德价值，确定当下的社会秩序的价值基准，进而据此订立、修改、废止并践行当下的实证法律的实践过程。法律的这种特本质预制了道德和法律的外在冲突和内在联系。

一、实证法学对法律道德的内在联系的诘难

实证主义法学主张法律的道德中立性。已经制定的实证法通常以一种权威性的方式正式宣布它和道德的分析性的隔离。哈特说："在由通常规则构成的一个法律体系的理念中，存在着一些阻止我们似乎应该道德地对待的东西，但它是完全中立的，和道德规则没有任何必然的联系"[1]。当代法律实证主义一贯主张，法律的优先性不必求助道德也可得到清楚表达和理解。凯尔森（Hans Kelsen）、罗斯（W. D. Ross）和其他实证主义者甚至拒绝法律中的任何道德推论。一些温和的当代实证法学者如布鲁内（Daniel Brudney）否认法律准则和道德之间的必然的或观念上的联系，但承认当社会求助于自由主义价值时，法律可能会有一些实际性的道德后果。他说："即使因为人具有一定的认知和意志能力，法律是为了人和指导人而设计的，这依然没有设置法律（比如，奴隶法律）的道德障碍。因为在拥有相关能力和成为一种强势的道德要求资源（就是说，一种足以阻止诸如被奴役之类的事情的道德要求资源）之间并不存在观念上的联系（无论如何，没有明显的联系）"[2]。这种相对温和的观点实际上也否定了道德和法律的内在联系。

不过，一旦深究实证法学的思路，就会发现他们拒绝否定的只是各种各样的道德规范和法律规范条文之间的联系而不是道德本身，并不能也没有否定道

---

[1] H. L. A. Hart, Essays in Jurisprudence and Philosophy, Oxford: Clarendon Press, 1983, p. 81.

[2] Daniel Brudney, "Two Links of Law and Morality", Ethics, 1993 (103): 280 – 301.

德和法律自身的内在联系，也未能真正否定道德作为法律的价值基础地位。诚如西班牙巴伦西亚大学政治伦理学专家柯迪纳（Adela Cortina）所说：法律和道德"都需要运用极其相似的概念表达自己，比如法则、规范、规则和目的；双方都追求自由的基础价值；双方在某种程度上都求助于正义的德性。双方都需要一些对规范的理性确证，以便具有必要的权力并赢得它们听众的认同"①。在法律实证主义的攻击下崩溃瓦解的其实只不过是各种实证的道德规范而已。实证的道德规范是每个社会的历史过程中产生的几乎没有批判性的一套信念和规则，它是通过环境、宗教、权力强制等强加的教化过程而产生的经验性结果。每个社会或共同体都有各不相同、甚至相互冲突的多种多样的实证性道德规范。问题在于，各种实证的道德规范犹如霉菌一样适应于生存在封闭的环境中，偏好消极防守的警戒姿态，拒不接受任何批评，更不用说进行公开的辩论了。实证法学拒斥的正是这种非反思的直觉思维水平上的道德规范甚至是风俗习惯，它不能也没有拒斥具有批判性和自由精神的道德哲学。

为了澄清道德和法律的关系，有必要详尽精确地阐释二者的概念。与道德规范不同，道德哲学追求超越于不同实证道德规范的、具有普遍性的道德法则体系。法律不仅是消极性的对个人自由的限制，还是一套积极性的秩序、制度、机制和程序资源。相对而言，道德提供一套评判法律的批判性标准，法律自身提供了一套靠强制性力量加以有效保障的底线道德规范。这就决定了法律和道德的重叠交织。

二、法律和道德的重叠交织

法学不能与伦理学相分离，因为它是伦理学的一部分。不过，法学隶属于伦理学并不等于隶属于实证的道德规范。自古希腊以来，法学作为伦理的具体实践路径之一的传统也证明了这一点。自柏拉图、亚里士多德到边沁、康德乃至罗尔斯、哈贝马斯等重要哲学家的实践哲学都是把道德和法律作为伦理学完整体系的基础部分和实践部分而融为一体的。法学与伦理学的这种内在关系是由二者的本质所决定的。

---

① Adela Cortina, "Legislation, Law And Ethics", Ethical Theory and Moral Practice 2000 (3): pp. 3–7.

法律是作为一种社会技术产生并逐步兴起的，它以强制的方式解决矛盾冲突，以保护社会共同存在的根本价值。接受保护的价值是由道德提出建议并加以论证的，因此，法律不可避免地根源自道德。就是说，法律明确地设置了道德内容。众所周知的现实证据是，许多现代宪法都蕴含着关涉基本道德价值的要素。玛芮纳（José Antonio Marina）曾把法律观念的逻辑过程解释为："1. 技术有其自身独立的方法。冶金术、电脑技术、生物技术或法律等概莫能外。2. 技术从理论上从属于规定其有效性的知识。冶金术隶属于化学，电脑隶属于电子学和数学，生物技术隶属于分子生物学，法律隶属于伦理学。3. 技术在实践上隶属于规定其目的的实际情形，那些目的是人的需求、希望或祈求。电子技术或许用来治愈癌症或生产炸弹。法律则是用来追求正义或强化权力。每种技术的最终实践评价都要和作为更高层次的实践知识的伦理学相一致"①。法律和伦理学的这种内在联系，具体体现在法律和道德的重叠交织之中。

其一，法律和实证道德的重叠交织。与实证法大致相应，符合真理观的主要道德理论形态是实证道德论。杜克海姆（É. Durkheim）认为，法律必须寻求与规范制度相对的普遍结构，它倾向于把这些结构看作以某种公共方式宣布的社会规范的行为结果。哈特认真区分了实证性道德（positive morality）和批判性道德（critical morality）。他说，实证性道德"是被一个特定的社会团体所实际接收和共享的道德体系"②。当实证道德规范被法律取代，就具有了私人生活司法化的危险。法律需要实证道德学但不能完全顺从于实证道德学。解决法律规范和实证道德规范冲突的唯一途径是，在提升和超越实证道德学的基础上，创建一种普遍性的伦理学理论。如果否认建构伦理学的可能性，法律将会陷入由道德实证主义所确定的法律实证主义的陷阱之中而不能自拔，它将把偶然性的法律历史完全充斥于整个实际之中。不过，既然许多社会认同多样性的道德价值，法律依赖道德就会强加一些排斥和不可容忍的类型。当实证道德确定性解体时，法律是唯一能够保证社会交往网络不至断裂的行为规则。或者说，实证道德的软弱无力使法律的产生成为可能和必要，实证道德系统的失败

① José Antonio Marina, "Genealogy of Morality And Law", Ethical Theory and Moral Practice, 2000 (3): 305 –327.

② H. L. A. Hart, *Law, Liberty and Morality*, Oxford: Oxford University Press, 1963, p. 20.

或局限"促使法律诞生为一种社会性技术，以便提升整套规则的功效"①。然而，为了避免在多元化世界中的分歧，法律必须独立于实证道德规范。实证法律和实证道德的性质不同，但都是既定规范。二者在特定条件下可以相互转化：在法律规范的行使中，某些法律规则逐步成了新的底线道德，某些被共同体所确认的底线道德通过立法程序转化为新的法律规范。

其二，法律和道德形而上学的重叠交织。与自然法大致相应，道德形而上学是价值真理观的主要道德理论形态。支配法律的伦理学并非一个由混乱不清的戒律、箴言、规则和义务形成的规范体系。伦理学的任务是分析、挑选、确证基础价值——这些价值是人类共存的基础和作为解决人与社会冲突的标准。伦理学由此提议这些价值必须由法律强制性地加以保护。自然法学说的恰当功能恰恰就是揭示道德与法律间的关系。当法律天才们探寻法律自身的根基的时候，总是返回自然法。德沃金（Ronald Dworkin）在《重视权利》一书中提出了"区别对待意义上的道德"：从静态讲，道德是个人行为和政府行为的一套规范，这类似哈特所说的实证道德学；从动态看，道德是实践理性的进程的产品②，这类似却不同于哈特的批判性道德。就是说，行为规范是建立在理性基础上的，它反对情感、偏见、人云亦云等等。实践理性最终指向道德终极问题的追问——道德形而上学。康德就是在实践理性批判的基础上建构其道德形而上学的。胡塞尔也就此强调，形而上学的终极意义在于人的价值。这个实践理性的进程常常对应于政治进程的妥协和冲突，这就出现了动态理解的法律。重视法律并不意味着把其规范接受为正确的或更可取的，而是仅仅把它们看作正当或更可取的规范的有资格的候选者。

其三，法律和道德批判论的重叠交织。与习惯法大致相应，去蔽真理观的主要道德理论形态是道德批判论。法律不仅是静态的法律条款，它还是具有对社会最为显著的一致性道德规范的反思和表达功能的强制有效的行为规则。法律的这种发生批判功能和道德批判论密切相关。哈特解释说，批判性道德（critical morality）是由"运用于批判实际的社会风俗习惯包括实证性道德的道

---

① José Antonio Marina, "Genealogy of Morality And Law", Ethical Theory and Moral Practice, 2000 (3): 305 - 327.

② Ronald Dworkin, Taking Rights Seriously, London: Duckworth, 1977, pp. 240 - 258.

德法则"所构成的①。杜克海姆强调，道德实践常常是非体系化的，并非从普遍性的这些法则中演绎、推论而来的。相反，道德实践和具体境遇密切相关，道德判断必须考虑所有的相关事实做出决定②。去蔽真理观由怀疑现有的法律和道德规范的神圣权威地位，到民主地商谈论证，经过一定的合理程序使法律和道德规范在新陈代谢过程中动态地运转。去蔽真理观的道德观的主要理论形态是道德怀疑论和境遇主义或道德相对论。皮浪以来的著名道德怀疑主义者主要有古罗马时期的恩皮里克（Sextus Empiricus）、霍布斯、休谟③等。在某种意义上讲，康德、弗兰克纳的境遇主义、德里达的道德解构主义等，都是道德批判论的不同道德理论范式。

通过一定的伦理程序，运用道德批判的思维和方法对实证法律和实证道德进行道德形而上学意义上的严格审查，正是把握法律和道德的商谈民主的伦理共同体的现实有效的途径。这就是法律和道德不断相互转化的内在动力，也正是法律和道德界限的划定和移动的内在根据。

三、法律和道德之间的界限的划定和移动

法律不仅仅是静态的规范——这只是体现为法律条文的动态法律的暂时性相对的法律后果之一。道德包括基本价值或底线道德，以及以基本价值为基础的非基本价值。基本价值或底线道德就是法律保护的社会共同体的普遍价值基础。因此，对基本价值的判断、选择、确认和保护成为道德和法律的连接点和区别点。一旦尊重基本价值的强制性他律规则转变为法律，尊重法律就成了基本的底线道德要求。

法律学者们的共识在于，他们总是认为每一种法律解决途径必须保存最基本的社会价值，尽管他们对最基本的社会价值的看法并不一致。比如，凯尔森认为必须保护的法律秩序的较高价值是和平，哈特认为是生存期望。再如，一般认为，刑法的基本价值是和平和公共秩序，合同法的基本价值是个人完成特

---

① H. L. A. Hart, *Law, Liberty and Morality*, Oxford: Oxford University Press, 1963, p. 20, p. 20.

② Ê. Durkheim, *Moral Education*, translated by E. K. Wilson and H. Schnurer. New York: Free Press, 1973. p. 25.

③ See Terence Irwin, The Development of Ethics A Historical and Critical Study, Volume I, Oxford: Oxford University Press, 2007, pp. 233 – 254.

定目标的自由。可见，法律的基本功能在于，寻求解决社会冲突的途径的体系以保障社会基本价值的安全可靠。必须特别指出的是，这些要保护的价值先于每一套创造出来保护它们的规则而产生和运转。"选择和确证这些基本价值的不是法律而是道德。这些合法地解决问题的基本标准是不受法律支配、超越法律之上的前法律"①。诉之于这些基本价值已经被许多现代宪法所认可。西班牙宪法就是法律奠定在道德基础上的典范，"它清楚地表明：法律是道德主干的一个分支。"其第 1 款预见道："西班牙据此建立一个社会的民主的国家，遵循法的规则，并提倡自由、公正、平等和政治多元化作为法律秩序的最高价值"②。道德判断、选择、确定较高价值，并运用于法律实践。当这些基本价值确定后，就通过一定的程序转化为法律。因此，推动法律和道德之间相互其移动的价值要求是，确定的道德权利或义务是否被公众意见认为对于维护具体的共同体的存在是必要的，是否要以法律的形式出现。若然，道德权利或义务通过一定的程序转化为法律。对此，玛瑞娜说："在特定的案例中，求助于过去的建议以找到好的解决办法的工程，就从道德转向了法律"③。同理，现有的法律权利和义务如果不再具有维护共同体所必要的价值基础的特质，就应当通过一定的程序从法律上予以废除，继而转化为一般的道德权利或义务。

值得强调的是，推动法律和道德之间相互移动的是实践能力。其中，判断力是规范形成和实践的重要环节，是法律和道德实践及其重叠共识的基本实践能力。现有规范通过判断力得以实践，个别规范通过判断力得以被确认为具有一定的普遍性，法律和道德规范通过判断力得以相互渗透重叠交织。道德法律规范的反思判断力（由特殊到普遍的能力，即由普通的日常的各种道德规范反思到纯粹普遍性道德法则的能力，它也是归纳方法的主体根据）与规定判断力（由普遍到特殊的能力，即把纯粹普遍性道德法则应用实践于普通的日常的各种道德规范和道德言行、道德对象如法律制度等的能力，它也是演绎方法的主体根据）是道德或人权理念通过法律制度等通向现实的途径。瑞维斯（Craig Reeves）说："既然存在一种独立于任何特定历史条件的自由判断力，

---

①②③ José Antonio Marina, "Genealogy of Morality And Law", Ethical Theory and Moral Practice, 2000 (3): 305 – 327.

就可以归咎于任何个体"①。阿伦特（Hannah Arendt）认为，思维活动和判断在方法论上是不同的，因为思维和你自身相一致而和他人不一致，而判断则关注的是和他人共享的东西②。严格说来，判断在规范性引导实践行为发挥作用，因为判断是在沉思的反思和行为之间的调停斡旋能力。更重要的是，判断是从错误中分辨正确或正当的能力。法律和道德转化的基本价值应当明确，这里直觉的回复是纯粹实践理性探求法律道德规范的自由规律、权利和人权基准——容后详述。

四、实证法律自身就应当具有道德价值

法律能够引导行为是因为人具有认知能力和意志能力，这允许人们诠释、理解和遵循规则。不可否认，自然法和习惯法最终都要转化为实证法律才具有法律效力。只有实证法律，才能真正在维护社会秩序和社会基础价值中发挥实践作用。同样不可否认的是，尽管实证主义只承认现有法律为法律（不管法律本身是否正义），但是从本质上讲，法律自身应当是善的。即使实证主义者也不得不承认法律自身的德性问题。

著名实证主义法学家哈特曾主张法律道德中立论。拉茨（Joseph Raz）明确地把哈特的法律道德中立论诠释为："像其他工具一样，法律有其特定的德性，这种德性就是中立于此工具所追求目的的道德中立。它是效率的德性，是一种作为工具的工具德性"③。因此，"遵守法律是法律应当具有的许许多多的道德德性之一"④。拉茨悲观地认为，法律规则只能阻止恶而不能产生善，而且它所阻止的恶有可能是法律自身导致的。然而，法律规则可以遏制权力的独断和滥用。遗憾的是，这些邪恶都是若无法律就不会出现的邪恶。因此，法律

① Craig Reeves, "Exploding the Limits of Law': Judgment and Freedom in Arendt and Adorno", Res Publica, 2009 (15): 137-164.

② Hannah Arendt. Between Past and Future: Eight Exercises in Political Thought. New York: Penguin, 1978, p. 221.

③ Joseph Raz, "The Rule of Law and Its Virtue", in The Authority of Law: Essays on Law and Morality, Oxford: Clarendon Press, 1979, p. 226.

④ Joseph Raz, "The Rule of Law and Its Virtue", in The Authority of Law: Essays on Law and Morality, Oxford: Clarendon Press, 1979, p. 225.

对于它所阻止的恶而言，是没有道德功劳可言的①。拉茨的这一观念未免过于机械。其实，阻止恶本身就是一种消极意义的善。如果阻止的恶是法律自身导致的，这恰好违背了法律目的，证明了这样的实证法律应当修正或废除，而代之以正义的法律。

或许正因如此，著名自然法学家富勒（Lon L. Fuller）明确提出了法律自身的道德性问题。他认为，法律自身的内在道德寻求的是法律秩序所必要的条件，以便使人们"在和他者共享生活中找到美好或善的生活"②。对富勒而言，法律的内在道德或自身道德是一种立法或制定法律的程序道德，和立法尤其密切相关。他坚持清晰性、不自相矛盾、有效性颁布、不追溯既往、一贯性、适用的普遍性等立法所追求的德性。福勒的结论是，"法律自身的内在道德依然在很大程度上是道德抱负或志向而非义务。其主要的感染力必须是具有托管责任的意义和手艺人的自尊"③。没有理性基础和正当性根据的是：断言一个人有道德义务遵守并不存在的法律规则，或者对他秘而不宣的法律规则，或者他已经行为之后才存在的法律规则，或者不可理解的法律规则，或者和同一个法律体系的另一个规则相矛盾的法律规则，或者被命令的不可能的法律规则，或者朝令夕改的法律规则④。和富勒的思路相似，德国著名法哲学家施塔姆勒（Rudolph Stammler）秉持康德哲学的思路，提出了作为合道德的正义法律必须遵循的"纯形式"的原则："允许每个人的行为不顾他人目的而追求自己目的，显然是不可能彼此协调的，法律的目的必须成为包容一切的目的"⑤。施塔姆勒从这一命题出发推出了正义法律的四个形式原则："1. 每个人的自由意志都不屈从于他人的专断意志。2. 法律要求存在的可能性在于，承担义务的人没有丧失自我。3. 每一个受法律支配的共同体成员都不得排除在共同体之

① Joseph Raz, "The Rule of Law and Its Virtue", in The Authority of Law: Essays on Law and Morality, Oxford: Clarendon Press, 1979, p. 224.

② Lon L. Fuller, The Morality of Law, New Haven: Yale University Press, 1969, p. 13.

③ Lon L. Fuller, The Morality of Law, New Haven: Yale University Press, 1969, p. 43.

④ Lon L. Fuller, The Morality of Law, New Haven: Yale University Press, 1969, p. 39.

⑤ Isaac Husik , "The Legal Philosophy of Rudolph Stammler", Columbia Law Review, 1924 (4): 379 – 380.

外。4. 法律所授予的支配权的正当性的前提是，人们保有人格尊严"①。而且，法律推理和论证，各种层次和表达都需要求助于价值，宪法推理、国际法、立法活动和司法实践都要深思熟虑地确证其价值。法律的实践和执行如立案、侦查、审判等都必须以最基本的社会秩序的基础价值为根据，而不得独断专行，也不得僵硬地固守实证法条文。否则，就会造成拉茨所说的法律只能带来恶而不能为善的严重后果。道德和法律相互转化的伦理途径主要包括立法、修法、废法、执法、守法等等，这个过程自身具有道德与否的问题，它应当是民主、公开、公正、商谈的过程，而不是专制、隐秘、封闭、独白的过程。

第三节　法律还是人权

如果说去蔽真理观的主要使命是怀疑现有法律和道德规范的地位，秉持尊重商谈论证的伦理精神，并通过一定程序使法律和道德规范在新陈代谢中动态地运转，那么，价值真理观的主要使命则是寻求法律和道德规范的共同价值基础——人权。就法律和道德的实际状态而言，二者都体现为某种既定规范——这是符合真理观（要求符合某种既定规范）存在的根源，但它们性质又有明显不同，故而在特定条件下可能相互冲突，也可能相互转化，呈现出二者动态的交织重叠过程。从价值基础来看，法律与道德之间存在着内在的一致性：法律是最基本的道德，（据前文所论）道德以人权为价值基准。从根本上讲，法律源自以人权为价值基准的对公正秩序的道德诉求，它反过来又以强制的权威方式为人权提供公正秩序的服务和保障。探究社会秩序的基本价值基准问题——人权，就成了最为重要的研究使命。

一、法律权利与前法律权利的颉颃

众所周知，边沁从其功利主义哲学基础出发提出的法律权利说认为，法律是权利之父，权利来自法律。"权利，实在的权利，乃法律之子：从真正的法律才产生真正的权利；但是从那些由道德和智力败坏的诗人、修辞家和商人幻

---

① Isaac Husik, "The Legal Philosophy of Rudolph Stammler", Columbia Law Review, 1924（4）：379 – 380.

想和发明出来的虚假的自然法中只能产生出犹如一窝怪物的私生子一般的虚假的权利"①。边沁以法律权利断然否认道德权利、应有权利的存在，"对于我来讲，权利和法律权利是一回事，除此之外我不知道还有别的什么。权利和法律是如同父子一般紧密相关的两个术语。就我看来，权利是法律之子：不同的法律运作产生不同的权利。自然权利是一个从来无有（也绝不会有）父亲的儿子"②。在边沁这里，权利完全是法律的衍生物，没有法律便没有权利。在这种思想的影响下，许多法律实证主义者公然拒斥人权，持之以恒地反对没有法律或政治实践的权利理念。实证法学家哈特（H. L. A. Hart）把这些观点总结为："不存先于法律的权利，也没有悖逆法律的权利，因此尽管自然权利学说可以表达一个演讲者或说话者的情感、渴望或偏见，它却不能像功利主义者那样成为一种客观限制，以理性地认识和讨论法律可以恰当地做什么或命令要求什么。如边沁所说，当人们试图脱身逃离而不必为此辩护时，他们就大谈其自然权利（以作为其借口或托词）"③。简言之，法律实证主义认为权利只能是法律权利，谈论前法律权利的人权是自相矛盾的。当代法国法哲学家维耒（M. Villey）甚至明确地说，前法律权利的人权使我们丧失了阐释法律艺术的能力，如果重视人权，它们"将会把我们带进无法无天的无政府状态"④，人权绝不能作为法律权利或权利。

正因如此，有相当一部分学者声称法律规则和人权毫无关系。拉兹（Joseph Raz）言道：法律规则"不可和民主、正义、平等（前法律或其他方面的）以及各种人权或人性尊严混为一谈。"他甚至断言"法律或许可以建立奴隶制度而不违背法律规则"⑤。这就完全抛弃了人权和自然法的理念。不仅实证主义，甚至其批判者也有同意无权利的命题的。柯兰·墨菲（Colleen Murphy）虽然反对拉茨，她也声称法律规则并没有其有益作用的道德价值基础，

---

① J. Waldron（ed.），*Nonsense upon Stilts*. London：Duckworth. 1987. p. 69.

② J. Waldron（ed.），*Nonsense upon Stilts*. London：Duckworth. 1987. p. 73.

③ H. L. A. Hart，"Utilitarianism and Natural Rights"，Essays on Jurisprudence and Philosophy，Oxford：Oxford University Press，1983，p. 186.

④ Norbert Campagna，"Which Humanism? Whose Law? *About a debate in contemporary French legal and political philosophy*"，*Ethical Theory and Moral Practice*，2001（4）：285 – 304.

⑤ Joseph Raz，"The Rule of Law and Its Virtue"，in The Authority of Law：Essays on Law and Morality，Oxford：Clarendon Press，1979，p. 211.

甚至追求罪恶目的的纳粹式政权从理论上讲也是符合法律准则的。她认同拉茨的如下观点：前法律的作用是引导行为，法律规则是帮助法律完成其功能的。她由此推论说："尊重权利并非引导行为之先决条件"①。布鲁德内（Daniel Brudney）、玛缪（Andrei Marmor）和拉丁（Margaret Jane Radin）等人亦持此观点。如此一来，法律就不可避免地陷入了和道德或权利相互冲突的困境之中。诚如玛芮纳（José Antonio Marina）所言："迄今，法律处在进退两难的境地。要么法律自我限制在所认可的现有权利范围内，要么法律创造出那些权利。任何一种情况的结果都是可想而知的。如果法律创造了权利，无论如何它就不再有任何外在的限制了。如果法律只是认可权利，它就必须遵循道德标准"②。解决这个难题的唯一途径只能从深入探究权利和法律的内在关系入手。

值得注意的是，实证主义法律对权力权威的肯定并非空穴来风，而是有着历史和现实的根源的。权利观念的出现和道德、宗教的确有一定程度的冲突。玛芮纳说得好："宗教或道德影响强大的地方，其文化缺少权利观念。比如，印度和穆斯林文化。在远东传统中，法律只不过对粗野之辈有利。文明人意识到自己的社会责任，往往采取安慰、求助于调停人来解决和他人的悬而未决的诉讼。好的公民并不求助于法庭以免使自己成为一个'坚持其权利的人'。"中国、伊斯兰等没有权利的传统，"很多世纪以来，中国依然主张德治比法治更好"③。风俗、规则、道德规范等因缺少权威和强制性力量的保障，其作用散漫迟钝，具有较强的偶然性和不合理性。这就要求必须有领袖或绝对权威认同规则并使之立即发挥作用——法律就是其中的重要一环：法律运用权力的强制力量合法地解决各种社会冲突和社会基本价值的安全。就此而言，即从时间经验的角度看，边沁的权利就是法律权利的观点是有经验的历史根据的，因为权利的观念正是从法律中得到阐释和保证的。因此，法律和权力的内在联系并非偶然。这也是实证主义法学存在的重要价值和现实意义的根据。

不过，尽管认同人权和政治权力的联系是保护人权的重要观念，但其逻辑

---

① Colleen Murphy, "Lon Fuller and the Moral Value of the Rule of Law", Law and Philosophy, 2005 (24): 239 - 262.

②③ José Antonio Marina, "Genealogy of Morality And Law", Ethical Theory and Moral Practice, 2000 (3): 305 - 327.

前提是厘清法律和权力的界限，明确法律是权力的基础并能够限制权力，以避免极端实证主义法学把法律混同于权力或者把权力置于法律之上作为法律的权威所可能导致的灾难性问题。政治权力和法律虽然有关系，但却有着根本的不同。当政治权力试图把法律仅仅作为行使权力的工具时，法律就降格为权力的衍生物，法律和权利的联系就人为地被权力割断乃至被遗忘了。权力由此就阻滞甚至遏制了法律功能的发挥和实现。法律实证主义的根本问题不在于固守实有法律条文的权威，而在于固守把权力作为法律的权威。这就颠倒了权力和法律的地位，势必导致法律权利成为政治权力的玩偶。这种情况必须得以控制和改正。

抵制并限制独断的、全能的权力，战胜权力对法律的专断独裁，挽救法律权利的出路不能从法律条文和政治权力中寻求，而是超越于它们之上，探究道德和前法律的价值、规则和正义。法律必须以某种人性共同的东西为参照，这种共同的元素就是法律的目的——正义。"正义，正如亚里士多德和罗马法教导我们的，主要是权利分配：总体权利的分配。即使权利是根本不平等的，权利的比例也能够是正当的或公平的"①。作为法律目的正义主要是指权利的分配，而非权力的分配。法律自身不是其自身的目的，它和权力一样只是伦理共同体实现其本质性目的的重要技术途径之一。法律所追求的目的是正义即权利的正当分配。法律正当地分配并保障权利，为的是使人们在社会秩序中实现自己作为人的先天目的具有可能性。这就是法律和权利的内在联系。当代法律思想似乎忘记这一点或者说误解和曲解了正义的本性。

由于正义并不关注人的利害或愿望本身，而是仅仅关注权利比例和事物的客观普遍秩序。因此，权利就成了法律的价值根据，这种权利只能是前法律权利而不能是法律权利，因为后者出自法律，而前者是法律的基础。法律只有独立自主于政治权力，才可能有效地限制政治权力，但是这就意味着法律必须独立自主于政治权力意志。如果我们假定在一个民主时代，任何意志能够通过选举成为元首意志，立法就必须构想为能够独立于任何个体意志，甚至独立于国家元首的权力意志。立法必须在一种超越于任何意志和所有意志的事物固定下

---

① Norbert Campagna, "Which Humanism? Whose Law? About a debate in contemporary French legal and political philosophy", Ethical Theory and Moral Practice, 2001 (4): 285 – 304.

来。国家权力必须受基本的先验的立法意志所限制，政治应当限定在法律的范围内。法律是一项在批判和修正中进行的充满活力的伦理秩序实践，是一项不断寻求更完美的解决社会冲突途径的实践建构方案和过程。这就要求恢复法律和道德的内在联系。

恢复法律和道德曾经丧失的联系的伦理途径在于对前法律权利（pre‐legal right）的确证，因为"前法律权利的观念源自道德和自然法，提供了判断正确的法律理性的标准"①。从历史的经验来看，宣布自主独立和保护自由总是奠定在要求权利的基础上，因为"权利对于权力来说，是神圣不可侵犯的"②。在1774年的第一次大陆议会的宣言和决议中，北美的英国殖民地公民求助于"永恒不变的自然法"，1776年，弗吉尼亚州权利宣言规定"每个人都有与生俱来的固有权利"，1789年的人权和公民权利宣言奠定在如下基础上："自然的、不可剥夺的、不可侵犯的和神圣的人类权利。"权利的主张是保护个体、反抗权力的。限制法律的权利是前法律的甚至是反法律义务或合法性的。法律经验创造了权利的概念，权利概念使法律概念发生了革命性的变化。二战以后，尤其是纳粹权力钳制法律导致的灾难性后果，引发了自然法的复兴运动，其矛头直指法律实证主义所崇拜的权力权威。自然法、权利、人权的观念是突破法律权利问题瓶颈的利器，如今它们业已成为达成国际伦理共识的核心理念。

二、客观权利论与主观权利论的对抗

一般而言，自然法具有两个基本层面：必然规则的自然法和自由规则的自然法。客观权利论者认定必然规则的自然法所决定的客观秩序是权利的终极根源，主观权利论者认定自由规则的自然法所决定的主观秩序是主观权利的终极根源。问题是，法律正当性的基础到底是自然法则还是自由法则？这就得追问客观秩序和主观秩序、客观权利（objective rights）和主观权利（subjective rights）的共同根据是什么。

---

①② José Antonio Marina, "Genealogy of Morality And Law", Ethical Theory and Moral Practice, 2000 (3): 305‐327.

1. 客观权利论

法的古典理念的前提条件是，通过研究事物的客观秩序或自然法则，来寻求什么是每个个体应得的——如果不是事实上的应得，至少是法则上的应得。当代学者维耒（Michel Villey）、凯姆佩纳（Norbert Campagna）、福柯（Michel Foucault）和德里达（Jacques Derrida）等人秉承了客观权利论的这个古典理念。

客观权利论主张自然法的基础不是主观意志，而是客观的身体，或者说，身体是自然法的基础。此论认为，战胜主观权利（关于主观权利，容后详述）的唯一途径是抛弃自律主体或主观意志，接受事物的客观秩序的存在（这种自然法的古典观点可以在诸如霍布斯，斯宾诺莎或洛克的著作中找到）。就是说，人的共同基础只能从外部找到，它基本上处于人的意志冲突的世界之外。人应当终止把自己看作主体的想法，即把自己看作引导其行为的规范的唯一权威创造者，它应当转向事物本身，使其关于正义的反思由自然选择所需要的东西来引导、支配和操纵。维耒（Michel Villey）说，"人总是客观自然秩序的一部分，因而权利比例的分配应当根据这种秩序来决定。正是这种客观秩序的存在才能够保证一种非独裁专断的解决人与人之间冲突的方法途径"①。因此，法律应当满足客观秩序的要求而不是满足个别个体的要求。克瑞格（Blandine Kriegel）明确主张，身体是自然法的终极基础。从某种意义上讲，"自然法就是自然身体的法。限制人性意志的东西从根本上讲是外在于人性意志的东西，即一种自然要素"②。乞求自然法就意味着他律，此自然法命令保存身体及其最为基本的功能。因此，人权不是基本的人类精神权利，而是人的身体权利。人权的作用主要在于保障一个具体实体（身体）的最基本的需求。如此一来，人权"构成了对于任何元首意志的限制，只要人是具体的实体，人权就不能否定"③。客观权利论者推崇由自然决定的客观权利的意义上的自然权利，反对主观个体权利的意义上的自然权利。所有这些思想家都已经把拥有躯体的个体看作关涉政治伦理学的最终点。他们主张某物把法强加于意志，此物具体而

---

① ② ③ Norbert Campagna, "Which Humanism? Whose Law? About a debate in contemporary French legal and political philosophy", Ethical Theory and Moral Practice, 2001 (4): 285 – 304.

言就是身体，身体可以毁灭其意志，意志不能毁灭其身体。就是说，身体是意志之法。客观权利论的实质是强调自然或必然而非自由或意志是自然法的基础。

与此论相反的主观权利论无疑是其强大的对手，不可避免地会遭到客观权利论的激烈批评。在客观权利论者看来，坚持主观权利论的主体主义"过高地估计了精神的价值，却相应地贬低了身体的价值，这揭示了主体主义不能发展为一种令人满意的人权哲学的原因。只有人们首先承认人是由自然尤其是他的物理性身体造就的，这种哲学才能得以发展"①。客观权利论批评主观权利论所追求的目的不是寻求由自然秩序所决定的权利比例，而是尽可能多地获得功利目的论所追求的最大利益。客观事物的设想随着犹太—基督教而发生了改变，基督教可以看作主观人权理念的诞生地，格劳修斯、普芬道夫和布拉马基等新教自然法学家给予了传统权力论的唯意志论的转向。如果说笛卡儿已经"发现"了主体的话，莱布尼茨则把主体带进了错误的轨道。他关于人的单子论的观念把主体变成了一个本质上孤立的个体。莱布尼茨的单子论的个体是纯粹内在固有的。要求其人权的个体仅仅把他自己及其权利或者他想要意志的东西看作权利。因此，主观权利论主张人是独立于其自然纬度的主体性存在或自由存在，法律哲学的本体根据和公正的根基不是事物（things）而是人的意志（will）。这样一来，事物的客观秩序的理念被松懈的个人意志的无法无天的世界所侵蚀，对话理性被君主的绝对意志所钳制，对权利方案的普遍研究被为个体利益而辩护的争斗所取代。对此，凯姆佩纳（Norbert Campagna）批评说："如果法律（law）仅仅是意志的产物，可想而知的是，最软弱的意志必将总是屈从于最强硬的意志。如果我们想阻止这种情况，就必须以存在某种能够限制任何意志的东西为前提条件——无论它是最软弱的意志还是最强硬的意志都不例外"②。这样一来，主观权利论虽然易于接受公民权利的理念，但却不能接受人权的理念。"公民权利（civil rights）并非个体天生内在地具有的，而是由国家即君主意志授予的。因此，公民权利可以在任何时候被收回，此时个体会发现自己没有任何权利。另一方面，人权，并非（国家或君主意志）授予

①② Norbert Campagna, "Which Humanism? Whose Law? *About a debate in contemporary French legal and* political philosophy", Ethical Theory and Moral Practice, 2001（4）: 285 – 304.

的。人权属于个体自身，个体的存在给君主意志强加了限制。因此，承认人权
赋予的保护比承认公民权授予的保护更有效，更具有永久性"①。在客观权利
论者看来，一旦客观秩序被抛弃，就没有客观公正的路径判定个体的权利诉求
何者应当满足，何者不应当满足，留下的只能是激烈的乌托邦式的冲突性要
求。正是以这种方式，法庭成了权力而非权利最终决定后果的地方，人权理念
被无情地排斥于主观权利之外。

2. 主观权利论

客观权利论对主观权利论的批判，自然引起了主观权利论的强烈反驳和自
我辩护。和客观权利论的思路不同，主观权利论认为自然法的基础不是客观的
秩序或身体，而是主观意志，或者说，意志是自然法的基础，其实质是强调自
由而非自然（或必然）是自然法的基础。

当代主观权利论者如瑞纳特（Alain Renaut）等反对诸如维耒（Michel Vil-
ley）、福柯（Michel Foucault）和德里达（Jacques Derrida）等反对主观权利的
思想，寻求回归主体（subject）的主观权利论。在《权利哲学》一书中，瑞
纳特主张区分主体（the subject）和个体（the individual），以及自律（autono-
my）和自主（independence）。他认为：个体（the individual）希求自主（in-
dependence），即他不承认任何限制其意志和行为的法律，他作为一个具体的、
孤立的存在是其自身的法律。主体（the subject）希求自律（autonomy），就是
说，作为主体，尽管他拒斥任何未经其同意而强加于他的法律，但他认可并服
从于他所赞同的法律。把某人看作自律主体意味着某人也把自己看作遵守共同
法律，这种法律是由所有主体意志追求的，是由所有那些构成我们最本质特征
的同样的自我所共同意愿的。因此，主体性的理念指向一个超验的尺度：主体
并非是一个渴求自己法律的自我中心的个体。他更是一个共同体的一部分，共
同遵守其中所有参与者意志的法律。主体不可降为个体，并不是请求个体顺从
某种外在的和他没有本质联系的自然客观秩序，而是要求他服从作为自律存在
所赋予的本体特征的东西。"人是自律的，并不等于说每一个个体本身已经达

---

① Norbert Campagna, "Which Humanism? Whose Law? About a debate in contemporary French legal
and political philosophy", Ethical Theory and Moral Practice, 2001 (4): 285~304.

到了完全自律并能做他所喜爱做的事。自律的理念指的是交互主体性"①。人既是个体又是主体，相对于其主体性存在，其个体性存在是第二位的。个体必须认同一种高于自己的权威，此权威能够要求禁止断绝满足某些欲望。然而，这种权威并非外在于个体，而是作为理性存在者的个体的一种体现。换言之，主体不是经验的事物，而是康德意义上的一个理念。回归主体，就是回归康德及其先验哲学。"作为一个具体的个体，我从来不是一个无限的主体。就是说，我必须总是意识到我的基本界限"②。显然，绝对的具体个人意志不可作为普遍立法的观点今天几乎不必阐明，主观权利论者其实也明确反对此论。

主观权利论直面客观主义的抨击，力图阐明意志能够自我限制。更精确地说，意志能够以必须自我限制的方式限制自我，它要寻求的不是自然法则，而是社会及其中的人造法则。身体是自然法的基础绝不意味着身体赋予意志以身体之法。如果存在着赋予意志的法，那种法只能来自意志自身。否则，意志就是不自由的，而不自由的意志就不再是意志了。否定了意志的身体之法只能是动物般的本能冲动，人权也就无从谈起了。其实，个体总是和其他个体一起生存在社会或团体之中的主体。如果个体遵循一定的规范，这个社会至少能够勉强作为一个有序和平的整体而存在。作为主体，人能够设定共同的法律，以承认人与人之间的和平共在。交互主体，意味着民主商谈基础上的达成伦理共识——普遍性权利即人权，人权作为交互主体的尺度也是规范个体的尺度。如此看来，主体权利非但不排斥人权，反而是人权的坚定支持者。仅就此而论，主观权利和客观权利似乎殊途同归。

不可否认，主观权利论和客观权利论激烈争论的焦点在于，如果不是绝对意志，是什么或者谁有资格被看作正当地把强制遵守的规范或法定的决定强加于构成社会的众人意志之上。既然它们都把人权哲学作为自己的目标，其争论的实质则是人权是主观权利还是客观权利。

3. 人权既是主观权利，又是客观权利

客观权利论和主观权利论争论的要害是具有权利基础地位的自然法是自由

①② Norbert Campagna, "Which Humanism? Whose Law? About a debate in contemporary French legal and political philosophy", Ethical Theory and Moral Practice, 2001 (4): 285-304.

还是自然这个根基性的哲学问题。

从语源学来看，英文"law"更接近客观权利，"right"更接近主观权利。意大利博洛尼亚大学法学系教授帕塔罗（Enrico Pattaro）认为，在欧洲大陆法系的术语中，与英文"law"和"right"相对应的词（主要包括法、德、意大利、西班牙语）是 droit，Recht，diritto，and derecho。这些词根据语境可以是"law"或"right"或者兼有二者之意。虽然英文"law"和"right"不是一个词，也没有语言上的渊源关系，但其内在价值目的却是一致的①。这不仅是一个语言问题，更是一个概念问题和存在论或本体论问题，即自然和自由的内在一致性问题。

自由和自然的内在一致性（此观点我们已在与生态伦理学相关的休谟问题部分做过论证，兹不赘述），从更深层次决定着客观权利论和主观权利论的内在联系。阿多诺（Theodor Adorno）曾警告客观权利论和法律实证主义说，如果把自由置于实证的被给予或不可避免的被给予事物之中，"自由不但在道德哲学领域而且也在离题万里的法律实践领域直接转化为不自由"②。康德的自由（意志）观念自身和自然必然性相反，真正的自由没有自然要素是不可能的：自由正是扬弃自然必然性的理念，没有后者，自由（意志）就丧失了存在的凭借。在自由的现实经验中，自由和必然是重叠交织的。因此，"自由将会需要康德所说的'他律'"③。客观权利的真正价值是对实证法律秩序的尊重和践行的他律，主观权利的真正价值是对实证法律秩序的怀疑、确证和修正的自律。自律和他律、自由和自然体现着法律的内在矛盾和张力，权利和人权正是靠客观秩序的他律和主观权利的自律的有机结合的价值诉求。可见，人权和权利的诉求和应答（包括身体权）必须以自由和自然的统一体作为基础。

从某种意义上讲，法律权利和前法律权利的内在联系正是自由和自然、主观权利和客观权利在伦理实践领域中的体现，这也是法律的本体根据。就相关的实际的人或主体的规范的内容目的而言，主观权利和客观权利都是一种应该

① Theodor Adorno. *Negative Dialectics*，Translated. by D. Ashton，London：Routledge. 1973. p. 232.

② See Enrico Pattaro（ed.），A Treatise of Legal Philosophy and General Jurisprudence：The Law and the Right，Volume 1，Published by Springer，Printed in the Netherlands. 2005. pp. 5－12.

③ Theodor Adorno. Negative Dialectics，Translated by D. Ashton，London：Routledge. 1973，pp. 233－237.

的要求。主观权利既是一个法律规范要求的义务承担者，又是一个法律规范赋予的具有合法能力或索求能力的权利拥有者。客观权利是一种应该拥有的合乎法律规范的主体权利在伦理实践中实际拥有的义务、责任所衍生的权利。是故，客观权利论更倾向于引出实证法律权利，主观权利论更倾向于引出人权等前法律权利（如自然法）。

人权既是主观权利，又是客观权利的现实意义就在于人权既是前法律权利，又是法律权利。真正的人权不仅仅是自律自由的主观权利，还必须转化为他律保障的法律权利——客观权利。或者说，只有法律化的人权，才是真正意义上的自律他律相结合的、实实在在的人权，而不仅仅是空洞的理念或软弱的道德权利。因此，人权法律化与法律人权化的进程正是人权实践的基本的现实路径。

三、人权法律化与法律人权化的互动

实证主义法学认为，法律屈从于实证道德规范必然造成严重问题。因为实证道德规范不具有普遍性，仅仅适用于特殊性的社会团体。相反的意见则认为，"如果法律不屈从于实证道德规范，这似乎将可能导致人权理论的解体"[1]。其实不然，法律从本质上看是一种"应该的事实"（the reality that ought to be）。"应该的事实"意味着一个应该（the Ought）和是（the Is）重叠交织、相互渗透的领域，主要指规范、权利和职责等融价值和事实于一体的秩序领地。法律正是这个领域的社会秩序之一，它是一种具有强制性的自身限制的规则体系或权利和职责体系[2]。法律的"应当"是法律人权化的根据，因为人权既限制又确证了政治权力的运用和最基本的法律表达。法律的"是"是人权法律化的根据，因为任何不重视制度和法律建构的人权防御谋划都和空洞的浮夸之辞毫无区别。合而言之，一个充分适当的人权概念必须同时提供关于人权的主要内容和人权接受制度法律强制保障的辩护理由。

---

① José Antonio Marina, "Genealogy of Morality And Law", Ethical Theory and Moral Practice, 2000 (3): 305 - 327.

② See Enrico Pattaro (ed.), A Treatise of Legal Philosophy and General Jurisprudence: The Law and the Right, Volume 1, Published by Springer, Printed in the Netherlands. 2005. pp. 5 - 12.

1. 法律的人权化进程

法律的人权化进程就是指法律的修改、订立、废除和实践运行必须以人权为权利基准，依靠人权的价值基准保障和促进法律工程事业运行在公正的轨道上。

在自由的伦理关系中，证明秩序正当性的理念起着至关重要的作用。权利需要法律和政治制度的强制，其核心问题是这种强制的正当性问题。哈特在评价诺齐克和德沃金时，正确地指出：这两位作家几乎在重要问题上存在分歧，唯有一点是他们共同确信的："个人权利的道德不仅能限制政府的强制权力，而且最终还要求助于为那种强制权力做辩护"①。用德沃金的话说："一种法律概念必须解释构成法律的东西是，如何为国家政治权力的行使提供一个常规的辩护理解或正当根据"②。法律正当性的根本根据是人权。许多当代的平等自由主义者如哈贝马斯（Jurgen Habermas）、罗尔斯（John Rawls）、黑尔德（David Held）等秉持的核心观念是，坚定地主张一些人权的最低限度的程序，其正义理论认定权利不可和利益交换，要求应得的程序权利、言论自由权、宗教自由权、禁止酷刑以及一定条件下的反对权利等。和而言之，权利必须具有双重目的，"保护个人免受风俗习惯制度和众人侵害的权利；赋予个人在不侵害他人权利限度的范围内，以自己的方式安排其生活的能力的权利"③。法律的人权化必须重视这些个人权利，以人权作为法律正当与否的价值基准，进而判断法律的废止、修改、订立和实施的正当性。

人权表达了一种前法律、前国家的应当，表达了一种最为基本的神圣不可侵犯的作为人的资格的应当诉求——这一点并不因法律实证主义者的拒斥而失效。相反，正是拒斥人权的严重后果从反面确证了人权的前法律价值的基础地位。

---

① Hart, H. L. A. , 'Between Utility and Rights', Essays on Jurisprudence and Philosophy, Oxford: Oxford University Press, p. 208.

② Ronald Dworkin, Law's Empire, Massachusetts:: Harvard University Press, 1986, p. 190.

③ Jon Mahoney, "LiberalismAnd The Moral Basis For Human Rights", Law and Philosophy, 2008 (27): 151 –191.

2. 人权的法律化进程

人权的法律化进程要求把前法律权利的人权转化为法律权利，依靠法律的公共性强制力量保障和促进人权伟业。

其实，人权和法律规则的底线价值基础是一样的："保护我们免受他者强力的迫害"①。人权的基本要求和边沁、哈特等实证主义者所主张的不伤害原则本质上其实并无二致。根据密尔的理解，伤害原则（harm principle）为个人划定了一个免受社会控制的自由行动的领域。法律和权力正当运用于任何文明化的共同体成员以违背其意志的唯一目的就是"阻止对他者的伤害"②。凯姆佩纳也说："权利存在于保护我们免受他人伤害之处"③。实证主义者所主张的法律权利如果以不伤害原则为基准的话，其实质就是以人权的基本诉求为基准而建构实证性法律体系，这也是人权法律化的一种实证性根据。

人权自身的重要特质是其普遍性。玛哈内（Jon Mahoney）说："人权是普遍的因为它们主张适用于任何人，无论他们身为何人、身处何地；人权是道德的，因为它们表达了一种确信：应当保护一个特别阶层的人的利益，应当阻止对一个特别阶层的伤害"④。既然人权是普遍的，危害人权的恶就是普遍恶，这样的恶应当上升到法律的高度加以禁止。比如，生命权是最基本的人权，杀人偿命是人类最基本的道德信条。各国法律几乎无一例外地把这一点作为道德底线和立法基础。虽然死刑的废除问题一度引起激烈争论，却不可否认废除死刑的根据依然是对生命权的尊重而绝不是对生命权的践踏。就此而言，人权的概念扩展了法律的新观念：人人平等地享有人权，人权的实践必须转化为法律权利。至于如何实现这种转化，珀格（Thomas Pogge）在《世界贫困和人权》一书中曾提供了一个关于人权和法律制度的有益的模式："假定一种人权是 X，这就是认同了任何社会或其他社会系统，就其合理性的可能而言，应该如此重

---

① Evan Fox – Decent, "Is The Rule Of Law Really Indifferent To Human Rights?" Law and Philosophy, 2008（27）：533–581.

② J. S. Mill, *On Liberty*, G. Himmelfarb（ed.）, Harmondsworth：Penguin Books, 1974, p. 68.

③ Norbert Campagna, "Which Humanism? Whose Law? *About a debate in contemporary French legal and political philosophy* ", *Ethical Theory and Moral Practice*, 2001.

④ Jon Mahoney, "LiberalismAnd The Moral Basis For Human Rights", Law and Philosophy, 2008（27）：151–191.

新组织，以使其成员具有稳妥安全地获得拥有 X 的途径或权利。'稳妥安全'总是被理解为对人们冒险拒绝 X 或官方通过政府或其代理机构或政府官员剥夺 X 的特别敏感性。避免不安全的途径，超越某种花言巧语所达到的门槛或界限，建立官方政府不尊重和玷污人权的前科记录。于是，人权就是对社会组织的道德要求"①。珀格关于人权是对制度的道德要求的观点提供了把人权和法律联系起来的有益途径。如果人权是公正制度的必备条件，它就要求法律认同和实施这样的权利。因此，法律认同和实施人权规范是法律合法性的必要条件。

3. 人权法律化和法律人权化的重叠交织

人权法律化和法律人权化的重叠交织，其实是底线伦理价值实践的两个层面，是法律和人权的"是"和"应当"两个层面的内在要求，也是客观权利和主观权利的内在要求。人权法律化是为了避免人权理念的空洞软弱，法律人权化是为了避免法律的僵化静止而屈从于政治权力的强迫。这也是有效解决实证法和自然法、客观权利和主观权利、法律和道德的矛盾冲突的基本途径。

人权必须转化为法律权利才是真正的能够得到有效保障的权利，法律必须以人权为价值基准作为道德和法律相互转换的一个明确的界限。就是说，人权既是道德权利，又是法律权利（哈贝马斯）。只有出自人权、合乎人权的道德要求才具有转化为法律规范的资格和可能性，只有出自人权、合乎人权的法律规范才是正当性的法律规范。反之，只要背离了出自人权、合乎人权这个基本的价值诉求，就不能成为道德规范或法律规范。即使是已经成为实证性法律的规范，一旦证实其背离了出自人权、合乎人权这个基本的价值诉求，就应当通过合法程序予以修改乃至废除。这就是实证性法律具有生命力和变动性的人权哲学依据和法理根据，也是法律和道德相互转化、道德立法主义和法律道德主义相互贯通的价值基础。纳粹法律之所以应当废除并已经废除，其根本的原因就在于此，即使是坚定不移的实证主义者如凯尔森也不得不承认这一不可辩驳的法律事实。

值得重视的是，人权既要靠国家法来保障，更要靠国际法来认可和维护。

---

① Thomas Pogge, *World Poverty and Human Rights*, Massachusetts：Polity Press, 2002, p. 64.

由于国际法涉及全人类，其法律价值就必须是人权而不是某种特别性价值（特别性价值是国家法在人权基础上必须特别予以重视的社会价值）。在这个意义上，国际法应当是国际人权法或者说应当是具有国际普遍价值意义和强制性权威的人权法律体系。在国际法范畴内，人权既是道德权利，又是法律权利的普遍价值统一体；同时，人权也既是主观权利，又是客观权利的普遍价值统一体。

结　语

法律伦理的主要任务在于探讨法律本身的道德性尤其是探寻合理有效地化解法律与道德的冲突的理据和途径。目前，人权体系已经成了唯一的国际伦理共识的新领域。在此国际伦理境遇中，法律伦理学的主要历史使命是研究和解决法治国家与法外国家的矛盾、法律条文和道德要求的冲突、法外国家中的公民的反抗权利、公民的守法义务的人权根据等一系列以人权为基准的伦理问题。法律与人权基准的问题，实质上就是人权的法律化途径以及法律的合人权化问题。人权是法律正当性得以可能的价值根据：好的法律与对好的法律的尊重和实行都必须以人权为价值根据。法律平等地适用于每个公民，每个公民都有权利得到法律的保护，也都有义务和责任遵守法律。

从现实的角度看，《世界人权宣言》是奋起反抗并摧毁当时实证道德学的藩篱，藉此摆脱各种实证道德学的纠缠而订立的国际性普遍伦理的典范。这是它们被看作革命性以及反抗、叛逆之源的原因。在此意义上，《世界人权宣言》无疑是推进人权的法律化（客观权利）和法律的人权化（主观权利）进程的里程碑。一套行之有效的国际人权法律规范体系必须奠定在建立《世界人权宣言》的价值基础上。

第九章
人权政治伦理学

    法律和权力密切相关。显然，风俗规则的作用迟钝散漫，并非保护社会基本价值的安全的有效途径。有效解决社会冲突的途径必须依靠社会性强制力量。其中，法律和权力是两种密切联系的重要的强制力量。尽管权力和法律不同，但权力和法律都是和道德规则密切相关的运用于组织社会的秩序力量。柯梯纳（Adela Cortina）说："法律肯定是行使权力最为明确、最为直接的工具。法律的正义因此成为权力和立法的共同范畴"①。瓦尔顿（Jeremy Waldron）也说："一些最为基础的法律问题只能在充分理解宽广的政治和制度的框架内得到恰当的讨论。法律是政治系统的一部分，它作为政治系统的一部分在运行"②。法律易于受到政治系统其他部分功能尤其是权力机制的影响。

    同时，道德规则—强制性法律—政治权力三种社会现象之间的张力也不可避免：反对独断的、全能的权力的斗争求助于前法律价值、规则或道德。这不仅仅是权力主体和反对者之间的利益冲突，而是赢得权利的斗争，"宣布自主独立和保护自由总是奠定在要求权利的基础上，而权利对于权力来说，是神圣不可侵犯的"③。权利、法律和权力的密切关系和相互冲突，实际上已经决定着权力正当性——政治伦理学的核心问题的重要价值和实践意义。权力及其正当性也就成了政治伦理学政治伦理学首当其冲的关键问题。

---

① Adela Cortina, "Legislation, Law and Ethics", Ethical Theory and Moral Practice 2000 (3): 3 – 7.

② Jeremy Waldron, "Legal and political philosophy", In The Oxford Handbook of Jurisprudence and Philosophy of Law, Jules Coleman, and Scott Shapiro (ed.), Oxford: Oxford University Press. 2002. p. 357

③ José Antonio Marina, "Genealogy of Morality And Law", Ethical Theory and Moral Practice, 2000 (3): 305 – 327.

第一节　权力及其正当性

表面看来，权力和人权似乎毫不相干，甚至相互反对。强大的权力犹如一把悬在人们头上的德摩克利斯之剑，给人以莫名的恐惧和无尽的威慑感。和权力的强大威慑力不同，人权似乎只是一个软弱无力的空洞口号，甚至不过是政治家们利用把权力玩弄于股掌之中的托词。与此相应，在对权力和人权的研究中，尽管进展深入而广泛，遗憾的却是：对权力正当性的思考基本上停留在人性或德性的模糊层面，鲜有从人权的视角反思权力正当性与合法性、进而寻求依靠强大的权力去保障和维护人权的实践路径的研究。

这种倾向对权力和人权而言都是巨大的悲哀。权力因无人权支撑而常常背负腐败之恶名，阿克顿勋爵（Lord John Acton）的名言"权力导致腐败，绝对权力绝对导致腐败"①。可谓妇孺皆知。更为严重的是，缺失了权力正当性的价值纬度，权力这个实践哲学问题只能停留在技术理性的层次上，权力机制的设置和运行不过是一架盲目运转的机器而已。同样，如果没有权力的坚强保障，人权只是一个近乎徒有虚名的空中楼阁，甚至随时可能沦为暴力强权的玩偶。可见，研究二者之间的内在关系无疑是一个重大的哲学课题和现实课题。

问题是，权力和人权之间有关系么？如果有，它们又是什么关系呢？为此，我们拟从分析权力（power）的基本含义入手，进而从人权的视角反思权力的正当性及其本质，希求由此探索一条权力和人权携手同行的实践路径。

一、权力观念的历史论争

在西方政治思想中，马基雅弗利传统的强势权力观念根深蒂固，影响深远。它认为力图取得权力是普遍和基本的人类动机，权力欲、权力意志、贪图权力是人性的主要组成部分，主张 power 是强韧被赋予的现实行动的权力。

霍布斯说："我把永无休止地谋求权力的欲望，作为一切人类的普遍倾向。""追溯其原因，一个人并非总是希望获得比现在已经获得的更浓厚的兴

---

① ［英］阿克顿：《自由与权力》，侯健，范亚峰译，商务印书馆2001年版，第342页。

趣；并非总是不满足适可而止的权力；而是因为他不能保证如果不再继续获得
更多的权力和手段却仍可像目前一样安稳地生活"①。出于这种思路，马基雅
弗利、霍布斯强调武力，认为没有利剑的权力形同虚设。这种武力论的权力观
依然影响着一批当代学者和政治家。弥尔斯（C. Wright Mills）说："一切政治
都是夺取权力的斗争：权力的最终形式是暴力"②。瓦尔特（E. V. Walter）也
认为："最有用的权力概念及不会在它的领域内排除说服和强制，也不会认为
权威或暴力何者更为重要，更具有终极性"③。在此传统中，武力甚至暴力几
乎成了权力的同义语。

　　和强势权力观略有不同的是一种较为温和的强势权力观，它通常把武力、
利剑、暴力等具有血腥味的强迫通过一定的程序弱化为一种温文尔雅的强制
性。比尔斯泰德（Robert Bierstedt）强调说："权力是使用武力的能力，但并
非其实际应用；权力是应用制裁的能力，但并非其实际应用"④。拉斯维尔
（Harod Lasswell）和卡普兰（Abraham Kaplan）认为："权力是施加影响的一个
特例：是对于不遵从现有政策者予以（实际或威胁）严厉剥夺，从而影响他
者的政策过程"⑤。马克斯·韦伯（Max Weber）说："一般地说，我们把'权
力'理解为：一个人或一些人在社会行为中，甚至不顾参与该行为的其他人
的反抗而实现自己意志的机会"⑥。尽管强制性依然是其主流观念，但相对弱
化的程序和制度政策已经蕴含着权力背后的价值支撑。

　　值得肯定的是，马基雅弗利、霍布斯的权力传统把握了权力的一个本质性
特征即武力或基此而来的其他强制性，比如利用权力进行判决、处罚等。的
确，如果没有强制力量的保证，权力就丧失了其功能而归于虚无。然而，他们
却忽视了权力最本质的根源：权力作为实践理性，绝不仅仅是事实范畴的依靠
武力或强制的技术理性的控制能力，而且还必须具有属于价值范畴的正当合法

　　① Thomas Hobbes, Leviathan, Indianapolis：Bobbs - Merrill, 1958, p. 86.
　　② C. Wright Mills, The Power Elite. New York：Oxford University Press, 1956, p. 171.
　　③ E. V. Walter, "Power and Violence", American Political Science Review, 1964 (4)：360.
　　④ Robert Bierstedt, *Power and Progress：Essays on Sociological Theory*, New York：McGraw - Hill, 1974, p. 231.
　　⑤ Harod Lasswell and Abraham Kaplan, *Power and Society*, New York：Yale University Press, 1950, p. 75.
　　⑥ Max Weber, Economy and Society Volume II, edited by Guenther Roth and Claus Wittich, New York：Bedminister Press, 1968, p. 926.

性。马克斯·韦伯（Max Weber）指出了这个问题："任何权力，甚至任何生活利益，一般可以觉察到有需要证明自身是正当的……受到更多优惠待遇的人感到有永无休止的需要以把自己的地位视为在某些方面是'合法'的，把自己的利益视为'应得的'，而把他人的不利视为'咎由自取'"①。如果我们追问和权力相关的制度政策及其行使的合法性等的根据，权力正当性的诉求在这种弱化的强势权力观中已经呼之欲出了。

和马基雅弗利、霍布斯不同的是，苏格拉底、卢梭权力传统并不否认武力，但认为说服、权利和反驳在权力中具有重要作用，权力的背后需要价值正当性的支撑和论证，其本质就是权力（power）和权利（right）的内在关联问题。把权利（right）和权力（power）等同至少可以追溯到奥康·威廉对权利的分析。斯宾诺莎、霍布斯也常常把权利看作权力。洛克虽然坚持不正当获得的对某物的权力并不获得对该物的权利，但他对拥有某物的权力和对某物的权利常常漠不关心。洛克指出征服者对战败者的权力并不意味着对后者的权利。哲学家的这些思考影响了许多法学家。边沁认为权力并非权利范畴，但是也承认拥有权力暗示着拥有对权力的权利。即使明确区分二者的思想家，也常常区分得不那么严格，以致霍菲尔德（W. N. Hohfeld）抱怨法院常常把权利误用作权力②。其实，这是因为权力和权利虽然具有区别，但这种区别是建立在二者内在联系的基础上的。真正的权力是合法的正当性的强制性力量，权力正当性问题的实质是权力（power）和权利（right）的关系问题，对此问题的研究成为推动权力研究的重要突破口。著名权利哲学家艾兰 R. 怀特（Alan R. White）无疑是研究此问题的优秀学者。

艾兰 R. 怀特（Alan R. White）在《权利》一书中专门深入研究了二者的关系，他把权力（power）和权利（right）的区别和联系主要归结为五个方面：①从最为广义的范围来说，权力能够属于人或物。比如，运动或改变的 power。只有人或许还有动物有 right。权力（powers），可以是生理（肉体的）的或非生理的，但没有生理的权利（rights）。尽管有法律的、制度的和行政的权力或

---

① Max Weber, Economy and Society, VolumeIII, edited by Guenther Roth and Claus Wittich, New York：Bedminister Press, 1968, p. 953.

② Alan R. White. *Rights*, Oxford University Press, New York, 1984. p. 149.

权利。如，人们可以有生理和法律的权力赶走侵犯者，但只有这么做的法律权利，没有这么做的生理权利。②权力是主动积极的而不是被动的，权利或者是积极的或者是消极的。人们可以有行动的权力或权利，但只有被生效/作为（to be acted on）的权利。"比如，人们有衣食住行、平等、议会被代表以及充足的生活水平的权利而不是权力。权力有效益和价值，而权利只有价值。拥有权力就是具有控制力。"人们能够使某人陷入或屈从于权力，但不能使人陷入或屈从于权利。"③"尽管权利和（非生理的）权力能够由另一个人给予，但只有权力能够被授予或转让。尽管一个人能够给予另一个人和自己同样的权利和权力，但只能转让给另一人权力，而不能转让自己的权利。"④权利能够被侵犯或背离，权力不能够被侵犯或背离；权力能够被控制或限制，权利不能够被控制或限制。"和权利不同，权力能够是强大的或脆弱的，降低的或提升的，有效的或失效的。"⑤"权力概念关涉能力和权威，而权利概念关涉资格和确证。"权利需要确证，而权力需要专断限制①。要言之，艾兰 R. 怀特（Alan R. White）强调了权利的正当性绝对性与权力的有效性相对性的对立和某些关联。中肯地讲，艾兰 R. 怀特（Alan R. White）的区分很有见地，且在区分中分析了二者的一些相关联系，对二者关系的研究起到了关键性的推进作用。不过，总体上看，他过度强调了二者的区别，对二者的内在联系和外在关系的认识还不够深入。因此，他在某种程度上把权利和权力对立起来。这就预设了权力不是权利的逻辑前提，未能有效解决权力和权利的冲突问题的价值基准，或者说，没有从根本上解决权力和权利的关系问题，权力正当性问题依然悬而未决。

显然，二者的区别也同时预制了二者的内在联系，权力绝不能游离于权利之外，它只能是一种特别的权利。

二、权力属于何种权利

1. Power 有三个基本含义：潜力、强力（潜力在现实中体现出的能力和力量）和权力

从最为广义的范围讲，"power 能够属于人或物"②。power 最基本的内涵，

---

① Alan R. White. *Rights*, New York：Oxford University Press, 1984. pp. 150－151.

② Alan R. White, *Rights*, Oxford：Oxford University Press, 1984, p. 150.

指任何事物所具有的相对于其脆弱性的潜力或强力。比如，运动或改变的 power。雷蒙德·阿伦（Raymond Aron）从语言学的角度分析说，英文 power 和德文 Macht 意义相同，都指做某事的能力以及这种能力的实际行使。在法语中，权力有两个不同的词：puissance，指潜在性或能力；pouvoir 指行为。二者的流行用法通常并不严格区别。实际上，应当把 puissance 看作更一般的概念，把 pouvoir 看作其中的一种特殊形式①。合而言之，power 或 Macht（即 puissance 和 pouvoir）指潜在性力量的外在行为体现。

当 power 指人的行动所释放的物理性能量时，就等于潜能（potency），或参与者成功地执行、履行、完成事务工作的一般能力或推动事物的能力或技巧等，其复数（powers）指一个人的全部能力和能量或才智（faculties）。在英语中，power 通常用作能力（capacity）、技巧（skill）或禀赋（talent）的同义语。所以，阿伦特（Hannah Arendt）说："power 相当于人的能力，不仅是行动的能力，而且是协调一致地行动的能力"②。在需要复杂的体力或智力技巧的情况下，power 是对外部世界产生某种效果的能力，以及潜藏在一切人的禀赋中的物理或心理能力，即行动能力。或者说，power 主要指影响、控制或主宰抵抗物的技巧或能力。诚如高若尔（Geoffrey Gorer）所言，一般意义上的 power 就是"使外部世界产生显著变化"的能力或主宰（mastery）的能力③。Power 主体面对的抵抗物，既包括外部环境中的客体，更重要的是 power 主体自身。康德所谓的人为自然立法和人为自己立法的能力正是人的 power 的典型体现。这其实已经体现了 power 更深层的涵义：power 是相对于脆弱性（vulnerability）而言的强韧性，是以力量、强大、实效为特点的强势控制力量和能力。脆弱性是 power 得以存在的基础，也是其从潜能和强力转化为权力的基础，因为没有脆弱性，power 就丧失了行使的必要性和可能性而不成其为 power。问题是：power 是如何从潜能和强力转化为权力的呢？权力应当为何呢？

当潜力和强力适用于人的时候，即当某一个或某一些人把自己的潜力和强

---

① Raymond Aron, "Macht, Power, Puissance: Prose Démocratique ou Poésie Démoniaque?" European Journal of Sociology, 1964 (5): 27–33.

② Hannah Arendt, *On Violence*, New York: Harcourt, Brace and World, 1970, p. 44.

③ Geoffrey Gorer, and See Erich Fromm, *Escape from Freedom*, New York: Farrar and Rinehart, 1941, p. 157.

力适用于他者时，尤其在未经他者同意甚至遭到他者的反对，依然有效地得以实现时，power 就可能从潜力和强力提升到或转化为人类社会特有的权力。其中，通过一定程序赋予并依靠国家力量如法律和制度为坚强保障的 power 就是权力。显然，作为权力的 power 已经把潜力和强力融入到了伦理关系之中，权力正当性问题也由此而来。

power 作为权力，其价值判断或正当与否是和脆弱性密切相关的。这有两种情况：其一是 power 危害践踏脆弱性而产生的负价值关系或不正当的价值关系。它体现的是欺强凌弱的丛林法则或弱肉强食的自然法则，这是违背道德直觉和道德现实的。此类 power 其实就是不正当的暴力或武力。因此，把武力、利剑看作权力本质的马基雅弗利、霍布斯传统的强势权力论，很可能成为暴力霸权扼杀自由和人性的借口，甚至可能成为肆意践踏人权的"道德"借口。卢梭批评说："最强有力的人决不能成为任何时候都强的主人，除非他把武力转变为权力，把服从转变为义务"①。阿伦特在《论暴力》一书中也说："权力和暴力是截然相反的，在一个绝对统治的地方，另一个就不存在了。暴力出现在权力处于危险的地方，不过任其发展，它会在权力消失中结束"②。暴力（violence）是以违反、破坏或滥用为目的而使用的体力或权力的滥用。和暴力密切相关的是武力，"没有任何权力比枪炮威逼的权力更大"③。当反思法国大革命时期被屠戮的生命时，当直面两次世界大战的枪炮肆意践踏生灵时，武力或强制性权力的正当性问题就立刻凸现出来。难怪阿克顿说："在所有使人类腐化堕落和道德败坏的因素中，权力是出现频率最多和最活跃的因素"④。这是权力不正当的最好注脚，或者说，这种权力并非真正的权力，只不过是作为潜力和强力的 power 的滥用而已。其二是 power 以不侵害脆弱性为底线的保护、提升脆弱性的价值关系。这体现出自由对自然的反抗即人性对兽性的反抗，彰显着自由规律或人性规律对丛林法则或自然规律的超越。因此，这样的 power 是正当的权力。可见，权力正当性源自潜力、强力对脆弱性的扬弃、挽救和提

① Jean-Jacques Rousseau, *The Social Contract*. Haimondaworth, Middle-sex: Penguin Books, 1968, p. 53.

② Hannah Arendt, *On Violence*, New York: Harcourt, Brace and World, 1970, p. 56.

③ Hannah Arendt, *On Violence*, New York: Harcourt, Brace and World, 1970, p. 37.

④ ［英］阿克顿：《自由与权力》，侯健，范亚峰译，商务印书馆 2001 年版，第 342 页。

升引出的正当性的价值诉求。众所周知，正当（right）的实质就是权利（right），所以权力源自权利。

2. 真正的权力（power）是权利（right）

自古以来，人们常常自觉或不自觉地把权力（power）和权利（right）联系起来，苏格拉底、卢梭传统的权力观就是如此。其实，真正的权力（power）是为了达到理性的道德目的而运用智慧的道德技艺或伦理技能，是"应当意味着能够"的自由实践而不是"能够意味着应当"的暴力控制或武力强迫。这就是权力的正当性、合法性，或者说权力是一种包含着道德价值的权利。

从权利主体看，权利包括人人享有的普遍权利（universal rights，即人权）和个别人或团体享有的特别权利（special rights）。权力属于具有强制性力量的特别权利，是权利现实性的有效途径之一。一般意义上的权力是指政治领域的权力。因此，艾兰 R. 怀特（Alan R. White）强调说："权力在政治领域中居于举足轻重的地位，权利在道德领域具有举足轻重的地位"①。此论把握了权力的政治性特质。值得商榷的是，其逻辑前提是权力和权利、政治和道德是截然不同的两个领地。我们认为，政治权力和道德权利并非截然对立，后者是前者的价值基础和正当性根据。在所有秉持理性的政治道德的社会里，许多案例非常清晰地表明许多对象可以同时被看作权力和权利。权利是使权力成为权力的价值诉求，正是这一点把权力同其他强制性规则和命令如暴力、专制等区别开来，使权力在公民中享有特别的权威，并因此也更具有强大的效力和生命力。

严格说来，权力是一种政治领域的具有强制性特质的特别权利，是人类通过一定的程序赋予权力主体的以强力为基础和后盾的权利。所以，它是有条件的、暂时的、可以被剥夺或终止的权利。斯托亚（Samuel Stoljar）说："权力通常意味着持续性的允许，一直持续到权力拥有者的任务完成为止"②。因为一切有权力的人都具有滥用权力的倾向和可能性，以至于有权力的人往往滥用权力，直到遇到明确的界限方才罢休。为了积极预防权力的滥用，必须设定一定的权力期限如总统的每届任期等，当权力完成自己的使命时（如临时政府

---

① Alan R. White, *Rights*, Oxford：Oxford University Press, 1984, p. 154.

② Samuel Stoljar *An Analysis Of Rights*, London：The Macmillan Press Ltd. , 1984, p. 66.

的权力在正式政府成立后）即予以终止。即使权力主体没有任何过错甚至功德盖世，只要其权力到了期限，也应当终止。原因在于，权力主体以前的权力正当并不能保证以后的权力正当，且由于其能力权威的不断深化和拓展而极有可能导致今后的不正当。同时，即使权力个体是其时代的最强者，在强大的人类和自然面前，他也仍然是一个有限的脆弱的存在者。人类不应当把权力的行使完全交付给某一个领袖或英雄。同理，人类也不应当把权力完全交付给某一个家族或某一个团体组织。其实，和有期限的权力相比，没有期限的权力本质上就是绝对权力。尽管权力未必导致腐败，但不可否认的是："绝对权力绝对导致腐败"①。世袭的权力和专制集权的权力，因其把相对权力误用为绝对权力而必然从整体上和程序上导致权力的不正当而走向腐败和暴力。因此，绝对权力并非权利，或者说并非真正的合法的正当权利，而是一种应当祛除拒斥禁绝的暴力。

避免权力滥用和绝对权力的有效途径是，利用伦理程序如民主选举的公众力量，选举新的权力主体，实现权力的合法交替和运用。从这个意义讲，维护权利以及保障权力自身的正当性就成为权力自身不可推卸的义务和责任。诚如斯托亚（Samuel Stoljar）所说："极为重要的是，一种权力可以被看作共同完成特定任务或公共职责的权利和义务的综合"②。权力的真正的逻辑秘密在于：权力是一种权利和由此带来的维护权利的正当性的义务和责任的综合体，是一种赋予权力主体履行公共职责的权利，但又是一种控制其完成任务的委托义务所限定的权利和义务。简言之，权力是属于政治领域内的具有强制性特质的包含着道德价值的权利和义务或责任。

至此，我们不禁要进一步追问：权力（自身蕴含的权利和义务或责任）的价值根据或价值基准何在？这里直觉的回答是：人权（human rights）是权力的价值基准。

权力和人权的自身规定决定着其外在区别（人权是普遍权利，权力是特别权利）中包含着内在联系（二者都属于权利范畴）。著名伦理学家皮切姆（Tom L. Beauchamp）说："权利是从一定的原则出发，对应得的或应享有的东

---

① ［英］阿克顿：《自由与权力》，侯健，范亚峰译，商务印书馆2001年版，第342页。

② Samuel Stoljar *An Analysis Of Rights*，London：The Macmillan Press Ltd.，1984，p. 66.

西的要求"①。权利出发的原则是什么呢？在权利体系中，某些基本权利因其把握了整个道德理论之根源而成为其他权利之本。这些基本权利就是人人享有的平等权利或普遍性权利——人权，所以，"人权能够作为一个普遍性伦理法则，指导所有人在全球化境遇之中的行为"②。就是说，人权是权利出发的一元道德法则，其他权利即特别权利包括权力皆派生于人权。可见，人权是特别权利的价值基准，当然也是权力的价值基准。因此，尊重人权是绝对的无条件的道德命令，也是权力正当性的绝对命令和道德底线。或者说，权力源于保障人权的普遍价值诉求，出自人权、合乎人权的权力就是正当的、合法的权利，侵害人权的权力如特权、暴力、极权等决不能成为权利。简言之，权力是以普遍人权为价值基准的一类特别权利。

三、权力、权利与人权

权力、人权、权利是三个有着外在区别和内在联系的实践哲学理念。这从 power 的三个基本含义（潜力、强力、权力）中也可以得到印证：潜力是人权、权利、权力得以可能的基础，潜力体现出的现实性强力是实现人权、权利的力量保证，但也可能成为践踏人权、权利的暴力或武力。权力最为复杂，也最为深刻地体现着权力、人权、权利之间的关系：如果说人权是一种自在的、潜在的权利，其他权利是具体实践人权的正当性诉求，权力则应当是以人权为价值基准，通过合法有效的程序赋予的掌握在少数国家公职人员手中的，以强制性的政治力量或国家力量（主要指立法、行政、司法）为坚强后盾的具有强制性和效益性的国家、民族或国际性的相对性权利及其相应的义务、职责或责任共同构成的伦理综合体，其主要使命是保障人权和权利，而不是保障权力主体自身的特殊地位。这是因为人权、权利和权力的地位是不同的：人权和权利是人性尊严之目的，权力本身的强制力和武力后盾只是实现此高贵目的的手段，而不是目的。权力应当为人权和权利但决不应当为权力自身而设置、行使

---

① Tom L. Beauchamp, *Philosophical Ethics: An Introduction to Moral Philosophy*, New York: McGraw - Hill Book Company, 1982, p. 195.

② Jack Mahoney, *The Challenge of Human Rights: Origin, Development, and Significance*, Malden: Blackwell Publishing Ltd. , 2007. p. 166.

或控制。

在逻辑上，人权理念似乎是独断的、在先的（先于任何权力和其他特别权利等）。在现实中，所有人都平等拥有人权，但所有人都不同，所以人权必须转化为不同人的特别权利，才能得以具体实践，其中的重要一环就是作为强制性权利的权力。权力在这个意义上就是依靠合法的强力保障普遍人权落实到具体个体的特殊权利。尤其值得重视的是，人权、权力和权利主要通过法律制度这个联结点而相互转换，并由此形成一个有生命力的权利系统。人权从根本上讲是道德权利。经过一定的立法和程序，人权被赋予法律效力即把人权从道德权利转化为法律权利。权力从本质上讲是政治权利，它主要是由法律权利派生的制度性权利。因此，法律权利和人权发生冲突时，法律权利至少从价值判断上应当服从人权，权力和法律权利冲突时，权力至少从价值判断上应当服从法律。当人权和权力发生冲突时，从伦理程序上应当通过法律制度促使权力服从人权。既然权力是以人权为价值基准的权利，就必须承担相应的维护人权的义务（duty）、职责（obligation）或责任（responsibility）。或者说，权力必须以不侵害人权为道德底线，以尊重人权、保障人权为根本法则。换句话说，权力的重要使命就在于积极主动地为人权保驾护航，绝对不能允许任何蔑视人权、践踏人权的所谓"权力"肆意横行。

不过，人权、权利只能成为权力正当性和一系列保证权力正当性的法律制度设置的道德哲学根据，却并非有效保证权力正当性的强大力量。因为人权和其他权利主要是个体权利，权力则是整体赋予并依靠坚强的国家力量保障的特别权利。诚如阿伦特所说："权力绝不是个人财产；它属于整体，只要整体保持一致，权力就继续存在"[1]。随着当代权力的体系化、制度化、加强化，权力已经渗透影响到每个社会成员和社会组织之中。在强大无比的权力机器面前，个体自身的力量微不足道。人权、权利在与整体权力的冲突中，个体基本的反抗能力和论辩机会几乎丧失殆尽。博登海默（Edgar Bodenheimer）不无担忧地说："权力在社会关系中代表着能动而易变的原则。在它未受到控制时，可将它比作自由流动、高涨的能量，其效果往往具有破坏性。权力的行使，常

---

① Hannah Arendt, *On Violence*, New York: Harcourt, Brace and World, 1970, p. 44.

常以无情的不可忍受的约束为标志；在它自由统治的地方，它易于造成紧张、摩擦和突变。再者，在权力不受限制的社会制度中，发展趋势往往是社会上的有实力者压迫或剥削弱者"①。这种状况往往践踏的是基本人权甚至是生命权和其他权利，其主要根源就是权力没有受到法律制度的有效遏制。为了预防和限制权力的滥用，必须确立设置以人权为价值基准的法律制度尤其是权力问责制，利用这样的整体性力量为坚强后盾，以权力约束权力，以保证权力的正当性，实现维护人权、权利的伦理目的。没有权力问责制的权力设置的逻辑前提就是强力对脆弱的暴力，更是权力对人权、权利的侵害，它本身就是以违背自由伦理法则的丛林法则为基础的不正当。缺失了权力问责制之类的法律制度的保障，人权、权利往往被权力践踏而无能为力，权力也往往因此转化为暴力或极权而成为非法的侵犯人性尊严的工具，进而丧失其正当性而趋向毁灭。当权力被滥用而侵犯了人权和其他正当权利时，就违背了权力自身的理念而应当被剥夺。这就是权力问责制和权力有限制的法理根据。

权力本身是反腐败的，因为腐败侵犯了人权或权利，侵蚀了权力的价值基础和存在根据，是对权力的挑衅和危害。换言之，权力未必导致腐败，导致腐败的必是权力的滥用或暴力。这样的权力是对权力本身的践踏和毁灭，是对人权或权利的公然挑衅和蔑视，它不配享有权力之名，更不配具有权力之实。为了维护人权和人性尊严，人们具有不服从、反抗乃至剥夺此类"权力"的权利。

第二节 纳粹集权的哲学反思

作为特殊权利的权力正当性是相对于其不正当性而言的，纳粹集权正是不正当性权力的典型体现。为了深刻把握权力正当性问题，极有必要从道德哲学的视角反思纳粹集权不正当的根源，确立权利和人权的价值基础地位，以杜绝集权和不正当权力的托词和途径。

我们知道，权利包括平等共享的普遍性道德权利（即人权）和不平等非

---

① ［美］博登海默：《法理学——法哲学及其方法》，邓正来译，华夏出版社1987年版，第346～347页。

共享（某些人或某个人独享的）的特殊权利。平等人权和特殊权利的冲突以及特殊权利之间的冲突一直是权利道德哲学的一大难题。尤其在二战期间，纳粹集权对人权的践踏把这种冲突推到登峰造极的地步。显然，集权（作为极端化独裁化的特殊权利）应当祛除，但并非所有的特殊权利都应当祛除。这样一来，为何祛除集权，以及祛除何种特殊权利，保障何种特殊权利，并基此化解普遍人权和特殊权利的冲突以及特殊权利之间的冲突就成为道德哲学必须反思的重要课题。为简明集中，我们以希特勒式的纳粹集权为主要考察对象。

一、纳粹集权的附魅

集权（centralization of state power）是一种特殊的权利，它表面上是赋予国家或政府的特权，实际上是赋予元首个人的独裁权。集权的行使，必然以践踏普遍性的人权为根本途径。有史以来，集权和人权的尖锐对立最突出地体现为以社会达尔文主义伦理学为理论基础的希特勒式的纳粹集权。

1897 年，法国社会达尔文主义者乔治斯·瓦赫（Georges Vacher de Lapouge）在给德国社会达尔文主义者哈耶克尔（Ernst Haeckel）的《联结宗教和科学的一元论》一书的法国版的导言中说，和法国革命的自由、平等、博爱的三个主要理念相比，达尔文主义革命提出了新的、发展了的三位一体的理念：决定论、不平等、自然选择①。这种理念通过社会达尔文主义伦理思想体系为纳粹集权思想奠定了理论基础，它主要体现为：在权利法则上，以物理命令取代伦理命令；在权利主体上，以差异取代平等；在权利性质上，以集权取代人权。

1. 权利法则：物理命令取代伦理命令

达尔文和多数达尔文主义者否定不朽精神和自由意志，主张以物理命令作为伦理命令。达尔文在《自传》中总结自己的伦理思想时认为，不要相信上帝和来世，人类生活的唯一规则是必须"追随最强烈的或最好的冲动或本能"②。此论把伦理学奠定在动物性的生理命令的基础上，它和奠定在神圣启

---

① Richard Weikart, From Darwin to Hitler: Evolutionary Ethics, Eugenics, and Racismin Germany. New York: Palgrave Macmillan, 2004. p. 89.

② Charles Darwin, *Autobiography*. New York: Norton, 1969, p. 94.

示基础上的基督教伦理学，奠定在理性基础上的康德和许多启蒙思想家的伦理学，甚至奠定在道德情感基础上的英国哲学家的伦理学都大相径庭。

19 世纪末 20 世纪初，德国著名的达尔文主义者哈耶克尔（Ernst Haeckel），物理学家布赫（Ludwig Büchne）、哲学家卡尔内里（Bartholomäus von Carneri）等人的观点虽然各有不同，但"他们都同意自然过程能够解释包括伦理在内的人类社会及其行为的各个方面。他们否定任何神圣干预的可能性。蔑视身心二元论，拒斥自由意志而偏爱绝对的决定主义。对于他们来讲，自然的每一种特征——包括人的精神、社会和道德——都可以用自然的因果关系来解释。因此，任何事物都不可避免地屈从于自然法则（laws of nature）"①。哈耶克尔（Ernst Haeckel）相信达尔文主义以严格的决定主义驱除了自由意志的根基，认为"无机界的永恒的、铁的自然规律在有机界和道德界依然有效"②。卡尔内里（Bartholomäus von Carneri）和功利主义相似，他拒绝康德的绝对命令，拒斥人权和道德自然法则，认为道德应建立在追求幸福的动力上，他向哈耶克尔（Ernst Haeckel）解释说："人无论在精神方面还是在生理方面，都和最不重要的细胞，最不重要的原子一样，屈从于因果关系的普遍法则"③。当这种否定自由意志和人人平等的绝对决定主义的自然法则应用于道德领域时，蔑视人权甚至种族屠杀都可以成为伦理命令。

在达尔文出版《人之演化》（The Descent of Man）和希特勒出生之前，达尔文主义人种学家奥斯卡·佩希尔（Oscar Peschel）在 1870 年就已经明确主张伦理学不应当反对种族灭绝的自然进程。他说："如果我们看作个人权利的每种东西和人类社会的迫切需求不一致的话，它就必须屈从于后者。因此，塔奇曼人的衰败应当看作一种地质学的或者古生物学的命运：强者种类排除取代弱者的命运。这种灭绝本身是可悲哀的，但是要认识到，更为可悲哀的是，物

---

① Richard Weikart, From Darwin to Hitler: Evolutionary Ethics, Eugenics, and Racismin Germany. New York: Palgrave Macmillan, 2004. p. 13.

② Richard Weikart, From Darwin to Hitler: Evolutionary Ethics, Eugenics, and Racismin Germany. New York: Palgrave Macmillan, 2004. p. 25.

③ Richard Weikart, *From Darwin to Hitler: Evolutionary Ethics, Eugenics, and Racismin Germany*. New York: Palgrave Macmillan, 2004. p. 26.

理命令每次和伦理命令相遇时，总是践踏伦理命令"①。奥斯卡·佩希尔认为，事实上，物理命令总是用科学践踏道德，人们必须服从的事实是"没有普遍人权，甚至没有生命权"②。动物学家雅戈尔（Gustav Jaeger）在1870年的文章中也认为："科学家们正确得出的结论是，战争，确切说，大屠杀的战争——因为所有战争的本质就是大屠杀——是自然法则（natural law），有机界没有战争将不成其为有机界，甚至不能继续存在"③。

　　达尔文主义伦理思想较好地解释了自然与自由、人和自然的密切联系，却抹杀了二者的本质区别，并以自然本能取代了自由规律，以物理命令取代伦理命令。同时，又夸大了人与人之间的区别而抹煞了二者的本质联系和普遍特质。这就必然走向否定普遍人权而主张以绝对差异消解普遍平等，进而把人变成动物的集权道路。达尔文主义伦理学的实质是功利目的论的生物科学化的极端化，其问题就是康德所批判的理论理性侵入实践理性、自然法则取代道德法则。希特勒钟爱进化论伦理学，他的道德观建立在大力否定和批评犹太基督教伦理和康德绝对命令伦理观的基础上，主张道德随时而变化的道德相对主义。在他这里，达尔文主义的生存竞争，尤其是种族竞争成为道德的唯一仲裁，适者生存是唯一的自然法则。其实质就是以物理命令（动物生存竞争法则）充当伦理命令，反对人权和传统的自然平等的法则，进而强调权利主体的巨大差异而抹煞其平等地位。

2. 权利主体：差异取代平等

　　人权理论认为人人生而平等是自然法则（natural law），达尔文主义则认为生存竞争、优胜劣汰所产生的差异和不平等就是自然法则（natural law），并据此证明社会和人种的差异和不平等，强调权利主体的绝对差别。

　　达尔文主义试图把动物提升为人的同时，却极力把人贬低为动物；竭力夸大人种的差异的同时，又企图抹煞人之为人的普遍共性。达尔文就认为遗传对生理、心理、精神和道德特型具有长期性力量。利他主义，利己主义、勇敢、

---

　　①② Richard Weikart, *From Darwin to Hitler: Evolutionary Ethics, Eugenics, and Racismin Germany.* New York: Palgrave Macmillan, 2004. p. 8.

　　③ Richard Weikart, *From Darwin to Hitler: Evolutionary Ethics, Eugenics, and Racismin Germany. New York: Palgrave* Macmillan, 2004. pp. 167 – 168.

懒惰脆弱、怯懦勤奋等和其他生理本能一样是遗传的。他试图表明动物，尤其是灵长类动物也具有理性能力，语言和道德。达尔文虽然也同情非欧洲人种，反对奴隶制，但他认为在最高等的人种和最低等的奴隶之间存在着巨大的鸿沟。在《人之诞生》的导言中，他明确地说，此书的三大目标之一是考虑"人种之间的所谓差异的价值"①。在达尔文人种差异理论的基础上，哈耶克尔鼓吹不平等论："在最高的发达的动物心灵（soul）和最不发达的人类心灵（soul）之间，仅仅存在着微小的量的不同，但决不存在质的差别。而且，这种差别比最低等的人的心灵和最高等的人的心灵之间的差别要小。或者说，就和最高级的动物的心灵与最低级的动物心灵之间的差别一样"②。低等人的价值和类人猿的价值相等或相似，"最高等的人和最低等的人之间的差距远远大于最低等的人和最高等的动物之间的差距"③。这种贬低人的价值，把人降低为动物的思想，迈出了种族灭绝的第一步，因为它一旦和达尔文思想中关于死亡是善的观念结合起来，种族灭绝是合道德的思想就会"科学"地出现。

达尔文理论之前，死亡被多数欧洲人看作应当战胜的恶，而不是仁慈的力量。达尔文理论中的自然选择和生存竞争是建立在马尔萨斯（Malthus）的人口原则基础上的，其本身就隐含着死亡是有机界的规则，低等器官的死亡是仁慈和有利于进步的思想。达尔文在《物种起源》中说："从战争的本性、饥荒和死亡的角度看，我们能够设想得最为尊重的、令人兴奋的事就是更高级的动物的生产顺畅地相继而行"④。这就颠覆了传统的死亡是恶的观念，明确了在生物进化和自然选择过程中的死亡是善的思想。更为严重的是，"许多达尔文主义生物学家和社会理论家解释说，种族灭绝是不可避免的，甚至是仁慈的，

---

① Richard Weikart, *From Darwin to Hitler*: *Evolutionary Ethics*, *Eugenics*, *and Racismin Germany*. New York: Palgrave Macmillan, 2004. p. 105.

② Richard Weikart, *From Darwin to Hitler*: *Evolutionary Ethics*, *Eugenics*, *and Racismin Germany*. New York: Palgrave Macmillan, 2004. p. 90.

③ Richard Weikart, *From Darwin to Hitler*: *Evolutionary Ethics*, *Eugenics*, *and Racismin Germany*. New York: Palgrave Macmillan, 2004. pp. 105 – 106.

④ Charles Darwin. *The origin of species*. London: Pengium books, 1968, p. 459.

因为从整体上看，这会推进物种进化过程"①。不幸的是，希特勒也苟同此论。他嘲笑人道主义和基督教伦理试图保护弱者，提高弱者的能力和地位，结果导致人种的降低卑下乃至人类的灭绝。对于劣等种族，"根据希特勒的观点，杀死他们实际上比让他们活着更加人道（仁慈）"②。由人种差异的极端化和死亡是善的观念而引出的种族灭绝的思想，已经预制了践踏人权的法西斯集权。

3. 权利性质：集权取代人权

19 世纪的德国达尔文主义人种学者赫尔瓦德（Friedrich von Hellwald）在《文化史》（1875）一书中对人类历史作了达尔文主义的解释，主张暴力是权利的最高根基，"最强者的权利就是自然法则"，就是自然界中唯一的一种权利，也是人类历史中的基本权利③。这一思想和希特勒不谋而合。

希特勒在其著作和演讲中并不反对道德，相反，他高度推崇道德，并把其道德观一以贯之地运用于其政治决策，包括发动战争和种族灭绝。希特勒在《我之斗争》（Mein Kampf）中说："保持（文化和产生文化的种族）是铁的必然法则，是最好者和最强者胜利的权利"④。最好者（the best）暗示着最强者同时也是道德最优者。他把印欧语系的雅利安人（Aryan）作为道德优等人，把其他人种作为道德劣等人。他讽刺人权理念是弱者的产物，认为"只有一种最神圣的人权，它同时也是最神圣的义务，这就是尽力保持血统的纯洁"，以便提高高贵人性的进化⑤。

希特勒在 1923 年的一次演讲中进一步阐述了强者的权利："在历史上起决定作用的是民族自身具有的强力；它表明了上帝面前的强者，这个世界有权利强力推行其意志。有史以来，如果没有巨大的强力做后盾，权利本身是完全无用。对于任何没有强力把其意志强加于人者来说，单独的权利毫无用处。强者

---

① Richard Weikart. *From Darwin to Hitler：Evolutionary Ethics，Eugenics，and Racismin Germany*. New York：Palgrave Macmillan，2004. p. 18.

② Richard Weikart. *From Darwin to Hitler：Evolutionary Ethics，Eugenics，and Racismin Germany*. New York：Palgrave Macmillan，2004. p. 215.

③ Richard Weikart. *From Darwin to Hitler：Evolutionary Ethics，Eugenics，and Racismin Germany*. New York：Palgrave Macmillan，2004. p. 34.

④⑤ Richard Weikart. *From Darwin to Hitler：Evolutionary Ethics，Eugenics，and Racismin Germany*. New York：Palgrave Macmillan，2004. p. 214.

总是胜利者……自然之全体就是一个强力和屠弱持续竞争的过程，就是一个强者不断战胜弱者的过程"①。这样一来，在希特勒的世界观里，"战争和屠杀不但在道德上可证明是正当的，而且是道德上值得颂扬的"②。"人权"在希特勒这里竟然成了战争、屠杀和种族灭绝的工具和纳粹集权的代名词。

在第二次世界大战期间的人类大灾难中，以暴力集权为坚强后盾的优生、杀婴、安乐死、屠杀等所谓消除"劣等"人发展"优等"种族的种种罪恶行径，却以"人权"和道德的名义横行霸道，人权和尊严在纳粹集权的铁蹄践踏下几乎丧失殆尽。空前惨痛的历史教训犹如黄钟大吕，时刻警诫着人类必须无条件地禁绝集权。

二、纳粹集权的祛魅

从道德哲学的角度看，（纳粹）集权产生的原因，一是每个人都有一种基于功利目的的特权心理倾向；二是道德相对主义的灾难性后果；三是道德一元论的极端化。

1. 基于功利目的的特权心理倾向

从道德心理学的角度看，集权并非某一个偶然的个体如希特勒所能够独自造成的，而是因为每个人都有一种基于功利目的的特权心理倾向。一旦这种倾向形成一股思潮并渗透进政治权力的领地，元首个人的贪欲和自我例外思想倾向在独裁暴力的支撑下，集权也就"应运而生"了。难怪艾伦 R. 怀特（Alan R. White）说："许多人推测每个人都有试图通过特殊权利的途径以接近其思想的心理。正是特权的这种偏好特殊待遇的基本特性解释了特权经常不能享有权利那样的良好口碑"③。美国加利福尼亚州立大学理查德·维卡特（Richard Weikart）教授也分析说，建立在例外素质基础上的"种族灭绝的思想体系不仅仅蛊惑了希特勒，而且蛊惑了许多和他同时代的德国人，这些人将会支持

---

①② Richard Weikart. *From Darwin to Hitler*: *Evolutionary Ethics*, *Eugenics*, *and Racismin Germany*. New York: Palgrave Macmillan, 2004. p. 210.

③ Alan R. White, *Rights*, Oxford: Oxford University Press, 1984. p. 156.

他，并和他同心协力，共创一个种族的乌托邦"①。在这种自认为是具有例外特权的强者思想的蛊惑下，即使没有希特勒，也会有其他个体出现占据其纳粹元首的位置。

我们可以从道德内涵和道德外延分析"例外素质"。

首先，道德外延关涉个人的道德身份（地位），它是道德结构的范围，其问题主要在"把个人的道德责任固定在其领地或对象上。"② 特瑞 L. 普莱斯（Terry L. Price）在研究领袖伦理的专著《理解领袖道德的失败》一书中专门研究了"例外素质"　（exception making）问题。特瑞 L. 普莱斯（Terry L. Price）说："当领袖否认其行为的道德要求范围和其他人一致时，伦理的失败就会发生"③。的确，每个人尤其是领袖一旦自认为自己具有"例外素质"，就意欲把自己排除出一般的道德限制，它就成为集权的可能性因素。19 世纪末的德国达尔文主义地质学家弗里德里希·卢勒（Friedrich Rolle）就认为，由于强者的权利不屈从于道德，就应该把道德弃之不理。在人们的竞争中的有效规则是，我击败你，比你击败我更好④。元首把自己看作强者时，就会把自己排除出普遍的道德法令如人权之外，甚至认为自己有凌驾于普遍道德命令之上的例外素质，践踏人权的集权由此得到了独断的根据和虚假的借口。

其次，道德内涵是指在道德外延的范围内，对什么行为是道德上正当的或许可的，或者什么行为是道德上不正当的和不许可的这种道德信念。比如，领袖或许会错误地认为，撒谎是道德上允许的使得下属服从的途径，或报复不忠诚者是道德上正当的。社会达尔文主义人种学家赫尔瓦德（Friedlich Hellward）把冰冷的科学运用于人文领域，认为既然科学已经证明在自然中，生存竞争是进化和完善的动力原则，必须消除弱者，以便为强者让路，因此，在世界历史中，强者毁灭弱者是进化的基本要求。自然法则就是，"强者必须踏着死者的

① Richard Weikart, *From Darwin to Hitler: Evolutionary Ethics, Eugenics, and Racismin Germany.* New York: Palgrave Macmillan, 2004. p. 206.

② Terry L. Price, *Understanding Ethical Failures in Leadership.* Cambridge: Cambridge University Press, 2006. p. 19.

③ Terry L. Price, *Understanding Ethical Failures in Leadership.* Cambridge: Cambridge University Press, 2006. p. 25.

④ Richard Weikart, *From Darwin to Hitler: Evolutionary Ethics, Eugenics, and Racismin Germany.* New York: Palgrave Macmillan, 2004. p. 191.

尸体阔步前行"①。在这样一种悖逆人权的所谓强者权利思想的支配下,元首甚至错误地自认为集权是道德上正当的。

不过,即使领导者认识到其道德内涵和范围都是道德上正当时,依然会出于功利考虑而导致领袖伦理的失败,而且这种难以告人的功利动机难以控制。"行为者违背道德要求不在于他相信根据其价值观念能逃避道德要求,而在于他完全预计到行为代价大于收益"②。就是说,无论是道德外延的"例外素质",还是道德内涵的"例外素质",其根基都是主体把其自身的功利考量作为道德目的而导致的。德国法律学家海因里希·罗门(Heinrich A. Rommen)在批判"希特勒法学"时说:"现代集权主义让人丧失人格,将人降格为一个不定型的大众中的一个可以按照'领袖'制定的变幻不断的政策予以塑造或重塑的点,这种集权主义,就其本质而言,是极端人意论的:法律就是意志。集权主义的理论家和实干家几乎很少提到理性,他们经常以意志的胜利而自豪。领袖的意志是不受那显现于存在的秩序及人性中的客观的道德价值实体或客观的伦理规范所约束的,也不对它们负责任。这种意志不受词语客观的、通用的含义或它们与观念和事物间的关系所约束。观念及表达它们的词语只是意志的工具而已;只要对自己有利,就可以将其随意改造"③。希特勒及其同党认为自己种族是具有优秀的例外素质——是这个世界的最优秀者,有权利剥夺其他人种的权利甚至屠杀之,他们据此发动一系列灭绝人性的屠杀和战争的实质动机是出于个人或其民族的强烈的自我功利目的,不过以"例外素质"为借口罢了。这也是达尔文主义伦理学和希特勒伦理思想共同反对基督教、康德的义务论思想以及法国革命的平等、自由、博爱思想和普遍人权的道德秘密所在。

由于领袖的特殊地位,若没有明确的底线要求和法律保障,其以功利目的为道德基础的例外素质几乎不可能得到有效限制。尤其值得注意的是,基于功

---

① Richard Weikart, *From Darwin to Hitler: Evolutionary Ethics, Eugenics, and Racismin Germany*. New York: Palgrave Macmillan, 2004. p. 169.

② Terry L. Price, *Understanding Ethical Failures in Leadership*. Cambridge: Cambridge University Press, 2006. p. 41.

③ [德]海因里希·罗门:《自然法的观念史和哲学》,姚中秋译,三联书店 2007 年版,第 239 ~ 240 页。

利的例外心理并非个别集权者如希特勒之类才有，而是每个人都有这种倾向。因此，我们不能把希望寄托在领袖个人的道德素质上，而是必须设置一道坚固的底线，以保障无论领袖道德素质如何或者无论哪个个体成为领袖，都不可违背此底线。

2. 道德相对主义的灾难性后果

以"例外素质"为基础的道德理论要么是道德相对论（多元的"例外素质"），要么是道德帝国主义（唯我独尊的"例外素质"）。道德相对论带来的灾难性后果就在于为取消道德和人权以及集权的出现提供了可能性。

众所周知，后现代伦理学思潮批判古典理性主义的一元论会导致集权和独裁，主张道德多元化和道德相对主义。具有讽刺意味的是，正是社会达尔文主义的道德相对主义为希特勒的纳粹集权奠定了理论基础。

哈耶克尔（Ernst Haeckel）认为达尔文主义运用于伦理学有一个重要意义：既然道德随着时间而不断变化，而且不同人种有不同的道德标准，它就暗示着道德相对主义[1]。理查德·维卡特（Richard Weikart）也指出，大多数达尔文主义者否定超时空的超验的伦理学特征，认为道德和其他自然现象一样，是处在不断的进化中的，他们共同促进了道德相对主义的发展[2]。希特勒本人的道德观建立在极力否定和批评犹太基督教伦理和康德绝对命令伦理观的基础上，主张道德随时而变化的道德相对主义。一个奇怪的问题出现了：以抨击集权著称的道德相对主义为何在这里反而走向了集权呢？

值得肯定的是，道德相对论的确具有摧毁、解构专制的伦理帝国论的（即使以人权命名的）集权、霸权的价值。问题在于，根据道德相对论的逻辑，它必然否定普遍平等的人权，因为它主张特殊的多元的权利，而特殊权利的极端化独裁化就会走向集权。这暗示着道德相对主义为集权留下了发展空间和可乘之机。实际上，道德相对主义者有自己独特的特殊的道德标准：那就是

① Richard Weikart, *From Darwin to Hitler: Evolutionary Ethics, Eugenics, and Racismin Germany.* New York: Palgrave Macmillan, 2004. p. 25

② Richard Weikart, *From Darwin to Hitler: Evolutionary Ethics, Eugenics, and Racismin Germany.* New York: Palgrave Macmillan, 2004. p. 16.

无标准，即"没有关于好坏对错的普遍标准"①。在面对各种价值和权利冲突时，道德相对论就会陷入"怎么都行"的无政府状态。这种无政府、无基础、无共识的虚无化的多样性权利，恰好为集权留下了在多样性权利独断地选择一种特殊权利而吞噬其他权利的发展空间。集权实质上就是在多样性、差异性的权利中独断地选择一种有利于自己功利目的的特殊权利，就此而论，它实际上属于道德相对论中的独裁者（或"伦理流浪者"队伍中的恶狼、匪徒）。

集权的这种特质，更加明确地体现为道德一元论的极端化即所谓的道德帝国主义。

3. 道德一元论的极端化

和无原则的道德相对主义不同，集权是奉行伦理帝国主义原则的道德相对主义。"伦理帝国主义意味着把自己的价值和道德观念强加于他人，而不考虑他们的愿望是否相反"②。它承认道德的相对性，却又独断地选择有利于自身的集权作为合法权利，把其他的道德多元论作为其任意践踏的对象而予以抛弃和否定。从这个意义讲，集权又是一种伦理帝国主义的一元论。随之而来的问题是，在集权这里，相互否定的道德一元论和道德相对主义的多元论为何神奇般地统一了呢？原因在于：

首先，道德一元论分为独白的一元论和商谈的一元论。选择如果缺失民主商谈程序，而是通过暴力、独断的途径确定一元论的权利，就会走向霸权、集权。诚如达尔文主义人种学家赫尔瓦德（Friedlich Hellward）所言："科学知道没有'自然权利'。自然界只有暴力和强者的权利，而没有其他权利。但是暴力也是法则或权利的最高根源，因为没有暴力立法是不可想象的。"他认为，既然生存竞争中目的被证明为工具，竞争中的胜利就是自然权利，甚至可以用科学、暴力解释取代废弃伦理③。这是典型的独断论所引发的集权思想基础。

---

① J. Speak (ed.), A Dictionary of Philosophy. Basingstoke：Pan Reference. 1979. p. 281.

② Jack Mahoney. The Challenge of Human Rights：Origin, Development, and Significance. Malden：Blackwell Publishing Ltd. 2007. p. 167.

③ Richard Weikart, *From Darwin to Hitler：Evolutionary Ethics, Eugenics, and Racismin Germany*. New York：Palgrave Macmillan, 2004. p. 169.

其次，道德相对论或多元论分为道德帝国主义（承认道德相对论的同时，独断地运用暴力把多元中的集权作为一元的道德准则）和道德流浪主义（后现代伦理学之类的无目的、无基础、无原则的道德准则），正是后者为前者提供了机会和发展空间。

其三，集权的道德帝国论既具有道德一元论的某些特征，又具有道德相对论的某些特征。就是说，集权既是道德相对论，又是靠暴力和专制随意选择自己嗜好的道德准则。因为不利用道德相对论，就不能打破道德绝对论的人权的法则地位，不依靠暴力就不能强制推行为己所好的道德准则。专制集权的实质是追求的特殊的权利中的一种霸权、独裁权、专制权，反对普遍的人人平等享有的人权。纳粹集权就把人权篡改为强者奴役弱者的权利。这和道德相对论否定普遍人权、主张多样性权利是一致的。在某种意义上讲，它是道德一元论和道德多元论各自携带的相同的不良基因（伦理帝国主义的独断和暴力）的联姻而产生的道德遗传疾病。因此，祛除伦理帝国主义的独断，代之以民主商谈的伦理精神，是禁绝集权的关键。

如果我们把特殊权利分为道德的特殊权利和不道德的特殊权利如等级特权等方面的特殊权利，集权显然是属于后者。可以说，集权是以功利目的论为理论根基，以例外素质为道德心理基础，以独断的道德相对论或独断的道德一元论（道德帝国主义）为特征，以暴力和强制为后盾的不道德的特殊权利。集权之类的不道德的特殊权利违背人性和正义，不配享有权利之名，是应当祛除的对象。那么，道德的特殊权利应当是何种权利呢？

第三节　何种特殊权利

人权和特殊权利的根据在于人性的普遍性和差异性，和动物无关。所以，不能把人的差异和人与动物的差异混为一谈（如某些达尔文主义生物学家哈耶克尔等），也不能根据人的差异否定人的共性（如基督教的无差异的平等），反之亦然。人性的共性决定着人权的存在，人性的差异决定着人权在不同个体那里体现出来的特殊权利。因此，道德的特殊权利和普遍人权从外延来看似乎是冲突的，但其内涵却是一致的，它是普遍人权落实到具体的特殊个体的权利。没有它，普遍人权只不过是个抽象的空洞理念，保障人权就会如同镜花水月。换句话说，只有特殊权利合乎人权时才是道德的，侵害人权的特殊权利如集权决不能成为权利。祛除集权之类的特殊权利，寻求、确证、维护（能够保障和促进人权的）道德的特殊权利应当是推进人权事业发展的伦理命令，其可能途径可归结为关于普遍人权和特殊权利的公正原则——这可以看作权利的原则：它应当是人权优先原则、特殊权利的合道德原则、化解权利冲突的商谈原则、保障权利的法律原则的统一。这是从更一般意义上对作为特殊权利的政治权力正当性的反思。

一、人权优先原则

个体的特权例外的道德心理倾向本身可以为人权服务，也可以成为集权的萌芽。我们虽然不可能绝对保障这种例外倾向维护和促进人权，却可能设置一道坚固的屏障阻止它侵害人权。

集权或其他不道德的特殊权利的策源地主要不在于人类的这种例外心理倾向，而在于缺乏保障人权这个不可动摇的道德底线。祛除集权或其他不道德的特殊权利，不在于试图扼杀这种例外的道德心理倾向，而在于必须设置一个任何特殊权利包括领导或元首的权力都不可突破的底线——不得侵害人权：在人权面前，任何人，包括领导阶层的所谓"例外素质"，都不得有任何例外的特殊权利，任何其他目的论或义务论的道德要求，如功利、幸福、至善、快乐、科学、生存竞争、义务等都不得成为侵害人权的借口。否则，一旦这种心理倾向在一定条件下（功利目的论为基础）危及人权，就会转化为集权或其他不道德的特殊权利。领导阶层尤其是国家元首的所谓"例外素质"必会和各种功利的借口沆瀣一气，侵害到任何一个他可以例外的领地，人权、伦理和道德必将荡然无存。

这里必须明确的是，人权的基本要求是什么？舍此，人权优先原则就会流于空谈。我们或许可以从杨朱的"为我"思想中引申出这个人权的基本要求。孟子说："杨子取为我，拔一毛而利天下，不为也"①。的确，即使以利天下为

_____
① 孟轲：《孟子·尽心上》，《孟子译注》，杨伯峻撰，中华书局1962年版。

借口而危害个体时，个体也有权利一毛不拔（维护自己不受任何侵害的权利）——这是抵制功利目的论和任何不道德的特殊权利的不可动摇的底线。一旦突破这个底线，个体权利就会不断受到侵害直至被剥夺生命权。儒家的"杀身成仁"、"舍生取义"就是因为突破了这个底线，进而导致以所谓"仁义"的名义侵害生命权的。问题在于，靠个体的力量不可能有效抵制他者尤其是组织和国家的侵害。因此，必须上升到人权的高度，依靠法治的力量才有可能达到。鉴此，我们把这个思想改造为基本人权的理念：只要个体不侵害他者，任何人和任何组织尤其是国家，都不得以任何名义（包括仁义、幸福、功利、自然选择、科学、义务等）侵害此个体。简言之，任何无害他者的个体，都神圣不可侵害。这就是人权底线的具体要求。

人权是具有道德普遍性的一元道德法则，"人权能够作为一个普遍性伦理规则，指导所有人在全球化境遇之中的行为。人们普遍确信，人权不但能够做到，而且必须（must）做到"[1]。人权优先于特殊权利的原则，即以人权作为底线的绝对命令要求：任何特殊权利必须以尊重人权、保障人权为根本法则，或者说，任何特殊权利都必须在人权优先原则的前提下得到肯定，以任何借口蔑视人权、践踏人权的特殊权利都是绝对不能允许的。这其实已经涉及了特殊权利的合道德原则。

二、特殊权利的合道德原则

人权优先原则是伦理的绝对命令，是严格区分特殊权利是否合道德的原初基准，也是保障真正的道德的特殊权利的底线要求。为此，特殊权利的合道德原则应当确立为：任何特殊权利都应当是合道德的权利，即必须以保障和促进人权为根本目的，任何侵害人权的特殊权利尤其是集权必须无条件地加以禁止。

为了明确这一思想，有必要简单了解特殊权利（privilege）的理念。在古罗马时代，特殊权利（privilegium）是针对独特的个人或案件的一种法律范例，它可以是一种有益的特殊权利（a favourable privilige），也可以是一种烦

---

① Jack Mahoney. The Challenge of Human Rights: Origin, Development, and Significance Malden: Blackwell Publishing Ltd. 2007. p. 166.

恼的特权（an odious privilige）如某种义务①在现代法律中，特殊权利（privilege）的用法与古罗马的用法大不相同。如奥斯汀所指出的，它仅仅指法律赋予的积极有益的权利（a favourable privilige）②。艾伦 R. 怀特（Alan R. White）对当今语境中的特殊权利作了很好的概括，他说："特殊权利能够赋予或取消，能够拥有、享用、赢得或失去。一项特殊权利可以是积极的，即允许某人做某事的权利，而这种事是其他人不能做的，或者被允许者在其他情况下也不能做的。一项特殊权利或者也可以是消极的，即某人免受某种限制的权利，这种限制是其他人或被允许者本人在其他情况下必须恪守的限制"③。许多特权是直接赋予个人的，不过，也有其他的特权是通过赋予特定地位或特殊状态的团体而间接赋予个人的。实际上，我们或许可以把特权看作比较性的概念，一个有特权的主体是相对于其他无特权的主体而言的被选出的享有特殊有益待遇权利或免于某种不利待遇的权利的主体④。简言之，特殊权利是享有或免于某种对象的特殊权利，并非每个人都享有的权利（人权）。

可见，与每个人都享有的普遍性的人权相比，特殊权利是由于某种特长、职业或地域文化等相对于共有人性的偶然性因素而产生的非普遍性的权利，如医生的治病权利，政府官员的行政权力、某些地域内的人们对此地域的土地拥有权利等。

根据是否侵害人权，可把特殊权利分为两个基本层面：其一，不合道德的特殊权利即侵害人权的特殊权利，如纳粹集权、古代贵族享有的世袭特权、当代某些阶层享有的既得利益的特权，利用宗教自由或文化特殊的权利从事恐怖活动或其他危害人权的行为。这种类型的特殊权利必须废除，因为它实际上并不能成为真正的权利，不配享有有权利的荣誉。其二，以不侵害人权为底线的合道德的特殊权利。如合法工作生活的权利，自由地发展自我的个性特长和独特的爱好的权利。这种合道德的特殊权利合乎人权，是人权得以保障和实现的重要途径。因为特殊权利和人权本质上应当是一致的，任何特殊权利的主体同时又是人权的主体。人权和合道德的特殊权利同是权利的不同层面。如果说

---

①②③④　Alan R. White. *Rights*, Oxford：Oxford University Press，1984. p. 165.

"权利是从一定的原则出发，对应得的或应享有的东西的要求"①。那么，人权遵循的是普遍性平等原则的权利，特殊权利遵循的是人权优先原则的权利。人权是特殊权利的底线，特殊权利应当是人权的拓展和提升，而不应当是对人权的践踏和危害。不合道德的特殊权利与合道德的特殊权利的冲突或人权的冲突，应当绝对地、毫不"宽容"地祛除前者而保障后者。

人权的优先原则为特殊权利的合道德原则奠定了基础，合道德的特殊权利为人权的具体化提供了途径。但在现实的权利（人权和合道德的特殊权利）冲突中，情况极为复杂难解，这就需要确立化解权利冲突的商谈原则。

三、化解权利冲突的商谈原则

如果说不得侵害人权是权利的底线或者是保障人权的消极途径，那么保障人权的积极途径就在于应当尽力化解特殊权利冲突，提升和促进特殊权利的实现。

需要强调的是，在逻辑上，人权理念似乎是独断的、在先的（先于任何国家、制度、道德等）、无条件的，于是，"在人权的普遍意义与实现人权的具体条件之间，存在着一种独特的紧张关系：人权应当适用于所有人，而且没有任何附加条件"②。在现实中，人权的确认必须是民主商谈的结果，著名的《世界人权宣言》就是民主商谈的典范。否则，就会停留在空洞的人权理念的层面，甚至有可能出现希特勒式的所谓的"人权"（其实质却是专制集权）。

如前所述，一元论和多元论都可能导致集权，也都可能不导致集权。独断（的一元论和多元论）是集权和其他不合乎人权的特殊权利的道德根源，商谈（的一元论和多元论）是人权和其他合道德的特殊权利的基本途径。为了尽量避免伦理帝国主义或道德相对主义的灾难性后果，在化解现实的权利冲突，寻求多样性权利的实现途径中，应当摒除独断的道德路径，在坚持人权优先原则的前提下，倡导伦理宽容精神为基础的民主商谈原则。

哈贝马斯认为，以前的社会研究总是跳不出单向理解模式，但人类的存在

---

① Tom L. Beauchamp, Philosophical Ethics: An Introduction to Moral Philosophy. New York: McGraw - Hill Book Company. 1982. p. 195.

② 《哈贝马斯精粹》，曹卫东选译，南京大学出版社 2004 年版，第 277 页。

是以双向理解的沟通作起点的。每个个体的理性资质及其社会化都是在实践中生成并在语言对话、主体之间构成的世界里发展的。道德在于主体之间的平等理解、交往和商谈，商谈伦理的基本原则的运用是对话式的而不是独白式的①。我们主张，商谈原则应当是作为实践理性的交往理性本着宽容的伦理精神，与人权的普遍有效性要求相关联，通过生成、体现在主体间的对话活动中的商谈程序对权利冲突达成共识的伦理要求。

必须指出，商谈的宽容精神和道德相对主义的宽容命令不同。詹姆斯·内克尔（James W. Nickel）专门研究道德相对主义的类型，重点研究了强势规范性的相对主义。他说："强势的规范性相对主义坚持认为唯一普遍有效的规范是宽的命令"②。问题在于，就道德相对主义的宽容命令而言，宽容到何种程度和何种范围？如果践踏了人权，能否宽容？这些问题足以使相对主义的宽容命令失去效力。没有明确的底线要求的宽容，就等于某些后现代学者如罗蒂等提倡的无原则、无立场、"怎么都行"的无政府主义，这也是强势规定的相对主义不遗余力地提供最强硬的文化相对主义的案例以反对人权的道德哲学根源所在③。

为了避免伦理相对主义的危害，伦理宽容必须在坚持人权不得侵犯原则的前提下，对合道德的特殊权利的宽容：尊重和自己不同的其他伦理观，"宽容并不是企图把自己的不同观点强加于人，重要的反而是宽容并非允许或接受其他人偏爱的观点。实际上，它是假定存在差异，并尊重这种差异"④。宽容精神最明确地体现为解决权利冲突问题，通过以伦理委员会为平台的民主商谈，为人与人之间因利益、选择、目的等因素的不同而导致的共同生活的权利冲突的解决方案达成协议。现存的各种特殊权利，现在成了可以讨论、批判和审验的东西，其有效性需要道德化、理论化和反思化，它们不再事实上有效，而是

① 万俊人主编：《20世纪西方伦理学经典》，第四卷，中国人民大学出版社2005年版，第543页。
② James W. Nickel. *Making Sense Of Human Rights*：*Philosophical Reflections on the Universal Declaration of Human Rights*，California：University of California Press，Ltd. 1987. p. 74.
③ James W. Nickel. *Making Sense Of Human Rights*：*Philosophical Reflections on the Universal Declaration of Human Rights*，California：University of California Press，Ltd.，1987. pp. 68–81.
④ Jack Mahoney, The Challenge of Human Rights：Origin，Development，and Significance. Malden：Blackwell Publishing Ltd.，2007. p. 167.

经论证后才有效或失效。主体应当尊重人权优先原则，依据商谈伦理原则，通过论证程序来估价和审验现行各种特殊权利，在这里惟有人权是定性的基准。

经商谈论证后有效的权利的最现实可靠的实践途径是把道德理论转化为具有一定可操作性的、可以明确化解矛盾冲突的程序和条文的法律制度。这就是保障权利的法律原则。

四、保障权利的法律原则

人权最终需要通过伦理共同体的强制性的法律落实为个体的合道德的特殊权利。"不管其纯粹道德内涵为何，人权显示出主体权利的结构特征，主体权利本身需要在强制的法律秩序中付诸实施"①。人权优先和特殊权利的合道德化的道德命令的应有地位的问题，以及宽容精神的商谈程序所共同达成的权利共识的成果的保障问题，促使道德权利转向法律权利。从这个意义上讲，"人权具有两面性，它既是道德范畴，也是法律范畴"②。道德范畴和法律范畴的人权统一性，只有在公民的交往形式及实践的网络里才会通过法律制度赢得稳固的保障并清晰明确地发挥效力。具有相对普适性的法律制度应当把风俗习惯、道德规范、规章条例等多元化的行为规范纳入到人权的法制轨道之中，通过公正的法律制度把普遍人权转化为法律保障的合道德的特殊权利。其中，普适性的国际法是现实人权的最高法则，虽然它并不能完全阻止践踏人权或合道德特殊权利，但却提供了一个不可突破的法则。在此法则面前，纳粹集权之类的非道德权利，就不可能以人权的名义大行其道，蛊惑人心，至少会受到相对的抵制。

值得注意的是，其一，"法律是一种外在的、客观的规范。……法律不是其自身的目的。它组织共同体为的是共同体的本质性目标，它把我的权利给予我，为的是让我之实现自己作为人的先天目的在社会中具有可能"③。因此，现实的法律不可能完全达到公正的权利要求，尽管如此，它却是最为可靠的实

① 《哈贝马斯精粹》，曹卫东选译，南京大学出版社2004年版，第551~552页。
② 《哈贝马斯精粹》，曹卫东选译，南京大学出版社2004年版，第276页。
③ ［德］海因里希·罗门：《自然法的观念史和哲学》，姚中秋译，三联书店2007年版，第189页。

现和保证人权和合道德的特殊权利的有效途径。其二，道德的有效功能在于论证和批判法律是否公正地保障了人权和合道德的特殊权利：被法律规定下来的权利具有道德上的根据，法律权利的有效性只能从道德的观点来加以论证。最后，与法律相比，虽然道德是可以期望的理想途径，但却是不可指望的；与道德相比，虽然法律是可以指望的现实途径，但法律本身却要依赖道德论证获得其合法性。因此，以（权利）道德为法律权利的理想性的批判武器，以法律为道德权利的现实性的保障武器，才是人权和合道德权利（包括正当性权力）既可以期望，又可以指望的最佳选择。

结　语

在日益趋向文明的当今社会，权利和人权业已成为现代人常用的道德语言，也应当成为解决当代应用伦理学视阈中权利冲突的重要理据。特别值得注意的是，虽然人权已成为一个普世的道德语词，集权或许已经难以立足，但与集权有着共同特点的不合道德的特殊权利依然大行其道，甚至以"人权"的名义践踏人权，集权的危险性依然存在。可以说，它们正是权利家族中的"披着羊皮的恶狼"。鉴别、抵制和祛除这些"恶狼"的根本途径是人权优先原则、特殊权利的合道德原则、伦理商谈程序和坚强的法律制度的保障。我们必须清醒地意识到，追寻权利是一条荆棘丛生之路，但"艰难困苦，玉汝于成"，只要人类坚定无畏地行进在权利的"途中"，人权事业和合道德的特殊权利（包括正当性权力）就有望步入澄明之境。

余论
人权应用德性论

人权应用德性论就是以人权为价值基准的应用德性论。

人权应用伦理学并不排斥或否定德性论，而是要求把握应用德性论和人权的内在关系。应用伦理学崛起以来，传统德性论多年来被边缘化而几近沉寂。随着应用伦理学的强势推进，传统德性论虽然在欧洲尤其在德国依然如故——几乎不被严肃的哲学家问津，但德性论的哲学争论在英美已逐渐活跃起来，目前已波及到中国伦理学界，似有德性复兴之望。在此道德境遇中，传统德性论能否冲破其固有樊篱，自觉纳入应用伦理学的轨道，闯出一条具有强劲生命力的应用伦理学视阈的德性论即应用德性论（the theory of an applied virtue）之路，就成为伦理学研究的一个全新课题，同时也是人权应用伦理学的一个重要课题。

这里需要说明的是，在汉语中，德性是德行之原因，德行是德性之体现（结果）。实际上，一个行为既有其原因，也有其体现。virtue 同时具有这两方面的含义。鉴于对目前流行术语的尊重，用德性翻译 virtue 较为稳妥。与 virtue（德性、德习、德行）相对的是 vice（恶性、恶习、恶行），与 good（善的，有益的）相对的是 evil（恶的，有害的），它们是评价人及其行为的价值判断语词，virtue（德性、德习、德行）和 vice（恶性、恶习、恶行）就是用 good 或 evil 来判断和表达的对象和结果。

近年来对德性论的关注至少可以追溯到弗兰纳甘（O. Flanagan）1991 年出版的《道德人格的多样性》一书，但真正激起德性论的哲学争论的是德瑞斯（J. Doris）和哈曼（G. Harman）20 世纪 90 年代末所激发的德性统一论和德性境遇论的大辩论。德瑞斯等人试图追求亚里士多德式的德性统一论①，却受到密尔格瑞姆（S. Milgram）、韦伯尔（J. Webber）等德性境遇论者的尖锐抨击②。其中，颇有力度的批评者是美国杜克大学哲学系的斯瑞内瓦舍（Gopal Sreenivasan）教授。他在 2009 年发表的《德性的不统一论》一文中把德性统一论的前提规定为三个密切相关的命题：没有真正的德性困境；德性的经验一致性；德性的道德自足性。在境遇德性论看来，如果否定了任何一个前提，就足以推翻德性统一论，更何况其每一个前提都是难以成立的。因此，德性统一论雄心勃勃地追求的最高目的——德性的完善（perfection）的企图是根本不可能实现的。相反，道德德性应当满足最低限度的道德目的而不是去追求遥不可及的完善③。德性境遇论和德性统一论的哲学论证至此已经触及到了德性问题的实质：古典道德哲学所追问的德性的一和多的关系问题——其关键在于德性是否有一个价值基准？如果有，它应当是什么？

　　回答这个问题，应当首先从德性论研究的两个基本路经入手。一般而言，研究德性论的两个基本路径是德性现象论（the symptomology of a virtue）和德性本原论（the aetiology of a virtue）④。正如马凯特大学弗斯特（Susanne Foster）博士所说："每种德性都既有其现象论，又有其本原论"⑤。德性现象论回答德性现象是什么，德性本原论回答德性现象的原因和根据是什么。

　　德性论研究的两个基本路径和应用伦理学境遇已经预示出德性论的可能出路：在深刻反思两个基本路径的基础上，以人权应用伦理学的新视角重新审视传统德性论的性质及其问题，进而探求应用德性论的基本性质及其价值基准。

---

　　① J. Doris, *Lack of character*, *Personality and moral behaviour*, Cambridge: Cambridge University Press, 2002, pp. 20 – 22.

　　② See S. Milgram, *Obedience to authority*: *An experimental view*, New York: Harper and Row, 1974.

　　③ Gopal Sreenivasan, "Disunity of Virtue", Journal of Ethics, 2009（13）: 195 – 212.

　　④ 这个术语首先是 David O'Connor 使用的。See, David O'Connor. ," The Aetiology of Justice", in *Essays on the Foundations of Aristotelian Political Science*, eds. , C. Lord and D. O'Connor, Berkeley: University of California Press, 1991, pp. 150 – 151.

　　⑤ Susanne Foster, "Justice is a Virtue", Philosophia, 2004（3）: 501 – 512.

第一节　德性现象论

德性现象论侧重从经验的角度思考德性现象，主要回答德性是什么或德性的具体表现是什么。它认为德性（virtue）是由人类的特性引起的一系列行为，每一种德性都有其特定的行为领域。如勇敢是控制危险的德性或者受威胁状况下的德性，勇敢者就是以正确的方式面对危险的人，他们在战场上的典型表现是英勇应战，而不是临阵脱逃。从德性现象论的视角来看，传统德性现象可以归结为如下三类。

一、德性是向善的习惯或习性

把德性看作生活中的行为习惯或习性是古典德性论的一个重要观点。阿奎那在《神学大全》中明确主张，"人类的德性乃是习惯"①。再如，爱尔维修把德性看成是一种利己的行为习惯，伏尔泰则主张德性就是那些使人高兴的习惯等。他们的共同点是，都主张德性是一种向善的习性，而不是趋恶的习性。

对此，有些哲学家有不同看法。比如，康德就认为，德性不应被定义和解释为仅仅是一种习性，或一种长期实践的道德上的良好行动的习惯，"因为如果这种习惯不是那种深思熟虑的、牢固的、一再提纯的原理的一种结果，那么，它就像出自技术实践理性的任何其他机械作用一样，既不曾对任何情况都做好准备，在新的诱惑可能引起的变化面前也没有保障"②。如果某种习性只是出于习惯，即只是由于不断重复而成为一种必不可少的行为一贯性的话，那么它就不是出于自觉自愿，因而就不是德性。这实际上就引出了德性的第二类看法：德性是一种出于自觉自愿的道德性技能或实践力量。

二、德性是道德性技能或实践力量

柏拉图、亚里士多德的伦理学常常把德性看作一种道德性技能。作为道德技能的德性和完成体力任务所需的技能不同，它可能意味着我们已经学会了控

---

① 《西方伦理学名著选辑》（上卷），周辅成主编，商务印书馆1964年版，第370页。
② 《康德著作全集》（第6卷），李秋零主编，中国人民大学出版社2007年版，第396～397页。

制欲望、倾向和情感的心理技巧或方法，因此可以避免不道德的行为。康德进一步认为伦理学中的德性不仅仅是一种技能，更重要的是，它是人的意志基于自由法则，在履行德性义务的过程中所体现的道德实践力量。一些当代德性伦理者秉承了这一理路。冯·瑞特（Georg Henrik von Wright）就经常用技能（a skill）这个术语理解德性这个概念。他主张德性是一种品格技能，因为它"能够阻碍、消除并且驱逐情感可能给我们的实践判断带来的模糊晦涩的影响"①。合而言之，德性是人们以能够胜任的方式发展自我和履行任务的道德技能或实践力量。

对此，多伦多大学哲学系的埃利奥特（David Elliott）教授提出了质疑。他认为，在不同的境遇中，德性和恶性（vice）甚至可以相互转变。以诚实的德性和说谎的恶性为例，面对一个身患绝症、清白无辜的人，自愿说谎（不告知其绝症真相），无损于诚实正直。相反，如实相告，虽然比自愿说谎更加诚实，但却丧失了德性，因为人还应当具有其他德性如同情等②。既然德性能够在特定境遇中转变为恶性，那么它作为一种道德技能或实践力量就非常可疑了。由此可以推出：德性不仅仅是一种固定的道德习性、技能或力量，而应当是一种在特定境遇中以特定方式行动的倾向。

三、德性是在特定境遇中以特定方式行动的倾向

西季维克早在其《伦理学方法论》中就分析了德性倾向（tendency）。他说："德性，尽管被看作精神的相对持久的属性，但它如同其他习性和意向一样，依然是某些属性"③。瑞尔（Gilbert Ryle）、华莱士（James D. Wallace）和西季维克一样，不赞同德性是技能或能力。为此，华莱士认真地区分了能力和倾向（capacities and tendencies），他认为力气（Strength）是运用体力的能力，视力是看到某种对象的能力。然而，"喜好航行却不是航行的能力；毋宁说，它是一种航行的倾向，一种考虑航行的倾向。诸如垂头丧气、得意扬扬之类的

---

① Georg Henrik von Wright, *The Varieties of Goodness*. London：Routledge, 1963，p. 147.

② David Elliott, " The nature of virtue and the question of its primacy", The Journal of Value Inquiry, 1993（27）：317 –330.

③ Henry Sidgwick, *The Methods of Ethics* , Indianapolis：Hackett, 1981，p. 222.

情绪和诸如仁善、慷慨之类的德性都清楚明白地是倾向而不是能力"①。因此，德性就像视力、力量和健康一样，并非技能或是能力，而是一种倾向②。另外，弗兰克纳（William Frankena）、格沃斯（Allan Gewirth）等也都赞同此说。格沃斯（Allan Gewirth）说："拥有道德德性就是具有依照道德规则而行动的倾向"③。把德性看作特定境遇中的倾向，其实就以德性的特殊性或多否定了德性的普遍性或一，它是一种典型的德性境遇论。这也从某种程度上说明，如果仅仅从德性现象论的视角考察德性论的话，最终会走向德性境遇论。

问题的关键是，是否存在作为德性现象的习性、能力、技能或倾向的价值根据或普遍性的一？如果存在，它是什么？如果答案是否定的，各种德性现象就失去了善恶的价值判断根据而自我消亡。因此，各种德性现象（技能、习性、能力、倾向等）应当也必须有一个共同的价值基准。寻求这个价值基准的至关重要的一环是由德性现象论深入到德性本原论。

第二节 德性本原论

德性本原论认为，任何德性现象都是有原因、有条件、有根据的。德性的判断、培育、养成和实践必须以德性主体的动机、社会条件和具体德性境遇等为综合运行机制。

一、德性的道德心理：道德动机

重视道德动机对德性养成作用的古典理性德性论的著名哲学家主要有斯多亚学派的芝诺、康德等。一些当代动机论者摒弃了古典理性德性论对德性孕育的严格要求，他们从经验的视角主张德性似乎就像骑自行车一样，只要有动机的自律就足够了，"伦理学的作用发挥时，不是因为某些人争先恐后地复印康德或密尔著作作为行为决定的指南，而是因为某些人在某些伦理问题境遇中发

---

① James D. Wallace, *Virtues and Vices*, Ithaca, N. Y.: Cornell University Press, 1978, p. 40.

② James D. Wallace, *Virtues and Vices*. Ithaca, N. Y.: Cornell University Press, 1978, p. 47. Wallace develops this point from Gilbert Ryle's " On Forgetting the Difference Between Right and Wrong," in A. I. Melden ed. , *Essays in Moral Philosophy*. Seattle: University of Washington Press, 1958, pp. 147 – 159.

③ Allan Gewirth," Rights and Virtues," Review of Metaphysics, 1985 (38): 751.

展出了一种善感以及如何应对善感的善感"①。弗斯特博士（Susanne Foster）认为动机是德性行为的重要原因，"德性动机就是引起行动者有德性地行动的那种行动者的典型状态"②。每一类型的行动结构中都会有其潜在的动机原因。比如，勇敢者在战斗中恐惧死亡是因为活着是过好的生活的前提，他们不因怕死而临阵脱逃的原因在于，从他们的善的观念来看，有些东西比死亡更可恶，如蒙辱含垢地苟活或居家被卖为奴等。

不过，多数学者认为德性不仅需要德性主体的动机，还需要从德性主体自身到其周围的社会的更多的教诲和条件。其实，以重视动机著称的康德也极为重视法律制度和伦理共同体对德性养成的作用。当代著名学者埃利奥特认为，虽然可以从心里（动机）和道德规范两个角度探究德性之本性，但是，由于没有这样的心理（动机）实体独立存在，这是极其困难的事情。从道德规范的角度看，德性的鉴定要容易得多，可以较为简便地把德性规定为具有道德价值的人们的状态或品性。就是说，德性是一个人自由选择的品性的特质，有德性的品质必定在正当行为中育成，并因此确证他应当为此承担相应的责任③。弗兰克纳（William Frankena）也认为，德性"必定全部至少是部分地通过教育和实践，或许是感恩祷告而获得的"，它们不仅仅是以某种方式思考或感受④。质言之，德性需要德性主体周围的社会秩序持之以恒地努力并鼓励人们把他们的不同作用或角色聚合起来，以便支持和反思批判他们自身和塑造他们的社会秩序，后者反过来又把德性渗透入个体德性的育成之中。

二、德性的社会机制：伦理秩序

对于德性而言，不仅其道德心理（动机）难以确定，一般而言，它所依据的通常的道德规范或各种道德要求也常常因歧义繁多、模糊不清和主体理解的差异性而相互冲突。相对而言，较为明晰可行的是社会性力量，主要是合道德性的法律和社会制度即伦理秩序。

---

① Joel J. Kupperman," Virtue in Virtue Ethics", Journal of Ethics, 2009 (13): 243 –255.
② Susanne Foster, "Justice is a Virtue", Philosophia, 2004 (3): 501 –512.
③ David Elliott, " The nature of virtue and the question of its primacy", The Journal of Value Inquiry, 1993 (27): 317 –330.
④ William Frankena, Ethics, Englewood Cliffs, N. J.: Prentice – Hall, 1973, p. 63.

如果说亚里士多德、霍布斯、黑格尔等是研究伦理秩序方面的古典著名哲学家的话，麦金太尔、罗尔斯和德沃金等则是研究伦理秩序方面的当代著名学者。麦金太尔从人的脆弱性、社会依赖性的角度，赋予了德性以完整性社会要求的内容：一个人如果不把作一个好父母的要求和作一个好公民的要求联系起来，他就不可能拥有此种德性。德性主体所拥有的自我责任因此被确立，这就清楚地命令了保持德性条件的有德性的社会需求①。如果说麦金太尔从个体德性出发寻求社会德性的话，罗尔斯则反其道而行之。他在《正义论》中，明确主张社会制度的首要德性是正义，一旦确定了权利和正义的法则，它们就应当被用来限定道德德性②。德沃金（Ronald Dworkin）在讨论罗尔斯的契约论思想时力主"权利是王牌"（Rights as trumps）的思想，把权利作为其政治伦理学的价值基准——实质是把权利看作其政治伦理的基础德性，力图把权利贯通于个体德性和社会德性之中③。此外，哈贝马斯、海因里希·罗门、波普尔、富勒、哈特、勒维纳斯、麦凯等一大批著名学者各自从商谈伦理、法律的合道德性、宗教的责任伦理、政治伦理的权利正当性等不同视角、不同领域阐释了类似的伦理秩序问题。这种明确地通过法律民主程序和社会制度设计等领域的德性来保障个体德性的思维高度和理论视野，早已在不知不觉中超出传统个体德性论的视野，进入到了应用伦理学的全新领域——应用德性论已经呼之欲出了。

不过，主体的动机、社会性力量尤其是社会制度和法律的明晰性、可行性必须建立在具有普遍性的价值基准的基础上。就是说，德性的育成和保障最终必须依据一个普遍性价值基准。

三、德性的普遍法则：价值基准

德性的判断、培育、养成和实践必须以某种价值基准如功利、幸福、自由或责任、权利等为前提。如何确定德性的标准问题历来是争论的焦点，针锋相

---

① A. MacIntyre, "Social Structures and their Threats to Moral Agency", Philosophy, 1999 (74): 311 - 329.

② John Rawls, *A Theory of Justice*, Cambridge, Mass.: Harvard University Press, 1971, p. 192.

③ Ronald Dworkin, *Taking Rights Seriosly*, Cambridge, Massachusetts: Harvard University Press, 1978, pp. 169 - 171.

对的论辩莫过于亚里士多德的中道标准和康德的法则标准之间的颉颃。

古希腊盛行的德性观认为，中道是德性的标准，德性就是两种恶的中道。亚里士多德是此论的经典作家，他认为德性是一种选择中道的品质，"德性是两种恶即过度和不及的中间"①。他把中道看作德性的判断标准，但他也看到，"从其本质或概念来说德性是适度，从最高善的角度来说，它是一个极端"②。并非每项实践与感情都有适度，有些行为本身就是恶如嫉妒、谋杀、偷窃等，有些行为本身就是善如公正、勇敢、节制等，"一般地说，即不存在适度的过度与适度的不及，也不存在过度的适度或不及的适度"③。这里出现了两个矛盾：其一，过度和不及有中道，但又没有中道；其二，适度是过度和不及的中道，但适度又是一种极端，没有过度和不及。亚里士多德敏锐地意识到了这个困境，但他只是从经验的角度指出了它，却没有从形而上的角度解决中道德性论的这种逻辑和实践的矛盾。

康德对中道德性论做了细致的分析和批判。康德认为，德性是过或不及的中道的看法是同义反复，毫无意义。德性和恶性各自都有自己的准则，这些准则必然是互相矛盾的。因此，德性和恶性都只能是一种极端，不可能通过量的变化而相互过渡：恶性的中道还是恶性，而绝不是德性。换句话说，德性绝不是两种恶性的第一种恶性的逐渐减少或相对应的第二种恶性的逐渐增加而达到的中道。是故，中道不是德性的根据和标准，只有道德法则才是德性的根本原因。据此，康德进一步指出："德性与恶性的区别绝不能在遵循某些准则的程度中去寻找，而是必须仅仅在这些准则的质（与法则的关系）中去寻找"④。康德的批判很有道理，德性和恶性的性质的确截然不同，必须严格区分。不过，康德所提供的道德法则的模糊不明使它难以成为道德共识和判断德性的价值基准。康德之后的黑格尔、叔本华、海德格尔、马克斯·舍勒、阿多诺、萨特等著名哲学家对此问题都有不同的深刻反思和批判，兹不赘述。

虽然我们并不完全赞同亚里士多德和康德的观点，但我们可从他们的思想中引出如下结论：如果德性是道德建构的话，它们无论如何应当是有道德价值的习性、特性、倾向、技能或能力。就是说，德性只能源自一些具有普遍性的

---

①②③ 亚里士多德：《尼各马科伦理学》，廖申白译，商务印书馆2003年版，第48页。
④ 《康德著作全集》（第6卷），李秋零主编，中国人民大学出版社2007年版，第416页。

道德信念，只有在我们详尽说明价值是什么以及它为何如此之后，才能具体判断何者为德性。西季维克说，我们应当把德性仅仅看作"最为重要的仁善的分类或正当行为方面的首脑"①。罗尔斯认为，德性应当理解为"由一个更高秩序期望所控制的意图和倾向的相关类属，在此情况下，行动的期望来自相应的道德法则"②。格沃斯（Allan Gewirth）也主张，"道德德性源自道德规则设定的命令内容"③。就是说，决不存在脱离道德体系之外的德性或凌驾于一切道德体系之上的德性。

实际上，德性现象自身并没有一个明确的要求和强力的保障，它必须求助于价值基准和伦理范式——即使是公认的亚里士多德的德性论也是建立在幸福目的基础上的。德性论不能排除感性、功利、情感、习俗、社会制度、法规等因素，并不存在脱离价值基准和伦理范式的孤零零的德性。要确定什么是德性，只能根据目的论的善、义务论的正当、责任论的责任或权利论的权利等来判断。可以说，判断德性的价值标准是德性的内在的根本的价值诉求。

这样一来，"如何寻求这个价值基准？"就成了德性现象论和德性本原论的共同任务。如前所论，在传统伦理学视阈中，不能也没有解决德性的价值基准问题。德性论如果滞留在传统德性论中固步自封、自我陶醉，它就会面临全面失效而丧失其功能的危险，应用伦理学发轫以来的伦理事实已经有力地证明了这一点。有鉴于此，传统德性论必须融入应用伦理学的全新领域之中，自觉地吸纳应用伦理的新视角、新思路和新的伦理精神，并基此把自身提升到应用德性论的高度，才有可能寻求到德性的价值基准。

第三节 应用德性论

应用伦理学领域的不断拓展和层出不穷的新伦理问题远远超出了传统德性论的理论视野和思维限度：诸如如何看待克隆人，如何看待社会制度的正当性，如何理解善治和法治，如何把握环境生态和人的关系等问题，都是传统德

---

① Henry Sidgwick, *The Methods of Ethics*, Indianapolis: Hackett, 1981, p. 219.
② John Rawls, *A Theory of Justice*, Cambridge, Mass.: Harvard University Press, 1971, p. 192.
③ Allan Gewirth, "Rights and Virtues," Review of Metaphysics, 1985 (38): 751.

性论所推崇的诸如勇敢、智慧、仁慈、节制等德性无能为力的，这既是传统德性论被边缘化的重要原因之一，同时也为德性论的复兴提供了新的契机。在此境遇中，德性论的出路在于，直面现实伦理问题，从应用伦理学的角度探究德性，自觉地把传统德性论提升为应用德性论。完成这种转化的逻辑前提是：在对比传统德性论和应用伦理德性有何区别的基础上，准确把握应用德性论的特质。这主要体现在德性的问题视阈、理论性质、实践特质等几个层面。

一、德性的问题视阈

从德性的问题视阈来看，传统德性论如亚里士多德、阿奎那、康德等人的德性论主要局限在探讨个体德性的狭小领域内。诚如斯尼维德（J. Schneewind）所说，传统德性伦理把道德的核心问题看作"我将会成为何种类型的人？"[①]"当我们说某些人有德性，就暗示着他们已经学会了用完全正当的方式处事。"[②] 因此，传统伦理学往往偏重于把道德德性看作个人自身修养养性的私人领域的道德问题。

应用德性论从根本上超出了私人个体的狭小范围，而拓展到了人类整体和整个社会的宽广领域，它关涉民族国家性的、甚至于人类全球性的、未来性的伦理问题。如生命伦理、生态伦理、科技伦理、经济伦理、政治伦理、媒体伦理、性伦理以及国际关系伦理等等。因此，应用德性论的指向主要是寻求整体共识认同、具有普遍性指导价值的整体性的德性或类的德性，其核心问题是我们将如何共同应对和我们每个人息息相关的各种现实性的伦理问题。因此，应用德性论的主旨是力图寻求处理这些应用伦理问题的正当方式，它致力于研究我们如何以正当的程序和合理的路径应对当前或今后人类共同面临的紧迫的现实伦理问题。

两类德性论问题视阈的不同，直接体现为二者理论性质和实践特质的显著区别。

---

① J. Schneewind, "The misfortunes of virtue", In Virtue ethics, ed. R. Crisp, and M. Slote, Oxford: Oxford University Press. 1997. p. 179.

② Joel J. Kupperman., "Virtue in Virtue Ethics", Journal of Ethics, 2009 (13): 243 – 255.

二、德性的理论性质

从德性的理论性质来看，传统德性论常常以杜撰臆想出来的事例和模糊不明的语言来说明有关的德性内涵，其常用的表述方式是："假如遇到某种道德问题，有德性的人该如何选择或作为？"比如，康德讲到诚实的德性时，就假设如果遇到企图侵害某人的人向你询问某人时，你依然不应该说谎。此类虚拟的道德情景为其语言的模糊不明预留了可能性，如亚里士多德在叙述勇敢的德性时，说勇敢就是要像勇敢的人那样行动，勇敢的人就是勇敢行动的人。这也致使传统德性通常具有独断性，它常常独断地坚持认为，有德性的每个人或许在某些境遇中做得最好，而另一些人则可能做得最坏。对此，库普曼（Joel J. Kupperman）批评说，如果存在德性的话，并不像他们所说的那样简单，"许多人认为有德性就如同走直线那样，不会因为诱惑或压力而偏离它"①。事实上，以不同方式把行为分为有德性的行为和违背德性的行为，常常和我们日常对人们行为描述的划界命令相悖。

和传统德性论不同，应用德性论直面的不是最大快乐、长生不老、千年王国之类的遥远无期或虚拟幻想出来的伦理问题，而是现实存在着的，直接和我们每个人密切相关并且具有相当程度的紧迫性的伦理问题，如生态问题、基因工程问题、安乐死问题、医疗卫生问题、突发事件的应急机制问题、消费者权益的维护问题等等。对这些现实问题的思考和解决，绝不允许任何主观臆断的虚拟假设和含糊其辞的语词表达，其语言表述必须明确清晰、精当简洁。其常用的表述方式是："在我们面对的道德问题面前，应该如何有德性地选择或作为？"更为关键的是，这些伦理问题的紧迫性、重要性内在地要求应用德性论必须摒除独断和虚拟，持之以恒地秉持民主商谈的伦理精神，具备切实有效地解决问题、缓解矛盾冲突的伦理实践特质，而不是仅仅关注个体的希圣希贤式的德性和实践。

三、德性的实践特质

从德性的实践特质来看，传统德性论涉及的往往是独特境遇中的个体行

---

① Joel J. Kupperman, "Virtue in Virtue Ethics", Journal of Ethics, 2009 (13): 243-255.

为。在此种伦理境遇中，德性个体在匆忙中大多是凭德性直觉做出的道德应对和行为选择，这就不可避免地具有随意性、偶然性、多样性。原因在于：首先，人是不完善的脆弱性存在，"任何个人可能具有的动力和习性，在某些境遇中表现为德性行为，而在其他境遇中却没有表现为德性行为"①。其次，德性和恶性（Vice）常常互相交织，以至于本来看似恶性的选择可能导致德性的选择，本来看似德性的选择能够导致恶性的选择。另外，仁慈、慷慨之类的德性也往往在并不在需要它们的时刻如期而至。其三，实际情况往往是只有极少数人通过高度自律（可能也有自我批判）比大多数人更为接近完善的德性。不过，我们通常尊敬和崇拜的这些人也并非始终如一地为善，他们也会有不那么善的行为或恶的行为。更何况人们的德性在其一生中的不同时段和不同境遇中也常常会有所变化。因此，库普曼（Joel J. Kupperman）认为："我们不必要看那些和现象一样繁多的命题，因为现象是会变化的。对于德性伦理而言，最有用、最基本的是关注个体案例的特性。于是，可以得出的有趣的结论是在句子陈述中可以用'有时'或'经常'等开始，偶尔也可用'有个性地'等开始"②。然而，仅仅依靠道德语词的严谨精当（其实，"有时"、"经常"等本身也并不那么严谨），还不能真正摆脱传统德性的多样性、模糊性、偶然性所带来的困境，即它可能导致德性的泛滥而使人们无所适从，甚至自觉或不自觉地走向破坏德性的恶性（vice）。这是传统德性不可回避的一个重大问题，也是境遇德性论大行其道、德性统一论节节败守的主要根源之一。这个问题只有在应用德性论中才有望解决。

应用德性论试图将某种个体行为普遍化为一种一般的行为方式，使它不再仅仅是一种个体的修身养性和行为选择，而是使之转化为一种普遍性的社会行为模式和民主商谈程序③。这样一来，应用德性不再像传统德性那样将道德难题归咎于个体德性，而是调动全社会的整体性道德智慧，通过商谈讨论进行道德权衡和判断决策，也就是说由社会力量（取代个体）做出明智的最后决断，并依据一定的价值基准制定出一种普遍有效的有一定约束力的行为方式或道德

---

①② Joel J. Kupperman, "Virtue in Virtue Ethics", Journal of Ethics, 2009 (13): 243 – 255.
③ 关于应用伦理学的本质特征问题，请参见 甘绍平："关于应用伦理学本质特征的争论"，《哲学动态》，2005 年第 1 期。

规则，然后通过法律制度等伦理程序有秩序地、理性地付诸实践。在应用伦理境遇中，个体德性主要体现为积极参与旨在制定与变更道德规则的民主商谈和道德实践。由于应用伦理学的目标是要靠社会结构与制度的正当、决策程序的民主、人类整体的共同性伦理行为来实现的，所以应用德性必须具有普遍性，并能渗透到社会制度和民主程序之内。应用德性的这种实践特质实际上体现着一种尊重人权、自由和民主的道德精神。据此观之，斯瑞内瓦舍（Gopal Sreenivasan）教授曾提出的德性的"最低限度的道德准则"①（基本要求是不得为大恶之行，不得践踏重要权利）是个很有见地的观点。它提醒我们直面现实伦理问题的应用德性论必须否定传统德性论的虚拟性、模糊性、偶然性、随意性，具有现实性、普遍性或共识性、明晰性的实践特质。所以，寻求具有现实性、普遍性、明晰性的价值基准是确证应用德性论的至关重要的问题。这就关涉到从应用德性的视角，重新反思传统德性的一和多的哲学争论的道德使命。

第四节　人权：应用德性的价值基准

众所周知，荷马史诗之后，哲学扬弃诗学成为一种审视自然和人生的新的思维方式。由"多"求"一"的哲学精神，也自然地渗透到了德性的一和多的讨论。这经典地体现在著名的苏格拉底的对话之中：当回答者认为德性就是男子的德性、女子的德性、孩子的德性、老年人的德性、自由人的德性、奴隶的德性等等时，苏格拉底责难道："本来只寻一个德性，结果却从那里发现潜藏着的蝴蝶般的一群德性"②。后来的斯多亚学派秉承苏格拉底德性论的基本精神，也主张只有一种德性③。柏拉图、亚里士多德开始质疑只有一种德性的看法，试图寻求德性的多，但他们并没有否定德性的普遍性或一。其实，亚里士多德的中道就是他所认为的德性的一或德性的普遍性标准。当今的德性统一论和德性境遇论之间的颉颃正是古希腊以来德性的一和多的哲学争论的拓展和深化。

---

① Gopal Sreenivasan, "Disunity of Virtue, Journal of Ethics, 2009（13）：195 – 212.

② 《古希腊哲学》，苗力田主编，中国人民大学出版社1995年版，第238页。

③ Alasdair MacIntyre. *After virtue*, Notre Dame：University of Notre Dame Press，1981，p. 157.

特别值得重视的是，康德从先验哲学的高度对古希腊德性论的反思批判。他认为从形式讲，德性只能有一种形式——意志的形式即道德法则。德性就其作为理性意志的力量而言，其特质中已将每种义务都囊括在内，因此像一切形式的东西一样，只能是唯一的。但从资料即意志的目的讲，即考虑人应该当作目的的东西，则德性可以是多种。德性的多样性只能理解为理性意志在单一的德性原则的指引下达到的多种不同的道德目标。康德以他特有的方式回答了德性的一和多的关系：德性的形式是一，这种一和其资料的结合形成一的多。如果我们把康德的这一传统德性论的思路推进到应用德性论的视阈，就可以对古典德性的一和多的争论（包括当今的德性一致论和德性境遇论的论证）做出一个直觉的明确回答：人权是德性（包括传统德性和应用德性）的一或德性的普遍性标准，其他德性是以德性的一即人权为价值基准的多。

问题是，人权有何资格成为德性的一或德性的普遍性标准？这就涉及到人权和德性的关系问题。我们知道，人权（human rights）是人的自然权利（natural rights），因此，人权和德性的关系应当从自然（nature）和德性（arete）的内涵以及二者之间的表面联系和内在关系的探究中追寻。

一、自然和德性的表面联系

在应用伦理学视阈的人权中，我们已经涉及了这个问题。这里需要深入论证。

我们知道，nature（自然）有两个基本含义：①本然、天然、固有、与生俱来；②本质、本性。根据海德格尔的考察，natura（自然）出自于 nasci（意为：诞生于，来源于），"natura 就是：让……从自身中起源"①。由此，nature 的完整涵义就是"从本然中产生出其本质或本性"。

在古希腊文中，德性（arete）原指每种事物固有的天然的本性，主要指每种事物固有且独有的特性、功能、用途，或者指任何事物内在的优秀或卓越（goodness，excellence of any kind）。任何一种自然物包括天然物（如土地、棉花、喷泉等）、人造物（如船、刀等）、人等都有自己的 arete，如马的 arete 是

---

① 海德格尔：《路标》，孙周兴译，商务印书馆 2007 年版，第 275 页。

奔跑，鸟的 arete 是飞翔等。据此，arete 和 nature②的本意是一致的。

　　arete 在亚里士多德那里仍然具有较广的涵义，它往往泛指使事物成为完美事物的特性或规定。亚里士多德说："每种德性都既使得它是其德性的那事物的状态好，又使得它们的活动完成得好。比如眼睛的德性，既使得眼睛状态好，还要让它功能良好（因为有一副好眼睛的意思就是看东西清楚）。"①亚里士多德曾把自然解释为本性，一物的本性就是其自然的状态，一物按其本性活动就是其自然活动。在亚里士多德这里，arete 和 nature②的本意也是基本一致的。这就是德性（arete）的第一个层次——非人的自然物的德性即自然德性。

　　不过，苏格拉底已经开始扭转古希腊自然哲学的方向，他试图使哲学从追问自然的本体转向追寻德性本身。柏拉图尤其是亚里士多德秉承这一思想，开始把德性主要归结为人的内在的卓越或优秀，逐渐倾向于把德性主要限定在理智德性和道德德性上。亚里士多德以后，人们主要在道德意义上讨论德性的内涵。斯宾诺莎就把德性直接规定为人的本性，他说："就人的德性而言，就是指人的本质或本性，或人具有的可以产生一些只有根据他的本性的发作才可理解的行为的力量"②。德国自然法学家罗门也明确指出："社会伦理和自然法的原则就是人的本质性自然"③。可见，亚里士多德以后的 arete 主要特指人的本质、本性、卓越、优秀即人的德性。正因如此，亚里士多德以后，德性是人的第二天性得到广泛认可，"假定我们说某人是有德性的，我们把诸如与生俱来的，固定不变的品质之类的东西归之于他，这当然是荒唐可笑的"④。因此，雷德（Soran Reader）说，德性不是与生俱来的，而是至少通过训练得来的，"我们需要德性如同燕子需要通过星体确定飞行方向的技术一样"⑤。这就是德性的第二个层面——人的德性。至此，自然和德性的表面联系已经触及到了二者的内在联系。

---

①　亚里士多德：《尼各马科伦理学》，廖申白译，商务印书馆 2003 年版，第 45 页。

②　《西方伦理学名著选辑》（上卷），周辅成主编，商务印书馆 1964 年版，第 625 页。

③　海因里希·罗门：《自然法的观念史和哲学》，姚中秋译，三联书店 2007 年版，第 171 页。

④　Joel J. Kupperman. "Virtue in Virtue Ethics", Journal of Ethics, 2009（13）：243 – 255.

⑤　Soran Reader, "New Directions in Ethics: Naturalisms, Reasons and Virtue", Ethical Theory and Moral Practice, 2000（3）：341 – 364.

二、自然和德性的内在联系

自然（nature）和德性（arete）的表面联系根源于自然和德性的内在联系：nature 如何"从本然中产生出其本质或本性"即 nature 如何展现出其"本然"的 arete（德性）的问题。

从自然史的角度看，尽管一切物质和整个自然界都潜在地具有思维的可能性，但是迄今为止，就我们所知的范围而言，整个自然只有通过人才意识到自身，才能够支配自身，并籍此成为自由的、独立的自然。换言之，从人的眼光来看，整个自然史可以视作为人的产生而预做准备的过程。诚如马克思所说："全部历史是为了使'人'成为感性意识的对象和使'人作为人'的需要成为需要而做准备的历史（发展的历史）。历史本身是自然史的即自然界生成为人这一过程的一个现实的部分"①。鉴于人和自然内在关系的这种哲学反思，海德格尔也认为，自然指称着人与他所不是和它本身所是的那个存在着的本质性联系，并非仅仅指人的躯体或种族，而是指人的整个本质②。人的本质是整个自然界的本质，它体现着人与人、人与社会、人与自然、人与其自身的自由自觉的德性。就是说，人是自然界一切潜在属性的本质体现，人的德性体现的恰好就是整个自然界的卓越或好（arete）即完整自然（自然和人）的德性。

因此，德性是自然界在其一切潜在属性实现的过程中体现出的卓越或好。自然界的德性或自然德性（如刀之锋利、马之善跑等）可以看作是人的德性的预备，是德性的初级阶段，它体现的是感性自然的外在必然性，但它潜藏着趋向德性的高级阶段（人的德性）转化的可能性。人的身体德性如善跑、健康等和理智德性如精于计算、博闻强识等，则成为自然德性过渡到意志德性的桥梁。人的身体德性虽然大体上属于自然德性，但它并非纯粹的自然德性，因为它和理智、意志密不可分。人的理智德性虽然已经超越了自然德性，但它必须以意志德性为归宿和价值标准，否则，它也可能成为恶性。

这里必须明确的是，诚如黑格尔所言，思维和意志的区别就是理论态度和实践态度的区别。但我们不能设想，人一方面是思维，另一方面是意志。因为

---

① 马克思：《1844 年经济学—哲学手稿》，中央编译局译，人民出版社 2000 年版，第 90 页。
② 海德格尔：《路标》，孙周兴译，商务印书馆 2007 年版，第 275 页。

它们不是两种官能，意志是特殊的思维方式，即把自己转变为定在的思维。人不可能没有意志而进行理性的活动或思维，因为在思维时他就在活动。就是说，意志是决心要使自己变成有限性的能思维的理性，人唯有通过决断，才投入现实实践，因为不做出决定的意志不是现实的意志。这恰好体现出意志的根本规定——自由，"自由的东西就是意志。意志而没有自由，只是一句空话；同时，自由只有作为意志，作为主体，才是现实的"①。可见，和自然德性、理智德性不同的是，意志德性即意志的本质是自由。由于只有经过意志的判断、选择的行为，才和道德相关，所以只有意志德性才是道德德性——即自由，自由正是人之为人的特质和卓越所在，或者说，道德德性是人区别于任何其他事物的本质性标志。这样，自然通过人，人通过自由意志，就把自然德性、理智德性和道德德性连接起来，并把自然的本质或德性即自由充分地展示出来了。

换言之，"自由是从它的不自由那里发生出来"②。自然就是一个追求道德德性的自由历程，道德德性体现着自然的德性，也就是自然的内在必然性——自由。由于人本身就是自然界本质的体现者，因此，在人这里，理性意志与欲望和自然本身的斗争就体现着自然的德性——自由。这样，各种德性就在自然追求其内在的卓越即自由中相互贯通了（需要指出的是，这也确证了伦理学作为自由之学的实质就是德性论，因此本书开篇把德性排除出了基本的伦理路径）。因此，真正的自然德性就是基于自由的道德德性。人作为自然人和自由人的综合体，同时也就是自然德性、理智德性和道德德性的综合体。但自然德性、理智德性只有出自道德德性或至少符合道德德性才具有道德价值。所以，虽然自然德性、理智德性与道德德性有一定联系，但前两者只是伦理学的参照系统，而非伦理学的主要研究对象。只有道德德性（自由）才是伦理学的真正研究对象。就是说，作为德性的自由属于价值范畴。不过，自由是一个歧义繁多的概念，要确定"何为自由"，就应当根据一个明确的普遍性的价值基准加以判断。否则，自然德性、理智德性、意志德性就失去了根基，应用德性论和个体德性论也就不复存在了。

---

① 黑格尔：《法哲学原理》，范扬、张企泰译，商务印书馆1982年版，第12页。
② 黑格尔：《历史哲学》，王造时译，上海书店出版社2003年版，第381页。

三、人权是德性的一

自然和德性的表面联系和内在关系已经预制了人权是德性的一或价值基准。

如前所述，德性（arete）的本义是指任何事物的内在的特有的不同于他者的卓越或优秀。既然 nature 的完整涵义是"从本然中产生出本质或本性"，人权即人的自然权利（natural rights）就是"从人的本然中产生出的人的本质权利或人的本性权利"。所以，人权就是基于人之内在本质的权利，它体现着人与其他事物不同的特有本性即人的德性的某个层面。列奥·斯特劳斯之所以特别强调自然权利应回归古代的德性观念来理解，正是基于德性和人权的这种内在关系。

著名人权专家米尔恩曾把普遍性的人权概括为：人权是"属于所有时代、所有地域的所有人的权利。这些权利只要是人就可拥有，而不管其民族、宗教、性别、社会地位、职业、财富、财产的差异或者伦理、文化、社会特性等任何其他方面的不同"①。人权是人之为人的价值确证，是人之为人的共同享有的普遍性权利，因此是具有普遍性的德性。格老秀斯曾说，人权和权利是人作为人这种理性动物所固有的道德本质，"由于它，一个人有资格正当地享有某些东西或正当地去做某些事情"②，"自然权利乃是正当理性的命令，它依据行为是否与合理的自然相谐和，而断定为道德上的卑鄙，或道德上的必要"③。人的自然权利或人权就是标志和体现着人的整个本质即德性或自由的普遍性权利。

合而言之，人权作为一种普遍性的德性，其基本要求是人权主体享有或尊重人权。它至少应当具有三个层面的含义：①即使是尚未具备人权能力者如婴儿等，或丧失了人权能力者如重病者等，只要是自然人，都同样享有人权，这是人权的自然德性方面——仅仅因其是自然人就具有的德性或本质，如果被剥

---

① A. J. M. Milne. Human *Rights And Human Diversity*: *An Essay in the Philosophy of Human Rights*, London: The Macmillan Press Ltd., 1986, p. 1.
② 《西方伦理学名著选辑》（上卷），周辅成主编，商务印书馆 1964 年版，第 580 页。
③ 《西方伦理学名著选辑》（上卷），周辅成主编，商务印书馆 1964 年版，第 582 页。

夺，就是其自然德性的丧失；②具有尊重人权能力的主体不仅仅因为其是自然人而享有人权（自然德性），更为重要的是因其具有道德素质和自由意志而必须尊重人权——这是人权的道德德性方面，实际上也是每个道德主体的道德责任。一个不尊重人权的道德主体就是一个丧失了基本德性的主体。③自然德性的人权并不能自在存在，它必须以道德德性的人权为前提和根据。就此而言，假如有动物权利、生态权利，也应当属于自然德性的范畴，它们并不能自在存在，必须以道德德性的人权为前提和依据。在不尊重人权这个前提下，不但动物权利、生态权利等自然德性失去了存在的根据，而且任何道德德性包括勇敢、慷慨、仁慈、节制、求真等都是不道德的，都会转化为违背德性的恶性（行）。如从事法西斯的人体试验的人的求真、忠诚等在践踏人权的境遇中都成了恶性（行）。因此，人权具有相对于其他特有权利或义务责任的绝对优先地位，它有资格成为德性的底线和最基本的道德要求即价值基准。

至此，我们可以对古典德性的一和多的争论及其当代变式德性统一论和德性境遇论的论证做出明确回应：德性一致论的可取之处在于，它坚持必须有一个判断德性的价值标准，其错误在于把德性固定为一种静态的没有生命力的绝对至善，因为若据此至善判断多样性的德性现象，就不会有任何德性了。德性境遇论试图脱离德性一致论的独断的虚幻的高不可攀的至善标准，这是德性摆脱桎梏的关键一步，但它却否定德性共有的价值基准，混淆善恶价值，进而导致德性的泛滥甚至可能把恶性冒充为德性。如此一来，二者殊途同归地把传统德性推向黑暗的深渊的同时，又为传统德性孕育了新的出路：德性必须有一个价值标准——但绝不是高不可及的至善，而应当是每一个人都应当也能够践行的道德底线的价值基准；德性不是单一的，而是多样的——但绝不是我行我素的任性的德性，而是以普遍性的价值基准（人权）为根据的德性。

具体说来，人权不是至善，而是具有普遍性的德性底线，它是德性的一或价值基准。在尊重和保障人权的前提下，德性具有多样性——如果把人权看作德性的第一个层面，这就是德性的第二个层面：以人权为价值基准的倾向、能力、技能、习性等才可能成为德性，诸如勇敢、诚实、仁慈、慷慨、智慧、明智等各种各样多的德性只有以人权为价值基准，才配享有德性之美誉。相反，任何德性只要违背了人权这个价值基准，就转化为恶性。比如，冒险救人因其尊重生命权这个基本人权而是勇敢的德性，冒险杀人则因其践踏生命权而是恶性。有了人权这个价值基准，不仅为各种个体德性提供了判断标准，使传统德性论的模糊争论得以解决，更重要的是为主要关注和每个人密切相关的伦理问题的应用德性论提供了基本的价值基准。诸如克隆人问题、环境生态问题、法治和善治问题、科学技术的价值取向问题等，都可以在人权这个价值基准的框架内得到论证，并根据一定的民主程序纳入立法、制度和实践之中。

这样一来，德性的多和一或境遇德性的相对主义和统一德性的绝对主义之间的矛盾在应用德性视阈内的人权价值基准之上得以化解，应用德性论也因此得到确证。可见，一旦传统德性论以人权为价值基准，把个体和社会性问题结合起来，也就超越自身上升到了应用德性论。换言之，应用德性论并不是完全抛弃传统德性论，而是扬弃它，即把它提升到应用伦理学视阈的应用德性的新境地。

结　语

人权作为应用德性论的道德底线，构成了应用伦理学全部论证和全部规范的价值基准，因为所有的应用伦理学问题都与人权的价值基准相关，所有应用伦理学领域的争论都涉及人权问题。如堕胎与生命权的冲突，克隆人与人权问题，弱势群体与强势群体的权益冲突，工程师与公民之间的权益冲突，宗教信仰与人权的冲突，当代人与未来人之间的代际权益冲突，公众知情权与公民隐私权间的矛盾，等等。

不可否认，在人权的普遍意义与人权实现的具体条件之间，存在着一种独特的紧张关系：在现实生活境遇中，诸如生命权、自由权、财产权、幸福权、健康权、信仰权、发展权、良好的生活环境权等都是受具体条件限制的不完满的人权即相对权利。尽管相对权利必须以人权为根据，但人权只有在相对的权利中有限地、不完满地不断实现自我，却永远也不可能在相对权利中绝对地完成自我。因此，如何实践应用德性，仅仅确证人权底线是不够的，还必须依靠以人权为价值基准的正义的法律制度的坚强保障和有效规范。这是因为德性、正义和人权之间其实具有内在的联系，哲学家们也因此常常把它们联系起来①。福斯特（Susanne Foster）说："正义也是一种德性，是一个国家为其公民的繁荣起作用的特性，也是一个共同体为其成员的发展做出贡献的特性"②。罗尔斯在《正义论》中明确主张正义是社会制度的首要德性，认为一旦确定了人权和正义的法则，它们就应当被用来限定道德德性③。显然，正义可以作为个亚里士多德式的个人的德性（个体德性），也可作为福斯特、罗尔斯所说的共同体或社会制度的德性（应用德性），而其共同的价值基准都是人权。不过，只有在公正的法律制度中，一个公正的人才可能真正发挥其尊重法律制度和尊重人权的作用。换言之，尽管人权不是法律制度赋予的权利，但它应该也必须通过公正的伦理秩序尤其是法律制度最终落实为具体个体的正当权利。如果说没有公正的法律制度，人权就是一盏有油但不亮的灯的话，那么，如果没有人权，公正的法律制度就是一盏无油而同样不亮的灯。只有二者的相互支撑，才能点燃应用德性之明灯，照亮光辉人性之大道。

值得强调的是，人权的价值基准和公正的法律制度并不能保证高尚的纯洁德性（比如至善）的实现，但却能够坚守德性的底线法则，不至使人倒退到豺狼般的野蛮状态中去。如果失去了这个底线，且不说高尚的德性沦为空谈，人类基本的存在也难以得到有效保障。因此，运用正义的法律制度的伦理力量，秉持人权底线，切实应对和人类密切相关的现实问题如生态问题、食品健康问题等而不是沉醉于那些貌似科学、实则梦幻的虚拟问题如克隆技术是否会克隆出长生不老的克隆转忆人④等，是严防人性堕落的最切实的实践途经，它比乌托邦式的道德梦幻如至善至圣、千禧王国、最大幸福或最大快乐等更有价值和意义，这也是应用德性实践特质的内在要求。可见，以人权为价值基准的应用德性论彰显了人权应用伦理学的特质。

---

① See P. Foot, *Virtues and vices*, Berkeley: University of California Press, 1978, p. 3; J. McDowell, Virtue and reason. Monist, 1979 (62): 331~350; R. Adams, *A theory of virtue*, Oxford: Oxford University Press. 2006.

② Susanne Foster, "Justice is a Virtue", Philosophia, 2004 (3): 501–512.

③ John Rawls, *A Theory of Justice*, Cambridge, Mass.: Harvard University Press, 1971, p. 192.

④ 参见 韩东屏：《克隆转忆人——供人类思考的思考》，社会科学文献出版社2005年版。

结束语

由于应用伦理学所直面的各种价值冲突从根本上说均体现为人权之间的冲突，因而对人权理论的深入探究，已经成为应用伦理学本身逾越其发展瓶颈的一个重要突破口。这一点在当今的国际学术界业已形成共识。但就各个分支领域的人权问题而言，还远未达成共识。这些问题在我国伦理学界还远没有赢得应有的重视与讨论，在国际学术界虽已经历了一段时间和一定程度的探索，但还远未能形成法律形态意义的共识。可以说，人权应用伦理学的研究，是方兴未艾的国际性前沿问题，在未来的应用伦理学研究中，它将具有广阔的领地和发展前景。

与以往以义务为本位的传统伦理思维格局不同，与当代应用伦理学各分支囿于各自的领地的零散研究也不同，区别于以往各自独立、互不沟通商谈的应用伦理学各分支的封闭性研究，人权应用伦理学尝试性地以人权为共识平台和价值基础，以民主商谈为伦理精神，以六个典型的应用伦理学分支为主要研究对象，从宏观的开放视角探究并确证人权在应用伦理学发展史上的理论地位、历史地位和应用价值，从探索应用伦理学实践中具有道德权利冲突性质的重大现实课题入手，提炼和总结以人权为价值基础的应用伦理学的总体架构和伦理法则，提出对这些重大问题的解答方案。这既能为应用伦理学所涵盖的相关领域的法律法规的订立与完善提供新的哲学论证和法理依据，又可据此打通应用伦理学各分支之间的鸿沟壁垒，为应用伦理学的研究开启一个全新的致思路径——人权应用伦理学。

同时，这些研究触及到了国际应用伦理学领域富有挑战性的理论前沿，广泛涵盖人权的内涵与论证、人权与特殊权利的关系等相互纠葛的学术难题。它或许将为应用伦理学的研究探寻一条有益的出路，提供一种颇有价值的新的尝试、新的方法，也可能会为解决应用伦理学的相关问题如人兽嵌合体、克隆人、社会公正等一系列理论与实践问题的法律法规的订立与完善提供新的哲学论证和法理依据。从长远看，人权应用伦理学对应用伦理学的发展和研究，尤其对一些新的应用伦理学领域（如目前初露端倪的纳米伦理、饮食伦理、机器人伦理等）的萌发和开拓，将具有一定程度的参考价值和借鉴意义。

更重要的是，人权应用伦理学从人权中推出义务与责任的逻辑理路，对于反省以义务为本位的传统伦理思维格局，确立道德权利在伦理学中的应有地位，直至从某种意义上推进当代中国伦理学的观念变革与理论创新，都可能具有不容忽视的"抛砖引玉"式的作用。

参考文献

中文部分

[1] 阿克顿著，侯健，范亚峰译．自由与权力．北京：商务印书馆，2001

[2] 博登海默著，邓正来译．法理学——法哲学及其方法．北京：华夏出版社，1987

[3] ［美］E. 博登海默著，邓正来译．法理学：法律哲学与法律方法．北京：中国政法大学出版社，1999

[4] ［美］戴斯·贾定斯著，林官明，杨爱民译．环境伦理学．北京：北京大学出版社，2002

[5] 杜小真编选．福柯集．上海：远东出版社，1998

[6] ［美］富勒著，郑戈译．法律的道德性．北京：商务印书馆，2005

[7] ［德］费希特著，梁志学，李理译．伦理学体系．北京：商务印书馆，2007

[8] 甘绍平．人权伦理学．北京：中国发展出版社，2009

[9] 甘绍平．应用伦理学前沿问题研究．南昌：江西人民出版社，2002。

[10] 甘绍平，单继刚等主编．好政治的伦理标准．见《政治与伦理》．北京：人民出版社，2006

[11] ［德］胡塞尔著，王炳文译．洲科学的危机与超越论的现象学．北京：商务印书馆，2005

[12] ［德］海因里希·罗门著，姚中秋译．然法的观念史和哲学．北京：三联书店，2007

[13] ［德］黑格尔著，贺麟译．小逻辑．北京：商务印书馆，2004

[14] ［德］黑格尔著，范杨，张企泰译．法哲学原理．北京：商务印书馆，1982

[15] ［德］黑格尔著，王造时译．历史哲学．上海：上海书店出版社，2003

[16] 哈贝马斯著，曹卫东选译．哈贝马斯精粹．南京：南京大学出版社，2004

[17] 哈贝马斯著，童世骏译．在事实与规范之间．北京：三联书店，2003

[18] 孙周兴选编．海德格尔选集（下）．北京：三联书店，1996

[19] ［德］海德格尔著，陈嘉映，王庆节译．存在与时间．北京：三联书店，1999

[20] ［德］海德格尔著，孙周兴译．路标．北京：商务印书馆，2007

[21] 韩跃红主编．护卫生命的尊严——现代生物技术中的伦理问题研究．北京：人民出版社，2005

[22] 伽达默尔著，洪汉鼎译．真理与方法（上卷）．上海：上海译文出版社，2004

[23] ［德］卡尔·雅斯贝尔斯著，王德峰译．时代的精神状况．上海：上海译文出版社，2008

[24] ［德］康德著，苗力田译. 道德形而上学原理. 上海：上海人民出版社，1986

[25] ［德］康德著，沈叔平译. 法的形而上学原理. 北京：商务印书馆，1991

[26] ［德］康德著，邓晓芒译. 判断力批判. 北京：人民出版社，2002

[27] ［德］康德著，邓晓芒译. 判断力批判. 北京：人民出版社，2002 年

[28] ［德］康德著，李秋零编译. 康德论上帝与宗教. 北京：中国人民大学出版社，2004 年

[29] 李秋零主编. 康德著作全集（第 7 卷）. 北京：中国人民大学出版社，2008

[30] ［德］康德著，邓晓芒译. 实践理性批判. 北京：人民出版社，2000

[31] 李秋零主编. 康德著作全集（第 6 卷）. 北京：中国人民大学出版社，2007

[32] 库尔特·拜尔茨著，马怀琪译. 基因伦理学. 北京：华夏出版社，2000

[33] 卢风. 应用伦理学——现代生活方式的哲学反思. 北京：中央编译出版社，2004

[34] ［美］罗纳德·德沃金等. 认真对待人权. 桂林：广西师范大学出版社，2003

[35] ［美］罗纳德·德沃金. 认真对待权利. 北京：中国大百科全书出版社，2002

[36] ［美］列奥·斯特劳斯. 自然权利与历史. 北京：三联书店，2006

[37] 马克思恩格斯全集（第 40 卷）. 北京：人民出版社，1982

[38] 马克思恩格斯全集（第 3 卷）. 北京：人民出版社，1960

[39] ［德］马克思著，刘丕坤译. 1844 年经济学—哲学手稿. 北京：人民出版社，1979

[40] ［德］马克思著，中央编译局译. 1844 年经济学—哲学手稿. 北京：人民出版社，2000

[41] ［德］马克斯·韦伯著，朱红文等译. 社会科学方法论. 北京：中国人民大学出版社，1992

[42] 杨伯峻撰. 孟子译注. 北京：中华书局，1962

[43] ［英］梅因著. 沈景一译. 古代法. 北京：商务印书馆，1959

[44] ［英］齐格蒙特·鲍曼. 后现代伦理学. 南京：江苏人民出版社，2003

[45] 任丑. 黑格尔的伦理有机体思想. 重庆：重庆出版社，2007

[46] ［德］石里克著，孙美堂译. 伦理学问题. 北京：华夏出版社，2001

[47] ［法］萨特著，周煦良等译. 他人就是地狱. 西安：陕西师范大学出版社，2003

[48] 汤姆·L. 比彻姆. 哲学的伦理学. 北京：中国社会科学出版社，l990

[49] 威廉·韩思. 伦理学：美国治学法. 北京：社会科学文献出版社，1994

[50] 王伟等主编. 中国伦理学百科全书. 应用伦理学卷. 长春：吉林人民出版社，1993

[51] 万俊人主编. 20 世纪西方伦理学经典（第四卷）. 北京：中国人民大学出版社，2005

[52] ［英］休谟著，关文运译. 人性论（上册、下册）. 北京：商务印书馆，1980

[53] 夏勇. 人权概念起源. 北京：中国社会科学出版社，2007

[54] 谢地坤主编. 西方哲学史（第七卷）. 南京：江苏人民出版社，2005

[55] 余涌. 道德权利研究. 北京：中央编译出版社，2001

[56] ［古希腊］亚里士多德著，廖申白译. 尼各马科伦理学. 北京：商务印书馆，2003

[57] 杨通进. 环境伦理 全球话语 中国视野. 重庆：重庆出版社，2007

[58] 周辅成主编. 西方伦理学名著选辑（上卷）. 北京：商务印书馆，1964

[59] 周辅成主编. 从文艺复兴到十九世纪资产阶级哲学家政治家思想家有关人道主义人性论言论选辑. 北京：商务印书馆，1966。

外文部分

[1] Adela Cortina, "Legislation, Law And Ethics", Ethical Theory and Moral Practice, 2000 (3).

[2] A. J. M. Milne, *Human Rights and Human Diversity: An Essay in the Philosophy of Human Rights*, London: The Macmillan Press Ltd., 1986.

[3] Alasdair MacIntyre, Dependent Rational Animals—Why Human Beings Need Virtue, Chicago: Carus Publishing Company, 1999.

[4] Alan R. White, Rights, Oxford: Oxford University Press, 1984.

[5] Alasdair Macintyre, A Short History of Ethics, Printed in Great Britain by T. J. Press (Padstow) Ltd., 1984

[6] A. MacIntyre. *After Virtue*, London: Duckworth, 1981.

[7] Andrew Williams, *EU human rights policies*, Oxford: Oxford University Press, 2004.

[8] B. Orend, *Human rights: Concept and Context*, Perterborough: Broadview Press, 2002.

[9] Charles E. Harris, Michael S. Pritchard, Michael J. Rabins, Engineering Ethics: Concepts and cases, - 2nd ed. California: Wadsworth/Thomson Learning, 2000.

[10] Charles Darwin, Autobiography, New York: Norton, 1969.

[11] Charles Darwin, *The origin of species*, London: Pengium books, 1968.

[12] David Hume, *A Treatise of Human Nature*, Oxford: Oxford University Press, 1978.

[13] Deryck Beyleveld and Reger Brownsword, *Human Dignity, Human Rights and the Human Genome*, in Working Papers, Reseach Projects, Vol. III, Centre for Ethics and Law, Copenhagen, 1998.

[14] Derrida, Jacques, The Gift of Death, translated by David Wills, Chicago: University of Chicago Press, 1999.

[15] Dominic McGoldrick, *Human Rights and Religions: The Islamic Headscarf Debate*, Oxford: Hart Publishing, 2006.

[16] Eberhard Schockenhoff, *Natural Law And Human Dignity: Universal Ethics in A Historical World* translated by Brian McNeil, Washington, D. C.: The Catholic University of America Press, 2003.

[17] É. Durkheim, *Moral Education*, trans by E. K. Wilson and H. Schnurer, New York: Free Press, 1973.

[18] Ellen Frankel Paul, Fred D. Miller, Jr., and Jeffrey (ed.), *Natureal Rights Liberalism from Locke to Nozick*. Combridge: Combridge University Press, 2005.

[19] F. Klug, Values for a Godless Age: The Story of the UK's New Bill of Rights, London: Penguin, 2000.

[20] G. E. Moore, Principia Ethica. Cambridge : Cambridge University Press, 1993.

[21] Geoffrey Gorer, See Erich Fromm, *Escape from Freedom*, New York: Farrar and Rinehart, 1941.

[22] H. A. L. Fisher, A History of Europe, vol. I: Ancient andMedieval, London: Edward Arnold, 1943.

[23] Hannah Arendt, *Between past and future: Eight exercises in political thought*, New York: Penguin1978.

[24] Hannah Arendt, *On Violence*, New York: Harcourt, Brace and World, 1970.

[25] H. L. A. Hart, *Essays in Jurisprudence and Philosophy*, Oxford: Clarendon Press, 1983.

[26] H. L. A. Hart, *The Concept of Law*, Oxford: Oxford University Press, 1961.

[27] H. L. A. Hart, *Law, Liberty and Morality* , Oxford: Oxford University Press, 1963.

[28] H. Tristram Engelhardt, *The Foundations of Bioethics*, Oxford: Oxford University Press, 1986.

[29] H. Tristram Engelhardt edited, *Global Bioethics: The Collapse of Consensus*, Salem, Mass: M&M. Scrivener Press, 2006.

[30] Ian Brownlie (ed.), *Basic documents on human rights*, Oxford : Oxford University Press, 1981.

[31] Immanuel Kant, *Foundations of the Metaphysics of Morals*. translated by Lewis White Beck, Beijing: China Social Sciences Publishing House, 1999.

[32] Jack Mahoney, *The Challenge of Human Rights: Origin, Development, And Significance*, Malden: Blackwell Publishing Ltd. , 2007.

[33] James Rachels, *The Elements of Moral Philosophy*, New York: McGraw – Hill, 1993.

[34] James W. Nickel, *Making Sense Of Human Rights: Philosophical Reflections on the Universal Declaration of Human Rights*, California : University of California Press, Ltd. , 1987.

[35] Jacob Dahl Rendtorff and Peter Kemp (ed), *Basic Ethical Principles in European Bioethics and Biolaw*, Vol. I. Printed in Impremta Barnola, Guissona (Catalunya – Spain), 2000.

[36] Jennifer and søren Holm (ed.), Ethics Law and Society, Vol. I, Gateshead: Athenaeum Press Ltd. , 2005.

[37] Jeremy Waldron (ed.), *Nonsense upon Stilts: Bentham, Burke and Marx on the Right of Man*, London: Duckworth, 1987.

[38] Jean – Jacques Rousseau, *The Social Contract*. Haimondaworth, Middle – sex: Penguin Books, 1968.

[39] J. Finnis, *Natural Law and Natural Rights*, Oxford: Oxford University Press, 1980.

[40] J. L. Mackie , "Can there be a Right – based Moral Theory?" In Studies in Ethical Theory (Midwest Studies in Philosophy, volumeIII), edited by Peter A French, Theodore E. Uehling, Jr. , and Howardk. Wettstein, Minneapolis: University of Minnesota Press, 1978.

[41] J. L. Mackie, *Ethics: Inventing Right and Wrong* , Harmondsworth: Penguin Books, 1977.

[42] J. L. Mackie, "Rights, Utility, and Universalization. " In Utility and Rights, edited by R. G. Frey, Minneapolis: University of Minnesota Press, 1984.

[43] J. L. Mackie, "Rights, Utility, and External Costs. " in Persons and Values: selected Papers volumeII,

Edited by Joan Makie and Penelope Makie. Oxford: Clarendon Press, 1985.

[44] John Rawls, *A Theory Of Justice*, Massachusetts: Harvard University Press, 1971.

[45] Joseph Raz, 1982: "Rihgt – based Moralities. " (edited) Jeremy Waldron. Theories of Rights, Oxford: Oxford University Press, 1984.

[46] Joseph Raz, "The Rule of Law and Its Virtue", in The Authority of Law: Essays on Law and Morality, Oxford: Clarendon Press, 1979.

[47] Joel Feinberg, Rights, *Justice, and the Bounds of Liberty: Essays in Social Philosophy*, Princeton: Princeton University Press, 1980.

[48] J. S. Mill, On Liberty, G. Himmelfarb (ed.), Harmondsworth: Penguin Books, 1974.

[49] J. S. Mill, Utilitarianism, In The Philosophy of John Stuart Mill, edited by Marshall Cohen, New York: Modern Library, 1961 (1863).

[50J. Speak (ed.), *A Dictionary of Philosophy*, Basingstoke: Pan Reference, 1979.

[64] J. Waldron (ed.), *Nonsense upon Stilts*, London: Duckworth, 1987.

[51] K. Zweigert, and H. Kötz, *Introduction to Comparative Law*, 3rd edn. , Vol. 1. transl. by T. Weir. , Oxford: Clarendon Press, 1998.

[52] Leo Strauss, *Natural Right and History*, Chicago: The University of Chicago Press, 1953.

[53] Levinas, Emmannuel. "The ego and the Totality", in Collected Philosophical Papers. Trans, Alphonso Lingis. Pittsburgh: Duquesne University Press, 1998.

[54] Emmannuel Levinas, "Transcendence and Evil" in Collected Philosophical Papers, Trans. Alphonso Lingis. Pittsburgh: Duquesne University Press, 1998.

[55] Emmannuel Levinas. OtherwiseThanBeing. Trans. AlphonsoLingis, Pittsburgh: Duquesne University Press, 1998.

[56] Emmannuel Levinas, "God and Philosophy" in Basic Philosophical Writings, Adriaan T. Peperzak, Simon Critchley, and Robert Bernasconi (eds.), Bloomington: Indiana University Press, 1996.

[57] Lon L. Fuller, *The Morality of Law*, New Haven: Yale University Press, 1969.

[58] Ludwig Wittgenstein, Tractatus Logico – Philosophicus, Trans by C. K. Ogden, Beijing: China Social Sciences Publishing House, 1999.

[59] Martha C. Nussbaum, *The Fragility of Goodness: Luck and Ethics in Greek Tragedy and Philosophy*, Cambridge: Cambridge University Press, 2001.

[60] Michael L. Morgen, Dicovering Levinas, Combridge : Combridge University Press, 2007.

[61] M. Weber, *Economy and Society: An Outline of Interpretive Sociology*, transl. by E. Fischoff et al. , Berkeley: University of California Press, 1978.

[62] N. Bobbio, *The Age of Rights*. trans. by Allan Cameron, Combridge: Polity Press, 1996.

[63] Nigel Simmonds, *Law as a Moral Idea*, Oxford: Oxford University Press, 2007.

［64］ O. Neill, *A Question of Trust: The BBC Reith Lectures* 2002, Cambridge: Cambridge University Press, 2002.

［65］ Pascal B. Pascal's Pensées, London: Everyman's Library, 1956.

［66］ Popper, Karl R. *The Open Society and Its Enemies*, Vol. 1, NJ: Princeton university Press, 1977.

［67］ Raymond E. Spier (ed.) Science and Technology Ethics, London and New York: Routledge, 2002.

［68］ Richard Weikart. *From Darwin to Hitler: Evolutionary Ethics, Eugenics, and Racismin Germany*, New York: Palgrave Macmillan, 2004.

［69］ Richard Mervyn Hare, *The Language of Morals.* Oxford: Oxford University Press, 1964.

［70］ Richard Mervyn Hare, *Freedom and Reason.* Oxford: Oxford University Press, 1977.

［71］ Ronald Dworkin, *Taking Rights Seriosly*, Cambridge, Massachusetts: Harvard University Press, 1978.

［72］ Ronald Dworkin, *Life's Dominion.* London: Harper Collins, 1993.

［73］ Ronald Dworkin, Law's Empire, Massachusetts: Harvard University Press, 1986.

［74］ Roderick Frazier Nash, *The Rights of Nature: A History of Environmental Ethics.* Madison, Wisconsin: The University of Wisconsin Press, 1996.

［75］ Roger Cotterre, "Common Law Approaches To The Relationship Between Law And Moraliy", Ethical Theory and Moral Practice, 2000 (3).

［76］ Samuel Stoljar, *An Analysis Of Rights*, London : The Macmillan Press Ltd. , 1984.

［77］ Saint Thomas Aquinas, *Summa Theologica*, translated by the Fathers of the English Dominican Province, Maryland: Christian Classics, 1911.

［78］ Schinzinger, Roland and Mike W. Martin. *Ethics in Engineering* (3rd edition), Boston: McGraw – Hill Companies, Inc. , 1996.

［79］ Terence Irwin, *The Development of EthicsA Historical and Critical Study*, VolumeI, Oxford: Oxford University Press, 2007.

［80］ Enrico Pattaro (ed.), *A Treatise of Legal Philosophy and General Jurisprudence: The Law and the Right*, Volume 1, Published by Springer, Printed in the Netherlands, 2005.

［81］ Shadia B. Drury, *Terror and Civilization: Christianity, Politics, and the Western Psyche*, New York: PalgraveMacmillan, 2004.

［82］ J. Smith & O. Cecil, *The longest run: Public engineers and planning in France*, The American Historical Review, 1990 (95).

［83］ Terry L. Price, *Understanding Ethical Failures in Leadership*, Cambridge: Cambridge University Press, 2006.

［84］ Theodor Adorno, *Negative Dialectics* (Trans. by D. Ashton), London: Routledge, 1973.

［85］ Thomas Hobbes, Leviathan , C. B. Macpherson (ed.), London: Penguin Classics, 1986 (First published in 1651).

[86] Thomas Pogge , *World Poverty and Human Rights*, Massachusetts: Polity Press, 2002.

[87] Tom L. Beauchamp, *Philosophical Ethics: An Introduction to Moral Philosophy*, New York: McGraw-Hill Book Company, 1982.

[88] Zygmunt Bauman, *Postmodern Ethics*, Oxford: Bleckwell, 1993.

后　记

　　自从踏上离家远去的列车，告别平静祥和的田园故土，再也没有回头，再也不能回头，眼前唯有一条弯弯曲曲却魅力无尽的精神之路蜿蜒盘绕在辽阔苍茫的天地之间。

　　早在西南大学杨义银教授门下攻读硕士学位期间，我就对甘绍平先生的文章和著作颇感兴趣。当时虽然不能理解个中三昧，但其与众不同的思想和独到深刻的见解却具有摧枯拉朽之力，如黄钟大吕撞击着僵化的思维，似清风暴雨涤荡着陈腐的观念。一个偶然的天赐良机，使我拜识了甘绍平先生。2004年11月，谨奉博士导师张传有教授之命，我从武汉大学启程，顶风冒雪，赴北京参加清华大学卢风教授等主办的首届全国环境哲学会议，会上有幸结识甘绍平先生。正是那次的清华邂逅，和甘先生建立了联系，为我今后的学术探索开启了一条光明之路。2006年，武汉大学博士毕业后，我从重庆医科大学调入西南大学哲学系从事伦理学研究和教学工作。2007年9月，承蒙甘先生不弃，恩准我进入中国社会科学院哲学所博士后流动站。我终于有幸如愿以偿地成为甘先生的伦理学方向博士后。

　　入站后，首先遇到的一个学术难题是，我在博士期间致力于思辨大师黑格尔的伦理有机体思想研究，博士后期间试图转向应用伦理学研究，二者似乎风马牛不相及。对此，甘先生早已成竹在胸。他高瞻远瞩、气定神闲，从容不迫地引领着我的学术人生。在甘先生的精心指导下，历时三个春秋，我较为成功地转向了应用伦理学。出站报告从选题、整体思路到标点人名、语句表达和引文翻译，都倾注着甘先生的心血和智慧。其间，发表了17篇学术论文，获得了博士后一等资助和特别资助，囊括了博士后期间的两大最高基金项目。甘先生的朴实厚道、直爽幽默、严谨深刻、平易优雅，已经深深地融入我的灵魂之中，化作激励我不断进取的宝贵的精神财富。

入站以来，余涌研究员一直给予我无微不至的关心指导。余先生儒雅高士、心胸宽广。虽然他是哲学所领导，却从来不给人以领导的感觉。他总是以师长、朋友的身份出现。最难忘的是，申请博士后特别基金期间，余先生不辞辛劳，逐字逐句审阅我的博士后基金申请表，及时纠正了其中的不妥之处，高屋建瓴地提出了精当深刻的真知灼见。在余先生宽容而又严谨的精心指导下，我反复修改达6次之多，甚至到了每一个标点、每一个字母都不放过的地步。特别基金的申报成功，主要归功于余先生的指引提携。

入站后，我有幸融入到中国社会科学院伦理学研究的团队之中，得以有机会领略并汲取这个团队的精神气质和学术风范：陈瑛研究员的长者风范、仙风道骨，孙春晨研究员的博学多识、谈笑风生，杨通进研究员的严谨善思、淡泊平易，王延光研究员的学养深厚、多才多艺，龚颖研究员的达观聪慧、坦荡真诚。他们共同形成了一个和而不同、充满活力的优秀学术团体——伦理学领域当之无愧的国家队。

令我至为感动的是冯瑞梅副主编、朱葆伟副主编、杨义芹主编、廖国强副主编、李河主编、李理编审、朱传棨编审、宋奇主编、王之刚副主编对我的博士后基金成果的写作、修改和发表都给予了大力支持和宝贵建议。他们严谨认真、宽容谦和的学术精神和淡雅人格，无疑是我生命中弥足珍贵的无价之精神宝藏。

出站报告杀青之时，颇有筋疲力尽之感。几年前，博士论文完毕后的感觉又一次莅临心头。然挥笔致谢之时，倦意烟消云散，几多快意，几缕轻松，愉悦之情悠然而生。反思当初的困惑，如今已由山重水复转向柳暗花明。如果说博士论文追求的是形而上的自由，出站报告追求的则是奠定在自由理念基础上的现实的人权。自由是人权的本体，人权是自由的实践。从为自由而自由，到为人权而人权，吾道一以贯之，却又不断深化拓展。一条具有无穷魅力的人权伦理之路，似将铸就有生之年不屈不挠、激流勇进的学术之魂。

停笔伫立，仰望苍穹，思绪难平。首都机场的大气磅礴、长安大戏院的京腔京韵、贡院故地的儒风道骨、中国社科院的名师鸿儒，哲学所伦理研究室里的唇枪舌剑、门头沟爨底下村的欢声笑语，犹如千年佳酿，恰似滚滚江河，汇聚成一曲曲醇厚清新、生机勃勃的生命乐章。

聆听天籁之音，不觉反躬自省，思接先哲。屈原遗名言：路漫漫其修远兮，吾将上下而求索。康德有高论：一以贯之，乃哲学家之使命。哲学之路，实乃一条形而上学和形而下学重叠交织、相互贯通的新奇惊异的精神冒险之旅。精神的磨砺，灵魂的洗礼，意志的锤炼，思维的激扬，无形无踪地共同演奏着无曲之曲、无乐之乐。

窗外又是一片葱绿，明媚的阳光飘逸地徜徉于花鸟之间，轻暖的微风柔和地浸润于心脾之际。收拾起几多行囊，新的征途又在前面召唤。大道无极，哲思无终。虽不能至，心向往之。

本书稿自 2007 年开始动笔，不觉已历 6 个多春秋。所幸几经修改，而今终成。书稿行将出版之际，衷心感谢甘绍平先生的鼎力提携，衷心感谢中国发展出版社编辑朋友的厚爱。或许，这种为学术和人性而结成的深情厚谊正是对人权应用伦理学的最好诠释。

作者

2014 年 2 月 26 日

北京中国社科院哲学所

重庆东和春天悠然斋